徹底解説

電磁気学

勝藤 拓郎・溝川 貴司 共著

Elec
magnetism

培風館

まえがき

電磁気学は力学と並んで理工系の大学生が学ぶべき物理のうちの１つである。その一部はすでに高校で学んでいるのであるが，力学と比較すると取っつきの悪さは否めない。手から離れた物体が空中を落下することは日常で頻繁に経験するが，電荷がつくる電場をイメージする場面は日常生活では稀であろう。現象そのものがなじみの薄いものであるが故に，それを学ぶモチベーションは上がりにくいかもしれない。

一方，現実の世界では，多くの情報が電波でやりとりされ，電気回路で制御・加工された上で我々の手元に届けられているが，これらのプロセスはすべて電磁気学の法則に従っている。もし電磁気学で勉強する物理現象が存在しなかったとしたら，友達と直接会わない限り話もできないし，会場に行かない限りスポーツ観戦や音楽鑑賞もできないし，本屋か図書館に行かない限り何の文字情報も手に入らないであろう。我々の生活，特に情報を得るということに関しては，電磁気学に負っている部分が多い。そのような観点からすると，理工系の大学生であれば，電磁気学の基本的な部分は学んでおくべきだと思われる。

さらに，電磁気学は力学と違って，ベクトル場，スカラー場といった「場」，すなわち空間の位置ごとに異なるベクトルや数値が定義されたものを扱い，それらの関係性を記述するのに偏微分方程式を用いる。このような場や偏微分方程式は，多くの理工系の学問で登場するものであり，電磁気学はこうした概念や手法を学ぶ上で最初に位置する関門とも言える。したがって，将来は電磁気学を必要としない方面に進む学生にとっても，これを学ぶことには大きな意味がある。

この本では，大学初年度の理工系学生を対象として，主に真空における微分形のマクスウェル方程式や電磁波について解説するとともに，交流回路を含む電気回路についても説明している。大学で電磁気学を勉強する上での障害のひとつに，高校生にはなじみのうすい数学を種々用いることが挙げられるが，この本ではできる限りその都度数学の説明を行うようにして，他の本を参照しなくても済むようにした。数式についても，途中経過の表示や前の式の参照を増やして，式の流れが追いやすいようにした（一見数式が多いと思われたとすれば，そのせいである）。また図もできる限りわかりやすく描くように心がけたが，こちらは（著者のセンスの問題もあって）意図どおりになったかどうかは定かではない。

本文中には例題を豊富に取り入れたが，これは解説の一部のつもりであり，読者は（解答を読んだ後でもよいから）全部解くことが期待されている。そうは言っても，教科書を最初から最後まで通読することの困難さは著者自身も経験しているところである。どうしてもわからないところがあれば，いったん飛ばして，またあとで戻ってきても構わない。物理学は積み上げの学問であり，順番に学習しないとあとでわからなくなる，とよく言われるが，著者の経験でいうと，後ろを理解すると前もわかるようになることはしょっちゅうある。この本によって「電磁気学を理解できた」と思える人が少しでも増えれば，著者にとってこれに勝る喜びはない。

この本を書くにあたっては，培風館の久保田将広氏に大変お世話になりました。厚く感謝を申し上げます。

2020 年 8 月

勝藤 拓郎・溝川 貴司

目　次

1

静電場

この章で扱う静電場とは，電荷どうしが及ぼし合う力と関係するものである。一般的に「静電気」とよばれているものが，学術的には電荷であったり静電場であったりする。ところで，我々が日常で「静電気」を感じるのは，ドアノブに触れてぴりっとした感触が得られたり，髪の毛が衣服にくっついたりする場合であって，いずれもあまり有用なものとは思い難いものである。一方，あとの章で扱う電流や，それと関連する磁場の方が，日常生活ではなじみが深いし，有用性も高く思える。

それにも関わらず，電磁気学で静電場を最初に学ぶのは，(1) 原子や分子などのミクロな世界では電場による力が（磁場による力よりも）支配的であること (2) 数学的な取り扱いが，電場の方が磁場よりも簡単であること，の2つに由来する。(1) については，原子や分子ほどミクロではなくても，ダイオードやトランジスタなどの半導体の動作にとっても，電場が重要な役割を果たす。日常生活のスケール（$1\ \mathrm{cm} = 10^{-2}\ \mathrm{m}$ 程度）では，磁場に比べて電場を感じる機会はあまり多くないが，$1\ \mathrm{nm} = 10^{-9}\ \mathrm{m}$ から $1\ \mu\mathrm{m} = 10^{-6}\ \mathrm{m}$ 程度の世界では電場が磁場よりも優勢となるのである。

また，(2) については，高校で「フレミングの法則」として習ったように，電流と磁場の関係は若干複雑である。これは電流が「流れ」であることに由来する。それに比べると，電荷と電場の方が取り扱いが簡単である。

この章で学ぶ静電場について，登場する現象そのものは，高校で習ったものと比較してそれほど変わるものではない。高校と異なるのは，(a) 空間が3次元であることを正面から取り扱うこと (b) クーロンの法則からさらに抽象化した法則（ガウスの法則）を導くこと，などである。(b) については，同じ現象を異なる形で記述したものに過ぎないのであるが，いくつかの問題を解きやすくするだけでなく，あとの章でさらに進んだ議論をするには欠かせないものである。

1.1　クーロンの法則

■　点電荷のクーロンの法則

電荷 q を持つ点電荷と，電荷 Q を持つ点電荷があり，その間の距離を r とする。このとき，

(a) 電荷 Q が電荷 q から受ける力の大きさ F は，電荷 q や Q の大きさに比例し，電荷間の距離 r の 2 乗に反比例することが実験結果として知られている。すなわち

$$F = \frac{1}{4\pi\varepsilon_0}\frac{qQ}{r^2} \tag{1.1}$$

である。電荷 q や Q の単位は C（クーロン）である。力の単位を $\mathrm{N} = \mathrm{kg\ m\ s^{-2}}$，長さの単位を m としたとき，$\varepsilon_0 = 8.85418781 \times 10^{-12}\ \mathrm{C^2\ s^2\ m^{-3}\ kg^{-1}}$ であり，これを真空の誘電率という。

また，

(b) 力の方向は q と Q を結ぶ直線上である。

(c) 電荷 q と Q の符号が異なる場合は引力となり，符号が同じ場合は斥力となる。

(a)(b)(c) をまとめて**クーロン (Coulomb) の法則**という。

このクーロンの法則における力をベクトルで書いてみよう。いま，図 1.1 に示すように，電荷 q が原点にあり電荷 Q は位置 $\boldsymbol{r} = (x, y, z)$ にあるとする。（なお，以下では太字はベクトルを意味する。手書きの場合は，文字の一部を二重線で書いて，太字，すなわちベクトルであることがわかるようにすること。）このとき，上記 (b) より，電荷 Q が受ける力の方向は $\boldsymbol{r}$ と平行になる。この方向のベクトルで大きさが 1 となるもの（**単位ベクトル**という）をつくろう。ベクトル $\boldsymbol{r}$ の大きさは $|\boldsymbol{r}|$ なので，$\boldsymbol{r}$ を $|\boldsymbol{r}|$ で割ったベクトル $\boldsymbol{r}/|\boldsymbol{r}|$ が力の方向の単位ベクトルとなる。

また電荷 Q と電荷 q の距離は $|\boldsymbol{r}|$ なので，電荷 Q が受ける力の大きさは式 (1.1) に $r = |\boldsymbol{r}|$ を代入したものである。したがって，電荷 Q が受ける力のベクトル $\boldsymbol{F}$ はこれに単位ベクトル $\boldsymbol{r}/|\boldsymbol{r}|$ を掛けたものである。すなわち，

$$\boldsymbol{F} = \frac{1}{4\pi\varepsilon_0}\frac{qQ}{|\boldsymbol{r}|^2} \times \frac{\boldsymbol{r}}{|\boldsymbol{r}|} = \frac{1}{4\pi\varepsilon_0}\frac{qQ\boldsymbol{r}}{|\boldsymbol{r}|^3} \tag{1.2}$$

となる。さらに，$\boldsymbol{r} = (x, y, z)$ であること，$|\boldsymbol{r}| = (x^2 + y^2 + z^2)^{1/2}$ であることを用いると，

$$\boldsymbol{F} = \frac{1}{4\pi\varepsilon_0}\frac{qQ}{(x^2 + y^2 + z^2)^{3/2}}(x, y, z) \tag{1.3}$$

と表すことができる。このような表示を，ベクトルの成分表示という。式 (1.3) において，電荷 q と Q の符号が同じ場合は，力の向きは $\boldsymbol{r} = (x, y, z)$ の向き，すなわち原点から Q への向きであり，電荷 q と Q の符号が異なる場合は負符号がつくため，力の向きは $-\boldsymbol{r} = -(x, y, z)$ の向き，すなわち Q から原点への向きとなる。これは上記の (c) と一致している。

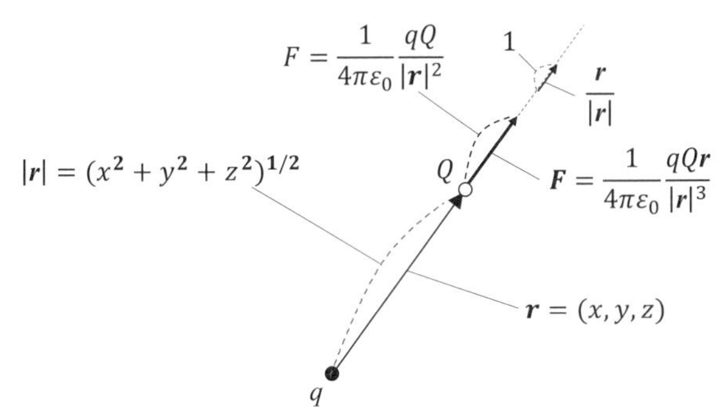

図 1.1 クーロン力に関する様々なベクトルとその大きさ

例題 1.1 式 (1.3) の絶対値が式 (1.1) となることを，成分の計算によって確かめよ。

解答

$$|(x, y, z)| = (x^2 + y^2 + z^2)^{1/2}$$

より，式 (1.3) の絶対値をとると

$$\begin{aligned} |\boldsymbol{F}| &= \frac{1}{4\pi\varepsilon_0}\frac{qQ}{(x^2 + y^2 + z^2)^{3/2}} \times (x^2 + y^2 + z^2)^{1/2} \\ &= \frac{1}{4\pi\varepsilon_0}\frac{qQ}{x^2 + y^2 + z^2} \end{aligned}$$

一方，電荷 Q と電荷 q の距離 r は $r = |\boldsymbol{r}| = (x^2 + y^2 + z^2)^{1/2}$ なので

$$|\boldsymbol{F}| = \frac{1}{4\pi\varepsilon_0}\frac{qQ}{r^2}$$

図 1.2(a) のように電荷 q が原点ではなく位置 $\boldsymbol{r}'$ にある場合，位置 $\boldsymbol{r}$ にある電荷 Q が受ける力を考えよう。図 1.2(b) に示すように，2 つの電荷を両方とも $-\boldsymbol{r}'$ だけ平行移動すれば，電荷 q は原点に来て，かつ電荷 Q が受ける力のベクトルは（平行移動なので）変化しない。もともと $\boldsymbol{r}$ にあった電荷 Q は，平行移動後は $\boldsymbol{r}-\boldsymbol{r}'$ にいるので，それが電荷 q から受ける力のベクトルは 式 (1.2) より

$$\boldsymbol{F} = \frac{1}{4\pi\varepsilon_0}\frac{qQ(\boldsymbol{r}-\boldsymbol{r}')}{|\boldsymbol{r}-\boldsymbol{r}'|^3} \tag{1.4}$$

で表される。なお，$Q(\boldsymbol{r}-\boldsymbol{r}')$ は Q が $\boldsymbol{r}-\boldsymbol{r}'$ の関数であるという意味ではなく，$Q\times(\boldsymbol{r}-\boldsymbol{r}')$ ということである。この 2 つは，表記上は区別がつかないので，以下でも注意してほしい。

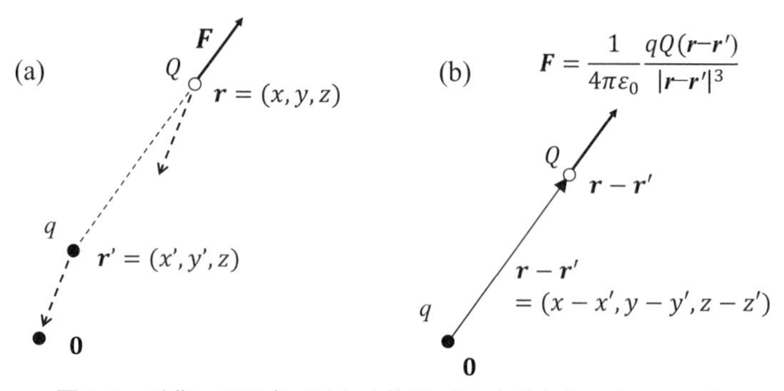

図 1.2 電荷 q が原点ではなく位置 $\boldsymbol{r}'$ にあるときのクーロン力

さらに，複数の電荷から電荷 Q が受ける力のベクトル $\boldsymbol{F}$ は，1 個の電荷から受ける力のベクトル $\boldsymbol{F}_i$ の足し合わせとなる。すなわち，N 個の電荷 q_i $(i=1,2,\cdots,N)$ がそれぞれ $\boldsymbol{r}_i$ にあるとき，電荷 Q がその N 個の電荷から受ける力のベクトル $\boldsymbol{F}$ は，電荷 Q がそれぞれの電荷 q_i から受ける力のベクトル $\boldsymbol{F}_i$ を $i=1$ から N まで足し合わせたものであり，式 (1.4) を用いて

$$\boldsymbol{F} = \sum_{i=1}^{N}\boldsymbol{F}_i = \sum_{i=1}^{N}\frac{1}{4\pi\varepsilon_0}\frac{q_iQ(\boldsymbol{r}-\boldsymbol{r}_i)}{|\boldsymbol{r}-\boldsymbol{r}_i|^3} \tag{1.5}$$

となる。

例題 1.2　図 1.3 の (a) と (b) でそれぞれ，電荷 Q が受ける力のベクトルを成分表示で求めよ。またそのベクトルを図中に図示せよ。

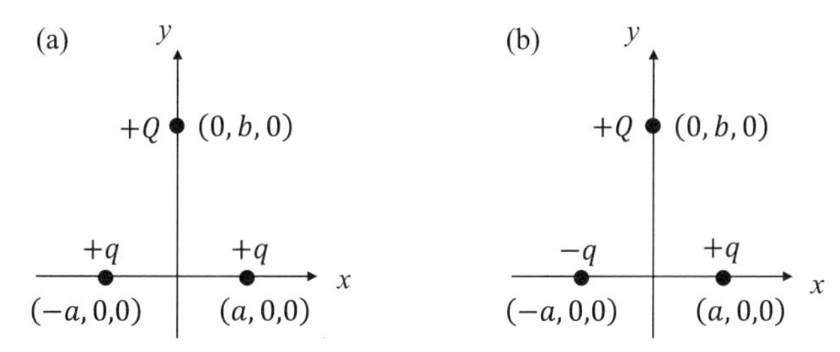

図 1.3　2 つの電荷と力を受ける 3 つ目の電荷がある場合

解答　式 (1.5) より，(a) では $(-a, 0, 0)$ の電荷 q から受ける力

$$\boldsymbol{F}_1 = \frac{1}{4\pi\varepsilon_0}\frac{qQ}{(a^2+b^2)^{3/2}}(a, b, 0)$$

と $(a, 0, 0)$ の電荷 q から受ける力

$$\boldsymbol{F}_2 = \frac{1}{4\pi\varepsilon_0}\frac{qQ}{(a^2+b^2)^{3/2}}(-a, b, 0)$$

との和になるから

$$\boldsymbol{F} = \boldsymbol{F}_1 + \boldsymbol{F}_2 = \frac{1}{2\pi\varepsilon_0}\frac{qQ}{(a^2+b^2)^{3/2}}(0, b, 0)$$

となる。一方，(b) では

$$\boldsymbol{F}_1{}' = \frac{1}{4\pi\varepsilon_0}\frac{qQ}{(a^2+b^2)^{3/2}}(-a, -b, 0) = -\boldsymbol{F}_1$$

と

$$\boldsymbol{F}_2{}' = \frac{1}{4\pi\varepsilon_0}\frac{qQ}{(a^2+b^2)^{3/2}}(-a, b, 0) = \boldsymbol{F}_2$$

との和になるから，

$$\boldsymbol{F}' = \boldsymbol{F}_1{}' + \boldsymbol{F}_2{}' = \frac{1}{2\pi\varepsilon_0}\frac{qQ}{(a^2+b^2)^{3/2}}(-a, 0, 0)$$

となる。それぞれの力のベクトルを描いたものが図 1.4 である。

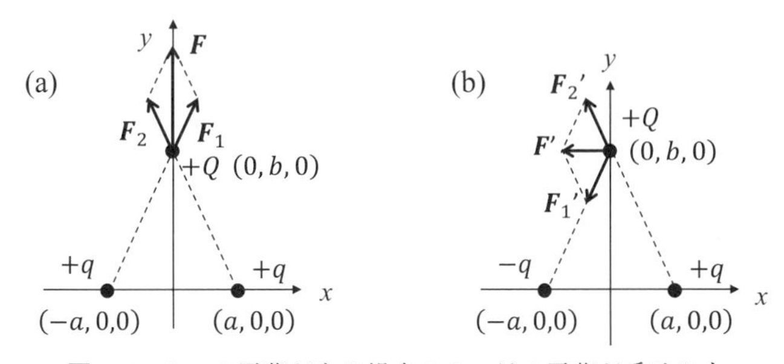

図 1.4 2 つの電荷がある場合の 3 つ目の電荷が受ける力

■ 電場

位置 $\boldsymbol{r}$ にある電荷 Q が，原点にある電荷 q から受ける力を，「電荷 q が位置 $\boldsymbol{r}$ につくる電場から電荷 Q が力を受ける」と考えることにする。すなわち

$$\boldsymbol{E}(\boldsymbol{r}) = \frac{1}{4\pi\varepsilon_0}\frac{q\boldsymbol{r}}{|\boldsymbol{r}|^3} \tag{1.6}$$

を電荷 q が位置 $\boldsymbol{r}$ につくる**電場**のベクトルと考え，位置 $\boldsymbol{r}$ にある電荷 Q は

$$\boldsymbol{F} = Q\boldsymbol{E}(\boldsymbol{r}) \tag{1.7}$$

だけの力を（電荷 q からではなく）電場 $\boldsymbol{E}(\boldsymbol{r})$ から受けると考える。

これだけでは，「電荷 Q が電荷 q から受ける力」の式 (1.2) を，「電荷 q が電荷 Q がある位置につくる電場」という式 (1.6) を仮想的に考えて書き直しただけのことであるが，ここでさらに考えを一歩前に進める。電荷 q は，もう 1 つの電荷 Q があるかないかにかかわらず，空間のあらゆる位置 $\boldsymbol{r}$ に式 (1.6) で表される電場 $\boldsymbol{E}(\boldsymbol{r})$ をつくると考えることにする。

電場 $\boldsymbol{E}(\boldsymbol{r})$ のように，どのような位置 $\boldsymbol{r}$ を指定しても，それに対してベクトル $\boldsymbol{E}(\boldsymbol{r})$ が 1 つ決まる状態を**ベクトル場**という。電荷は電場というベクトル場をつくり，もう 1 つの電荷はそこから力を受ける，というのがここでの考え方である。

この章では，時間変動しない電場（静電場）しか考察しないが，この場合，電場は電荷に力を与えることしかできない。逆に言えば，電荷をおかない限り電場が存在するかどうかはわからないので，電場というベクトル場が実在するかどうかを問うことにあまり意味がない。しかし，あとの章で見るように，時間変動する電場は，電荷に力を与える以外のことができる。言い換えれば，電場というベクトル場が電荷とは独立に実在することは，あとの章で初めてわかる。この章では，「電場の実在性」については一応疑問を持たずに，議論を続けることにしよう。

式 (1.6) を $\boldsymbol{r} = (x, y, z)$, $\boldsymbol{E} = (E_x, E_y, E_z)$ の成分で書くと

$$
\begin{aligned}
E_x(x,y,z) &= \frac{1}{4\pi\varepsilon_0}\frac{qx}{(x^2+y^2+z^2)^{3/2}} \\
E_y(x,y,z) &= \frac{1}{4\pi\varepsilon_0}\frac{qy}{(x^2+y^2+z^2)^{3/2}} \\
E_z(x,y,z) &= \frac{1}{4\pi\varepsilon_0}\frac{qz}{(x^2+y^2+z^2)^{3/2}}
\end{aligned}
\tag{1.8}
$$

となる。すなわち，ベクトル場とは，x, y, z という 3 つの数を決めると E_x, E_y, E_z という 3 つの数が決まる関数である，ということもできる。このとき，入力となる x, y, z の 3 つの変数を独立変数，出力となる E_x, E_y, E_z の変数を従属変数という。ベクトル場とは，3 つの独立変数と 3 つの従属変数を持つ関数のことである。

ベクトル場を幾何学的に表すには，図 1.5 のように，空間の各点からその位置でのベクトルを矢印で書けばよい。図 1.5 は実際に式 (1.6), (1.8) で表されるベクトル場を，$z = 0$ の面上の代表的な位置において，矢印で描いたものである。

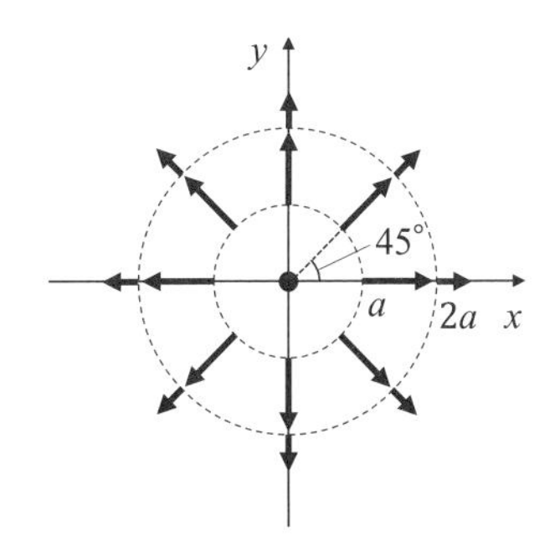

図 1.5　原点に電荷がある場合の電場ベクトル ($z = 0$)

例題 1.3　図 1.5 の矢印の位置ベクトル $\boldsymbol{r}$ と電場ベクトル $\boldsymbol{E}(\boldsymbol{r})$ を成分表示せよ。ただし，$z = 0$ とする。

解答 $\boldsymbol{E}(\boldsymbol{r})$ の計算には式 (1.8) を用いる。まず半径 a の円上に関して，x 軸上の 2 点については

$$
\begin{aligned}
\boldsymbol{r} &= (\pm a, 0, 0) \\
\boldsymbol{E}(\boldsymbol{r}) &= \frac{q}{4\pi\varepsilon_0 a^2}(\pm 1, 0, 0)
\end{aligned}
$$

y 軸上の 2 点については

$$
\begin{aligned}
\boldsymbol{r} &= (0, \pm a, 0) \\
\boldsymbol{E}(\boldsymbol{r}) &= \frac{q}{4\pi\varepsilon_0 a^2}(0, \pm 1, 0)
\end{aligned}
$$

45 度の位置にある 4 点については，

$$
\begin{aligned}
\boldsymbol{r} &= (\pm a/\sqrt{2}, \pm a/\sqrt{2}, 0) \\
\boldsymbol{E}(\boldsymbol{r}) &= \frac{q}{4\pi\varepsilon_0 a^2}\left(\pm\frac{1}{\sqrt{2}}, \pm\frac{1}{\sqrt{2}}, 0\right)
\end{aligned}
$$

となる（$\pm$ はいずれも複号同順）。

半径 $2a$ の円上については，a のところに $2a$ を代入すればよい。

電荷 q が原点ではなく位置 $\boldsymbol{r}'$ にある場合，位置 $\boldsymbol{r}$ における電場は，式 (1.4) より，

$$
\boldsymbol{E}(\boldsymbol{r}) = \frac{1}{4\pi\varepsilon_0}\frac{q(\boldsymbol{r}-\boldsymbol{r}')}{|\boldsymbol{r}-\boldsymbol{r}'|^3} \tag{1.9}
$$

で表されることがわかる。さらに，N 個の電荷 q_i $(i = 1, 2, \cdots, N)$ が，それぞれ $\boldsymbol{r}_i$ $(i = 1, 2, \cdots, N)$ にあるとき，その N 個の電荷が位置 $\boldsymbol{r}$ につくる電場は，式 (1.5) より

$$
\boldsymbol{E}(\boldsymbol{r}) = \sum_{i=1}^{N}\frac{1}{4\pi\varepsilon_0}\frac{q_i(\boldsymbol{r}-\boldsymbol{r}_i)}{|\boldsymbol{r}-\boldsymbol{r}_i|^3} \tag{1.10}
$$

と表すことができる。

例題 1.4　図 1.6 の (a), (b) について，$(0, \pm b, 0)$, $(\pm b, 0, 0)$ $(b > a)$, および原点での電場のベクトルを成分表示せよ。またそれを図示せよ。

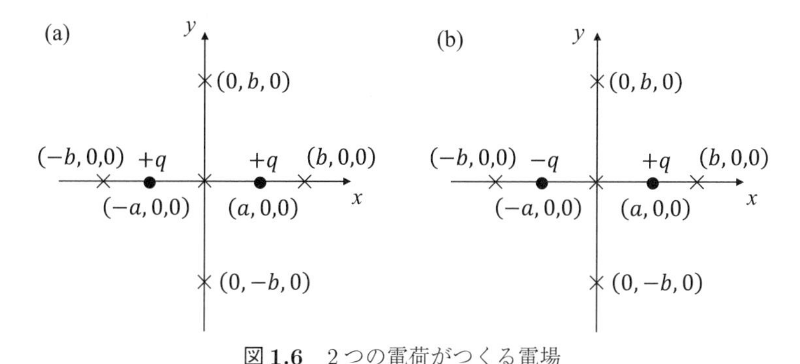

図 1.6　2 つの電荷がつくる電場

解答　(a) 式 (1.10) に代入することにより，$\boldsymbol{r} = (0, \pm b, 0)$ では

$$\boldsymbol{E} = \frac{q}{2\pi\varepsilon_0(b^2 + a^2)^{3/2}}\,(0, \pm b, 0)$$

$\boldsymbol{r} = (\pm b, 0, 0)$ では

$$\boldsymbol{E} = \pm\frac{q}{4\pi\varepsilon_0}\left\{\frac{1}{(b-a)^2} + \frac{1}{(b+a)^2}\right\}(1, 0, 0)$$

である（$\pm$ はいずれも複号同順）。原点では $\boldsymbol{E} = (0, 0, 0)$ となる。

(b) $\boldsymbol{r} = (0, \pm b, 0)$ ではいずれも

$$\boldsymbol{E} = \frac{q}{2\pi\varepsilon_0(b^2 + a^2)^{3/2}}\,(-a, 0, 0)$$

$\boldsymbol{r} = (\pm b, 0, 0)$ ではいずれも

$$\boldsymbol{E} = \frac{q}{4\pi\varepsilon_0}\left\{\frac{1}{(b-a)^2} - \frac{1}{(b+a)^2}\right\}(1, 0, 0)$$

原点では

$$\boldsymbol{E} = -\frac{q}{2\pi\varepsilon_0 a^2}\,(1, 0, 0)$$

となる。ベクトルを図示すると，図 1.7 のようになる。

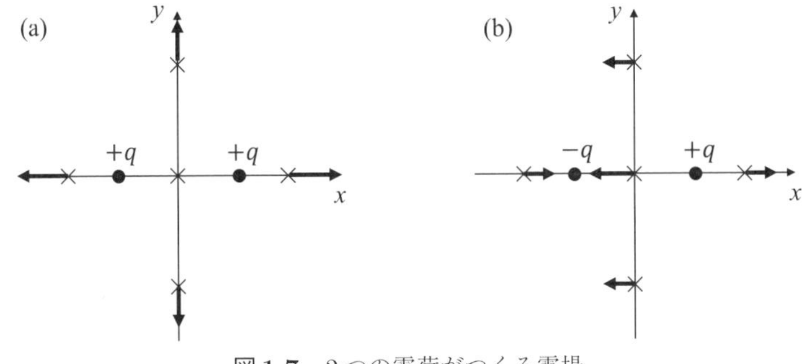

図 1.7　2 つの電荷がつくる電場

例題 1.5　図 1.8 のように，$\boldsymbol{r}_1 = \boldsymbol{d}/2$ に $+q$ の電荷が，また，$\boldsymbol{r}_2 = -\boldsymbol{d}/2$ に $-q$ の電荷があるとする。（このとき，$-q$ の電荷から $+q$ の電荷を結んだベクトルは $\boldsymbol{d}$ となる。）

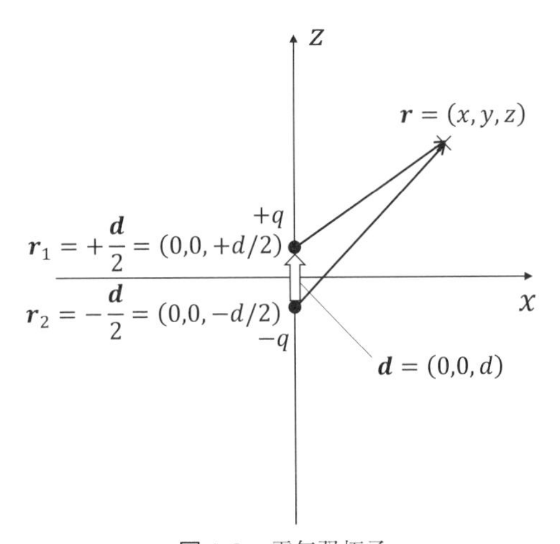

図 1.8　電気双極子

(1) $\boldsymbol{r}$ の位置の電場ベクトル $\boldsymbol{E}(\boldsymbol{r})$ を，$\boldsymbol{r}$ と $\boldsymbol{d}$ を用いて表せ。

(2) 2 つの電荷 $+q$ と $-q$ の間の距離が，電場を観測する位置 $\boldsymbol{r}$ から電荷までの距離よりも十分近いとする。これは $|\boldsymbol{r}| \gg |\boldsymbol{d}|$ という条件で表すことができる。このような場合，$\boldsymbol{p} = q\boldsymbol{d}$ とおいて，$\boldsymbol{p}$ を電気双極子という（コラム 1.4 参照）。このとき，電場ベクトル $\boldsymbol{E}(\boldsymbol{r})$ を近似して，$\boldsymbol{r}$ と $\boldsymbol{p}$ で表せ。

(3) $\boldsymbol{d} = (0, 0, d)$ のとき，すなわち $\boldsymbol{p} = (0, 0, p)$ ($p = qd$ と表せる) のとき，$\boldsymbol{r} = (x, y, z)$ として，$\boldsymbol{E}(\boldsymbol{r})$ を成分表示せよ。
(4) $\boldsymbol{r} = (0, 0, \pm\alpha)$, $\boldsymbol{r} = (\pm\beta, 0, \pm\beta/\sqrt{2})$, $\boldsymbol{r} = (\pm\gamma, 0, 0)$ のときの電場ベクトル $\boldsymbol{E}(\boldsymbol{r})$ を成分表示せよ。
(5) 上記の結果をもとに，ベクトル場を矢印で示せ。

解答　(1) 式 (1.10) に，$N = 2$, $q_1 = q$, $\boldsymbol{r}_1 = \boldsymbol{d}/2$, $q_2 = -q$, $\boldsymbol{r}_2 = -\boldsymbol{d}/2$ を代入することにより，電場ベクトルは

$$\boldsymbol{E}(\boldsymbol{r}) = \frac{1}{4\pi\varepsilon_0}\left\{\frac{q(\boldsymbol{r} - \frac{\boldsymbol{d}}{2})}{|\boldsymbol{r} - \frac{\boldsymbol{d}}{2}|^3} - \frac{q(\boldsymbol{r} + \frac{\boldsymbol{d}}{2})}{|\boldsymbol{r} + \frac{\boldsymbol{d}}{2}|^3}\right\} \tag{1.11}$$

となる。
(2) まず，式 (1.11) の中括弧内の第 1 項の分母について考えよう。ベクトルの絶対値に関して成り立つ式より

$$\left|\boldsymbol{r} - \frac{\boldsymbol{d}}{2}\right|^2 = |\boldsymbol{r}|^2 - \boldsymbol{r}\cdot\boldsymbol{d} + \frac{|\boldsymbol{d}|^2}{4} \tag{1.12}$$

であるから，

$$\frac{1}{|\boldsymbol{r} - \frac{\boldsymbol{d}}{2}|^3} = \left(|\boldsymbol{r}|^2 - \boldsymbol{r}\cdot\boldsymbol{d} + \frac{|\boldsymbol{d}|^2}{4}\right)^{-3/2} \tag{1.13}$$

となる。これについて，問題に与えられた条件 $|\boldsymbol{r}| \gg |\boldsymbol{d}|$ という条件をもとに，x が 1 より十分小さい時に成り立つ近似式 $(1 + x)^n \simeq 1 + nx$ を用いることを考えよう。そのために，式 (1.13) の右辺を

$$|\boldsymbol{r}|^{-3}\left(1 - \frac{\boldsymbol{r}\cdot\boldsymbol{d}}{|\boldsymbol{r}|^2} + \frac{|\boldsymbol{d}|^2}{4|\boldsymbol{r}|^2}\right)^{-3/2} \tag{1.14}$$

と書き換える。そうすると，$\boldsymbol{r}\cdot\boldsymbol{d} = |\boldsymbol{r}||\boldsymbol{d}|\cos\theta$ (θ は $\boldsymbol{r}$ と $\boldsymbol{d}$ のなす角) なので，式 (1.14) の括弧内の第 2 項は $|\boldsymbol{d}|\cos\theta/|\boldsymbol{r}|$ と書くことができる。問題に与えられた条件より $|\boldsymbol{r}| \gg |\boldsymbol{d}|$，すなわち $|\boldsymbol{d}|/|\boldsymbol{r}| \ll 1$ だから，第 2 項は 1 より十分小さい。また括弧内第 3 項は第 2 項と比べて，さらに $|\boldsymbol{d}|/|\boldsymbol{r}| \ll 1$ だけ小さいので，無視してもよいであろう。結局，$(1 + x)^n \simeq 1 + nx$ を用いると，式

(1.13) は

$$\frac{1}{|\boldsymbol{r}-\frac{\boldsymbol{d}}{2}|^3} \simeq |\boldsymbol{r}|^{-3}\left(1-\frac{\boldsymbol{r}\cdot\boldsymbol{d}}{|\boldsymbol{r}|^2}\right)^{-3/2} \simeq |\boldsymbol{r}|^{-3}\left(1+\frac{3\boldsymbol{r}\cdot\boldsymbol{d}}{2|\boldsymbol{r}|^2}\right) \tag{1.15}$$

と近似できることがわかる。

同様の近似を，式 (1.11) の中括弧内の第 2 項の分母にも施すことにより，式 (1.11) は

$$\begin{aligned}\boldsymbol{E}(\boldsymbol{r}) &\simeq \frac{1}{4\pi\varepsilon_0}\frac{1}{|\boldsymbol{r}|^3}\\ &\times\left\{q\left(\boldsymbol{r}-\frac{\boldsymbol{d}}{2}\right)\left(1+\frac{3\boldsymbol{r}\cdot\boldsymbol{d}}{2|\boldsymbol{r}|^2}\right)-q\left(\boldsymbol{r}+\frac{\boldsymbol{d}}{2}\right)\left(1-\frac{3\boldsymbol{r}\cdot\boldsymbol{d}}{2|\boldsymbol{r}|^2}\right)\right\}\end{aligned} \tag{1.16}$$

と近似できることになる。

あとは括弧をはずして整理すればよい。結果は

$$\boldsymbol{E}(\boldsymbol{r}) \simeq \frac{q}{4\pi\varepsilon_0}\left\{\frac{3(\boldsymbol{r}\cdot\boldsymbol{d})\boldsymbol{r}}{|\boldsymbol{r}|^5}-\frac{\boldsymbol{d}}{|\boldsymbol{r}|^3}\right\} \tag{1.17}$$

であり，$\boldsymbol{p}=q\boldsymbol{d}$ を用いれば

$$\boldsymbol{E}(\boldsymbol{r}) = \frac{1}{4\pi\varepsilon_0}\left\{\frac{3(\boldsymbol{r}\cdot\boldsymbol{p})\boldsymbol{r}}{|\boldsymbol{r}|^5}-\frac{\boldsymbol{p}}{|\boldsymbol{r}|^3}\right\} \tag{1.18}$$

である。最後は $\simeq$ ではなく ($r \gg d$ の極限をとったとして)$=$ とした。

(3) $\boldsymbol{p}=(0,0,p)$，$\boldsymbol{r}=(x,y,z)$ であるから，$\boldsymbol{r}\cdot\boldsymbol{p}=pz$ である。さらに $|\boldsymbol{r}|=(x^2+y^2+z^2)^{1/2}$ を代入して計算すると

$$(E_x,E_y,E_z)=\frac{p}{4\pi\varepsilon_0}\frac{(3zx,3yz,2z^2-x^2-y^2)}{(x^2+y^2+z^2)^{5/2}} \tag{1.19}$$

となる。

(4) 代入して計算すると，それぞれ

$$\left(0,0,\frac{p}{2\pi\varepsilon_0}\frac{1}{\alpha^3}\right),\left(\pm\frac{\sqrt{3}p}{9\pi\varepsilon_0}\frac{1}{\beta^3},0,0\right),\left(0,0,-\frac{p}{4\pi\varepsilon_0}\frac{1}{\gamma^3}\right) \tag{1.20}$$

となる。ただし，$\boldsymbol{r}=(\pm\beta,0,\pm\beta/\sqrt{2})$ のときの電場ベクトルの $\pm$ については，$\boldsymbol{r}$ の x, z 成分の $\pm$ が同じ符号のときに $+$，異なる符号のときに $-$ になる。

(5) 図 1.9 のようになる。

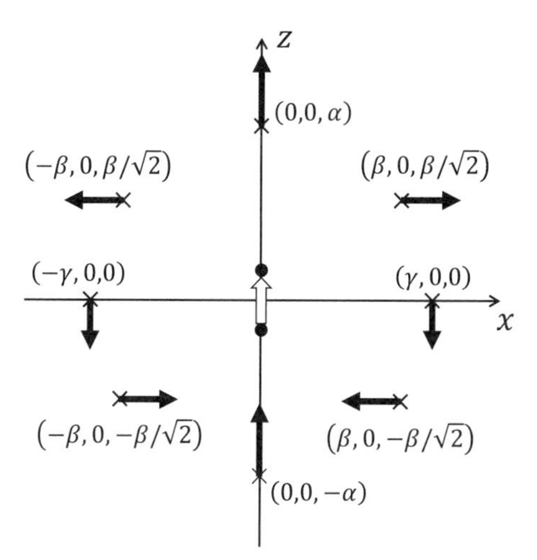

図 1.9 電気双極子のつくる電場ベクトル

■ 電荷密度

上の議論では，電場のもととなるものは点電荷 q であった。実際に，電荷の最小単位である電気素量 $e = 1.602176634 \times 10^{-19}$ C とよばれる量があり，電子やイオンなどは電気素量そのもの，あるいはその整数倍の電荷量を持つ点電荷である。一方，我々が通常扱うような大きさの物質には，アボガドロ数（$\simeq 6.02 \times 10^{23}$）程度の点電荷が含まれている。この場合，アボガドロ数個の点電荷を直接扱うのではなく，電荷が空間に連続的に分布していると考えたほうが適切である。たとえば体積 V の物質にアボガドロ数程度の点電荷が一様に分布しているなら，点電荷の電荷をすべて足し合わせたものを q として，体積 V 全体が

$$\rho = q/V \tag{1.21}$$

で定義される**電荷密度** ρ をもつ電荷で連続的に満たされていると考えることにする。ρ の単位は C m^{-3} である。

電荷の分布が一様でない場合は，電荷の分布している空間を図 1.10 のように微小直方体に分割する。i 番目の微小直方体について，その体積を ΔV_i，その中に含まれる電気量を Δq_i，原点から見た微小直方体の中心の位置を $\boldsymbol{r}_i$ としよう。このとき，i 番目の微小直方体を使って，位置 $\boldsymbol{r}_i$ における電荷密度を

$\rho(\boldsymbol{r}_i) = \Delta q_i/\Delta V_i$ で定義する。この微小直方体を極限まで小さくすると，$\boldsymbol{r}_i$ はとびとびではなく，連続的な位置 $\boldsymbol{r}$ とみなすことができる。このとき，位置 $\boldsymbol{r}$ における電荷密度 $\rho(\boldsymbol{r})$ は

$$\rho(\boldsymbol{r}) = \lim_{\Delta V_i \to 0} \frac{\Delta q_i}{\Delta V_i} \tag{1.22}$$

と定義される。ただし，$\Delta V_i \to 0$ で $\boldsymbol{r}_i \to \boldsymbol{r}$ とする（コラム 1.1 参照）。

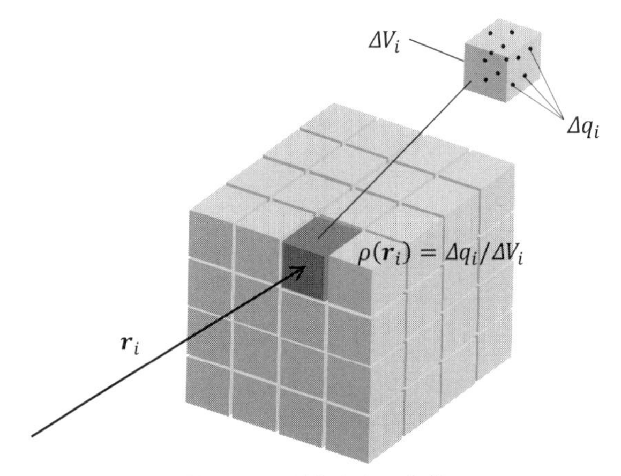

図 **1.10**　電荷密度の定義

上記で定義された電荷密度 $\rho(\boldsymbol{r})$ のように，どんな位置 $\boldsymbol{r}$ を指定しても（ベクトルではなく）数値 ρ が 1 つ決まる状態を**スカラー場**という。スカラー場とは，3 つの独立変数に対して 1 つの従属変数が決まる関数ということもできる。

位置 $\boldsymbol{r}$ が 3 次元ではなく 2 次元のとき，ρ の値を 3 つ目の軸にとって，スカラー場を図 1.11 のように等高線で描くことがある。ただし，これはあくまで 2 次元のスカラー場の記述であり，3 次元のスカラー場だと 4 つ目の軸が必要になるので，3 次元内でスカラー場の等高線を描くことはできない。

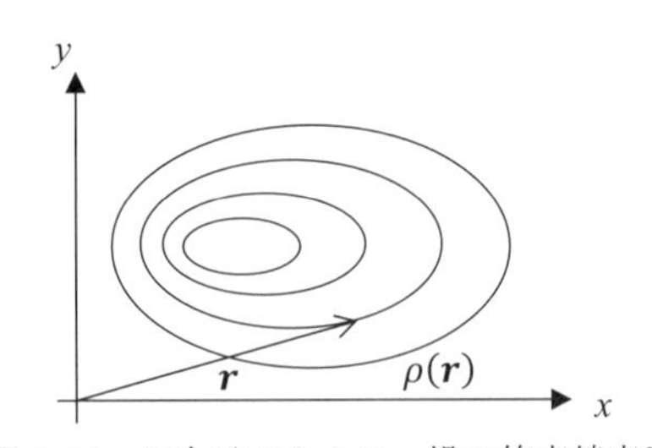

図 **1.11**　2 次元のスカラー場の等高線表示

このような電荷密度 $\rho(\boldsymbol{r})$ がある場合の電場を求めてみよう。微小直方体は十分小さく，点電荷とみなすことができるとして，i 番目の微小直方体が位置 $\boldsymbol{r}$ につくる電場 $\Delta\boldsymbol{E}_i(\boldsymbol{r})$ は，式 (1.9) を用いることによって，

$$\Delta\boldsymbol{E}_i(\boldsymbol{r}) = \frac{1}{4\pi\varepsilon_0}\frac{\Delta q_i(\boldsymbol{r}-\boldsymbol{r}_i)}{|\boldsymbol{r}-\boldsymbol{r}_i|^3} \tag{1.23}$$

と表すことができる。電荷全体が位置 $\boldsymbol{r}$ につくる電場は，式 (1.10) のようにこれをすべての微小直方体について足し合わせたものである。Δq_i を式 (1.22) の $\rho(\boldsymbol{r}_i) = \Delta q_i/\Delta V_i$ を用いて置き換えることによって

$$\boldsymbol{E}(\boldsymbol{r}) = \sum_i \Delta\boldsymbol{E}_i(\boldsymbol{r}) = \sum_i \frac{1}{4\pi\varepsilon_0}\frac{\rho(\boldsymbol{r}_i)(\boldsymbol{r}-\boldsymbol{r}_i)}{|\boldsymbol{r}-\boldsymbol{r}_i|^3}\Delta V_i \tag{1.24}$$

となる。

ここで，スカラー場の体積積分という演算を定義しよう（図 1.12）。あるスカラー場 $\phi(\boldsymbol{r})$ と，3 次元空間中の領域 V があるとする。

(a) 領域 V を微小直方体で分割し，i 番目の微小直方体の体積を ΔV_i，原点から見た微小直方体の中心の位置を $\boldsymbol{r}_i$ とする。

(b) スカラー場 $\phi(\boldsymbol{r})$ の $\boldsymbol{r} = \boldsymbol{r}_i$ での値 $\phi(\boldsymbol{r}_i)$ に微小直方体の体積 ΔV_i を掛ける。

(c) これを全ての微小直方体 i で足し合わせる。

(d) この総和について，微小直方体の体積を小さくした極限をとる。

すなわち

$$\int_{\mathrm{V}} \phi(\boldsymbol{r})dV = \lim_{\Delta V_i \to 0}\sum_i \phi(\boldsymbol{r}_i)\Delta V_i \tag{1.25}$$

を，スカラー場 $\phi(\boldsymbol{r})$ の領域 V 上での**体積積分**として定義する。

さて，式 (1.24) について，$\Delta V_i \to 0$ の極限をとったものを考える。たとえば式 (1.24) の最後の式の x 成分は，式 (1.25) の右辺に対して

$$\phi(\boldsymbol{r}') = \frac{1}{4\pi\varepsilon_0}\frac{\rho(\boldsymbol{r}')(x-x')}{|\boldsymbol{r}-\boldsymbol{r}'|^3}$$

を代入したものに対応する（右辺の $\boldsymbol{r}', x'$ がそれぞれ $\boldsymbol{r}_i, x_i$ となる）。したがって，これは式 (1.25) の左辺のように体積積分で表すことができる。なお，$\boldsymbol{r}$ の文字が電場 $\boldsymbol{E}(\boldsymbol{r})$ の位置ベクトルとしてすでに使われてしまっているので，微

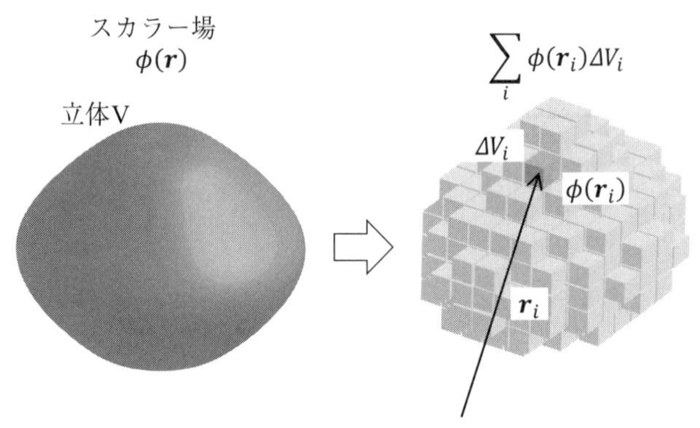

図 1.12　体積積分の定義

小直方体の位置（＝体積積分の変数）としては $\boldsymbol{r}' = (x', y', z')$ を用いていることに留意しよう。y 成分，z 成分も同様に表されるので，式 (1.24) の電荷全体が $\boldsymbol{r}$ につくる電場ベクトルは，体積積分を用いて

$$\boldsymbol{E}(\boldsymbol{r}) = \int_{\mathrm{V}} \frac{1}{4\pi\varepsilon_0} \frac{\rho(\boldsymbol{r}')(\boldsymbol{r}-\boldsymbol{r}')}{|\boldsymbol{r}-\boldsymbol{r}'|^3} dV' \tag{1.26}$$

と表すことができる。積分変数が $\boldsymbol{r}'$ であることがわかるように，dV にも $'$ を加えた。領域 V は，電荷密度が分布している範囲をとる。

例題 1.6　スカラー場が $\phi(\boldsymbol{r}) = c$ という位置によらない定数となるとき，体積積分は

$$\int_{\mathrm{V}} \phi(\boldsymbol{r}) dV = cV \tag{1.27}$$

（ただし，V は領域 V の体積）となることを示せ。

解答　式 (1.25) の右辺において，$\phi(\boldsymbol{r}_i) = c$ は i によらない定数なので，$\sum_i$ の外に出すことができる。$\sum_i \Delta V_i$ は，領域 V を微小直方体で分割した際の微小直方体の体積の和だから，$\Delta V_i \to 0$ の極限で，領域 V の体積 V になる。したがって，

$$\int_{\mathrm{V}} \phi(\boldsymbol{r}) dV = c \lim_{\Delta V_i \to 0} \sum_i \Delta V_i = cV \tag{1.28}$$

となる。すなわち位置 $\boldsymbol{r}$ によらず値が一定となるスカラー場においては，(体積積分) = (スカラー場の値) × (体積) が成り立つ。

例題 1.7　領域 V が x 方向が $x_{\rm I}$ から $x_{\rm F}$ まで，y 方向が $y_{\rm I}$ から $y_{\rm F}$ まで，z 方向が $z_{\rm I}$ から $z_{\rm F}$ までの直方体である場合，体積積分が

$$\int_{\rm V} \phi(\boldsymbol{r})dV = \int_{x_{\rm I}}^{x_{\rm F}} dx \int_{y_{\rm I}}^{y_{\rm F}} dy \int_{z_{\rm I}}^{z_{\rm F}} dz\phi(x,y,z) \tag{1.29}$$

という 3 重積分となることを示せ。またスカラー場が $\phi(\boldsymbol{r}) = c$ という定数の場合，積分を計算せよ。

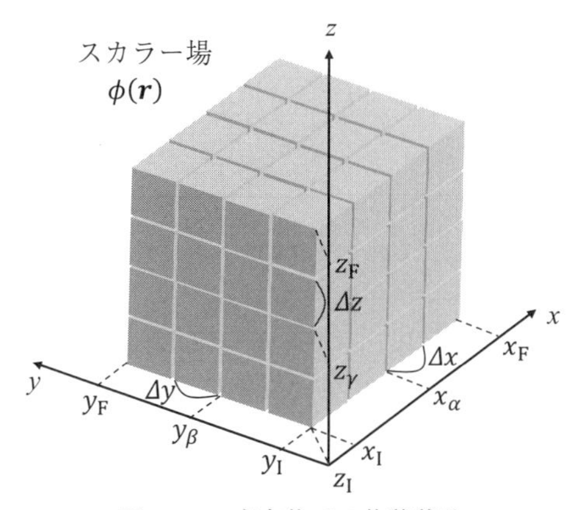

図 1.13　直方体での体積積分

解答　図 1.13 のように，直方体を x, y, z 方向それぞれを N 等分に等間隔に区切って微小直方体に分割する。x 方向が α 番目（位置 x_α），y 方向が β 番目（位置 y_β），z 方向が γ 番目（位置 z_γ）の微小直方体について，式 (1.25) の i は，(α, β, γ) の 3 つの組で表されることになり，i に対する和（全部で N^3 個）は α, β, γ のすべての和となる。よって，

$$\begin{aligned}\int_{\rm V} \phi(\boldsymbol{r})dV &= \lim_{\Delta V_i \to 0} \sum_{i=1}^{N^3} \phi(\boldsymbol{r}_i)\Delta V_i \\ &= \lim_{\Delta x \to 0} \lim_{\Delta y \to 0} \lim_{\Delta z \to 0} \sum_{\alpha=1}^{N} \sum_{\beta=1}^{N} \sum_{\gamma=1}^{N} \phi(x_\alpha, y_\beta, z_\gamma)\Delta x \Delta y \Delta z \end{aligned} \tag{1.30}$$

となる。$\Delta x, \Delta y, \Delta z$ は，$\Delta x = (x_{\mathrm{F}} - x_{\mathrm{I}})/N$ などと定義される量である。したがって，$\Delta x \to 0$, $\Delta y \to 0$, $\Delta z \to 0$ は $N \to \infty$ でもあることに留意しよう。このとき次の(A)(B)が成り立つ。

(A) 3つの $\sum$ はそれぞれ独立である。たとえば β や γ がいくつであっても，α を1から N まで足すことには変わりがない。

(B) Δx, Δy, Δz は α, β, γ の値に依存しない。

ここで，一般的な1変数の関数 $f(x)$ について，$x = x_{\mathrm{I}}$ から $x = x_{\mathrm{F}}$ までの定積分は，

(a) $x = x_{\mathrm{I}}$ から $x = x_{\mathrm{F}}$ までを N 個に間隔 $\Delta x = (x_{\mathrm{F}} - x_{\mathrm{I}})/N$ で分割し

(b) $f(x_i)\Delta x$ を $i = 1$ から N まで足し合わせて

(c) $\Delta x \to 0$（$N \to \infty$）の極限をとったもの，

すなわち

$$\int_{x_{\mathrm{I}}}^{x_{\mathrm{F}}} f(x)dx = \lim_{\Delta x \to 0} \sum_{i=1}^{N} f(x_i)\Delta x \tag{1.31}$$

と表せることを思い出そう。すると式(1.30)は，y_β, z_γ を定数として，x の定積分として書くことができる。すなわち

$$\int_{\mathrm{V}} \phi(\boldsymbol{r})dV = \lim_{\Delta y \to 0} \lim_{\Delta z \to 0} \sum_{\beta} \sum_{\gamma} \int_{x_{\mathrm{I}}}^{x_{\mathrm{F}}} dx \phi(x, y_\beta, z_\gamma)\Delta y \Delta z \tag{1.32}$$

である。なお，積分の中の dx は被積分関数の後ろに書くのが通常であるが，紛れがない場合には積分記号の直後に書くこともある。これで $\sum$ のうちの1つが定積分に置き換えられた。次に同じことを z_γ を定数として y に対して行い，最後に z に対して行うと

$$\int_{\mathrm{V}} \phi(\boldsymbol{r})dV = \int_{x_{\mathrm{I}}}^{x_{\mathrm{F}}} dx \int_{y_{\mathrm{I}}}^{y_{\mathrm{F}}} dy \int_{z_{\mathrm{I}}}^{z_{\mathrm{F}}} dz \phi(x, y, z) \tag{1.33}$$

という3つの定積分（3重積分）で表すことができる。このとき，上記(A)(B)が成り立つことがこの計算にとって重要であることを確認しよう。

$\phi(\boldsymbol{r}) = c$ なら定数の積分を3回行うことにより

$$\int_{x_{\mathrm{I}}}^{x_{\mathrm{F}}} dx \int_{y_{\mathrm{I}}}^{y_{\mathrm{F}}} dy \int_{z_{\mathrm{I}}}^{z_{\mathrm{F}}} dz c = c(x_{\mathrm{F}} - x_{\mathrm{I}})(y_{\mathrm{F}} - y_{\mathrm{I}})(z_{\mathrm{F}} - z_{\mathrm{I}}) \tag{1.34}$$

が得られる。領域V（直方体）の体積は図1.13より，$V = (x_{\rm F} - x_{\rm I})(y_{\rm F} - y_{\rm I})(z_{\rm F} - z_{\rm I})$ であるから，式(1.34)は cV に等しくなる。これは例題1.6の結果の通りである。

例題1.8　電荷密度 $\rho(\boldsymbol{r})$ が与えられているときに，領域V（体積 V）内の電荷の量 Q は体積積分

$$Q = \int_{\rm V} \rho(\boldsymbol{r})dV$$

で表されることを示せ。また電荷密度が領域V内で一定（$\rho(\boldsymbol{r}) = \rho_0$）のときに，$Q$ を計算せよ。

解答　図1.14のように電荷の分布している空間を微小直方体に分割して，i 番目の微小直方体について，その体積を ΔV_i，その中に含まれる電気量を Δq_i，原点から見た微小直方体の中心の位置を $\boldsymbol{r}_i$ とする。このとき，Δq_i を領域V内に含まれるすべての微小直方体について足し合わせたものが Q である。すなわち

$$Q = \sum_i \Delta q_i \tag{1.35}$$

である。これは式(1.22)より，電荷密度 $\rho(\boldsymbol{r})$ を用いて

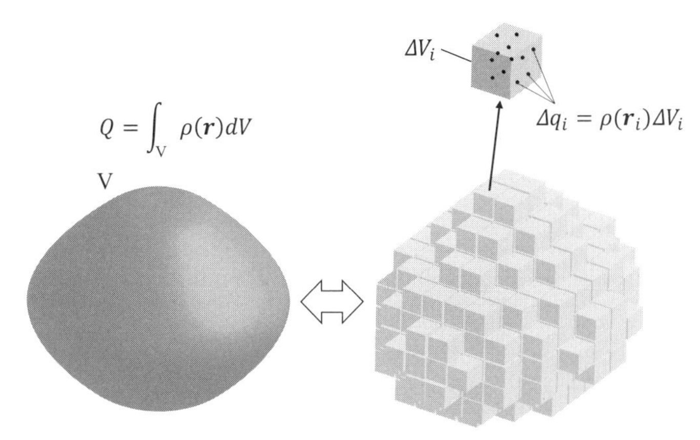

図1.14　電荷密度と電荷の関係

$$Q = \sum_i \rho(\boldsymbol{r}_i)\Delta V_i \tag{1.36}$$

と表すことができる。ここで $\Delta V_i \to 0$ の極限をとると，式 (1.25) よりスカラー場 $\rho(\boldsymbol{r})$ の V 上の体積積分となる。すなわち

$$Q = \int_{\mathrm{V}} \rho(\boldsymbol{r})dV \tag{1.37}$$

である。また，$\rho(\boldsymbol{r}) = \rho_0$ のときは，例題 1.6 の結果を用いて，

$$Q = \rho_0 V \tag{1.38}$$

となる。これは，式 (1.21) の定義に等しい。

■　面電荷密度

電荷が 3 次元物体ではなく，面の上に分布している場合を考える。たとえば面積 S の平面に電荷 Q が一様に分布しているとき，$\sigma = Q/S$ を面電荷密度という。電荷分布が面上で一様でない場合は，3 次元の場合にならって，図 1.15 のように電荷の分布した面（曲面でもよい）を微小長方形に分割し，i 番目の微小長方形について，その面積を ΔS_i, その中に含まれる電気量を Δq_i，原点から見た微小長方形の中心の位置を $\boldsymbol{r}_i$ として，位置 $\boldsymbol{r}_i$ における面電荷密度を

$$\sigma(\boldsymbol{r}) = \lim_{\Delta S_i \to 0} \Delta q_i / \Delta S_i \tag{1.39}$$

（ただし，$\Delta S_i \to 0$ で $\boldsymbol{r}_i \to \boldsymbol{r}$）で定義する。また，面電荷密度がつくる電場も，3 次元の場合である式 (1.24) にならって

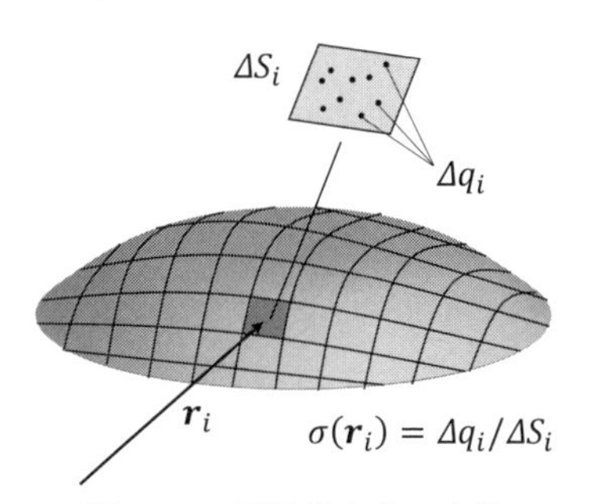

図 1.15　面電荷密度の定義

$$\boldsymbol{E}(\boldsymbol{r}) = \lim_{\Delta S_i \to 0} \sum_i \frac{1}{4\pi\varepsilon_0} \frac{\sigma(\boldsymbol{r}_i)(\boldsymbol{r}-\boldsymbol{r}_i)}{|\boldsymbol{r}-\boldsymbol{r}_i|^3} \Delta S_i \tag{1.40}$$

と表すことができる。

例題 1.9　図 1.16(a) のように，xy 平面全体に面電荷密度 σ_0 が一様に分布しているとき，$\boldsymbol{r} = (0, 0, z)$ における電場ベクトル $\boldsymbol{E}(\boldsymbol{r})$ を求めたい。この問題については，式 (1.40) を通常の直交座標系で計算しようとすると，積分の計算が難しくなる。ここでは，xy 平面上の位置ベクトル $\boldsymbol{r}'$ に対して，図 1.16(b) のように r', φ を定義する。すなわち，xy 平面上のベクトル $\boldsymbol{r}' = (x', y', 0)$ の絶対値を r'，ベクトル $\boldsymbol{r}'$ と x 軸のなす角度を φ とする。すると次の式が成り立つ：

$$\begin{aligned} x' &= r' \cos\varphi \\ y' &= r' \sin\varphi \\ z' &= 0 \end{aligned} \tag{1.41}$$

また $r'^2 = x'^2 + y'^2$ である。r' と φ の定義域は，$0 \leq r'$ と $0 \leq \varphi < 2\pi$ である。なお，電場の位置を示すのが $\boldsymbol{r}$ であり，電荷の位置を示すのは $\boldsymbol{r}'$ であることに留意しよう。

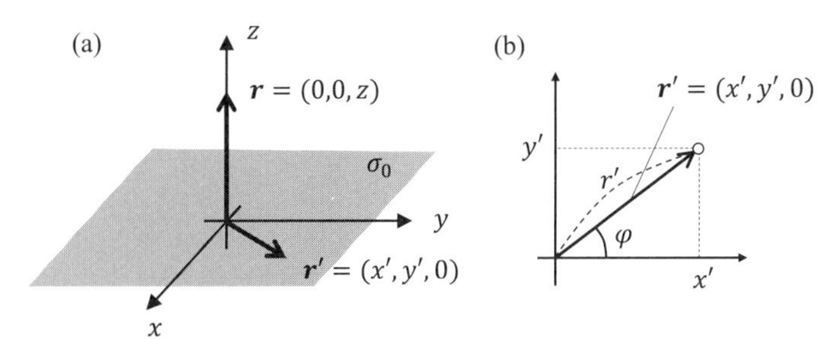

図 1.16　(a) xy 平面上の一定の面電荷密度，(b) r', φ を用いた位置の表し方

(1) r' から $r' + \Delta r'$ まで，φ から $\varphi + \Delta\varphi$ まで，それぞれを独立に動かしたときに $\boldsymbol{r}'$ が動く範囲は，$\Delta r'$ と $\Delta\varphi$ が十分小さければ長方形とみなせる。このときの微小長方形の面積 ΔS を求めよ。

(2) r' と φ をそれぞれ細かく区切って，xy 平面全体を (1) で議論したような微小長方形に分割する。微小長方形 i が位置 $\boldsymbol{r}$ につくる電場の i に関する総和を求め，これが $\Delta S \to 0$ の極限で，r' と φ についてそれぞれ定積分したもの，すなわち2重積分となることを示せ。
(3) 位置 $\boldsymbol{r} = (0, 0, z)$ における電場 $\boldsymbol{E}(\boldsymbol{r})$ を計算せよ。

解答 (1) 図1.17(a) より，微小長方形について，中心から外側へ向かう辺の長さが $\Delta r'$，円弧の長さが $r'\Delta\varphi$ なので，その面積は $\Delta S = \Delta r' \times r'\Delta\varphi = r'\Delta r'\Delta\varphi$ となる。
(2) $0 \le r'$ と $0 \le \varphi < 2\pi$ をそれぞれ細かく区切って，図1.17(b) のように xy 平面全体を微小長方形に分割する。r' の区切りの番号を α，φ の区切りの番号を β として，(α, β) を合わせて i で数えることにする。このとき，i 番目の微小長方形の位置を $\boldsymbol{r}' = \boldsymbol{r}'_i$，この微小長方形のもつ電荷を Δq_i とする。式 (1.39) より $\Delta q_i = \sigma_0 \Delta S$ であり，ΔS は (1) の結果の通りである。i 番目の長方形が $\boldsymbol{r}$ につくる電場ベクトルは式 (1.40) の $\sum$ の中の式を用いて

$$\begin{aligned}\Delta \boldsymbol{E}_i(\boldsymbol{r}) &= \frac{1}{4\pi\varepsilon_0}\frac{\Delta q_i(\boldsymbol{r} - \boldsymbol{r}'_i)}{|\boldsymbol{r} - \boldsymbol{r}'_i|^3} \\ &= \frac{1}{4\pi\varepsilon_0}\frac{\sigma_0(\boldsymbol{r} - \boldsymbol{r}'_i)}{|\boldsymbol{r} - \boldsymbol{r}'_i|^3} r'_i \Delta r' \Delta\varphi \qquad (1.42)\end{aligned}$$

となる。r'_i は，i 番目の微小長方形の位置 $\boldsymbol{r}' = \boldsymbol{r}'_i$ についての，式 (1.41) を用いて表した際の r' に対応し，$r'_i = |\boldsymbol{r}'_i|$ である。

ここですべての長方形 i について式 (1.42) を足し合わせるが，このとき r' と φ について，α と β を互いに独立に動かすことにより，xy 平面全体を漏れな

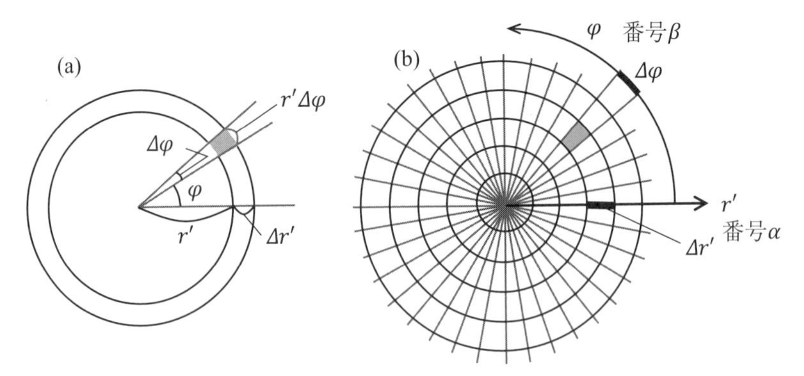

図1.17 (a) r と φ を微小に動かしたときにできる微小長方形，(b) r と φ で細かく区切った様子

く覆い尽くすことができる。また，$\Delta r'$ と $\Delta\varphi$ は i によらない。すなわち例題1.7の (A)(B) をともに満たしている。したがって，式 (1.42) を i について足し合わせた結果に対して，$\Delta S_i \to 0$ は，例題1.7と同じく $\Delta r' \to 0$，$\Delta\varphi \to 0$ の極限を独立にとることによって達成できて，2つの極限はそれぞれ r', φ の定積分で書くことができる。結果として電場ベクトルは

$$\begin{aligned}\boldsymbol{E}(\boldsymbol{r}) &= \lim_{\Delta r'\to 0}\lim_{\Delta\varphi\to 0}\sum_i \frac{1}{4\pi\varepsilon_0}\frac{\sigma_0(\boldsymbol{r}-\boldsymbol{r}'_i)}{|\boldsymbol{r}-\boldsymbol{r}'_i|^3}r'_i\Delta r'\Delta\varphi \\ &= \int_0^\infty dr'\int_0^{2\pi}d\varphi\frac{1}{4\pi\varepsilon_0}\frac{\sigma_0(\boldsymbol{r}-\boldsymbol{r}')}{|\boldsymbol{r}-\boldsymbol{r}'|^3}r' \end{aligned} \tag{1.43}$$

となる。

(3) $\boldsymbol{r} = (0,0,z)$，$\boldsymbol{r}' = (x',y',0)$，および式 (1.41) を式 (1.43) に代入して，z, r', φ のみで書くと

$$\boldsymbol{E}(\boldsymbol{r}) = \frac{\sigma_0}{4\pi\varepsilon_0}\int_0^\infty dr'\int_0^{2\pi}d\varphi\frac{(-r'^2\cos\varphi, -r'^2\sin\varphi, zr')}{(r'^2+z^2)^{3/2}} \tag{1.44}$$

となる。電場ベクトルの3つの成分のうち，x 成分と y 成分は φ の積分によって0になる。z 成分は

$$\frac{d}{dr'}\left\{-\frac{z}{(r'^2+z^2)^{1/2}}\right\} = \frac{zr'}{(r'^2+z^2)^{3/2}} \tag{1.45}$$

および φ の積分が定数の積分となって 2π を与えることを用いて，

$$\begin{aligned}E_z(0,0,z) &= \frac{\sigma_0}{4\pi\varepsilon_0}\times 2\pi\times\left[\frac{-z}{(r'^2+z^2)^{1/2}}\right]_{r'=0}^{r'=\infty} \\ &= \begin{cases}\frac{\sigma_0}{2\varepsilon_0} & (z>0)\\ -\frac{\sigma_0}{2\varepsilon_0} & (z<0)\end{cases}\end{aligned} \tag{1.46}$$

となる。この結果から，電荷が xy 平面上に分布している場合，電場ベクトルは z 軸方向であり，電場の大きさは平面からの距離には依存しないことがわかる。

例題 1.10 図 1.18(a) のように，原点を中心とする半径 a の球内に，一様な電荷密度 ρ_0 の電荷が分布している。このとき，位置 $\boldsymbol{r} = (0, 0, z)$ での電場ベクトルを求めたい。この場合も，通常の直交座標系で計算しようとすると，体積積分の計算が難しくなる。そこで，電荷の位置ベクトル $\boldsymbol{r}'$ に対して，図 1.18(b) のように r, θ, φ を定義する。すなわち，ベクトル $\boldsymbol{r}'$ の絶対値が r であり，ベクトル $\boldsymbol{r}'$ と z 軸のなす角が θ であり，ベクトル $\boldsymbol{r}'$ を xy 平面に射影した線分と x 軸のなす角が φ である。r, θ, φ と x', y', z' との関係は

$$
\begin{aligned}
x' &= r\sin\theta\cos\varphi \\
y' &= r\sin\theta\sin\varphi \\
z' &= r\cos\theta
\end{aligned}
\tag{1.47}
$$

であり，r, θ, φ の定義域は，$0 \leq r$, $0 \leq \theta \leq \pi$, $0 \leq \varphi < 2\pi$ となる。なお，r の表記は，例題 1.9 のように r' とすべきだが，見にくくなるのでしばらくはプライムをつけずに，あとで必要になったときにつけることにする。

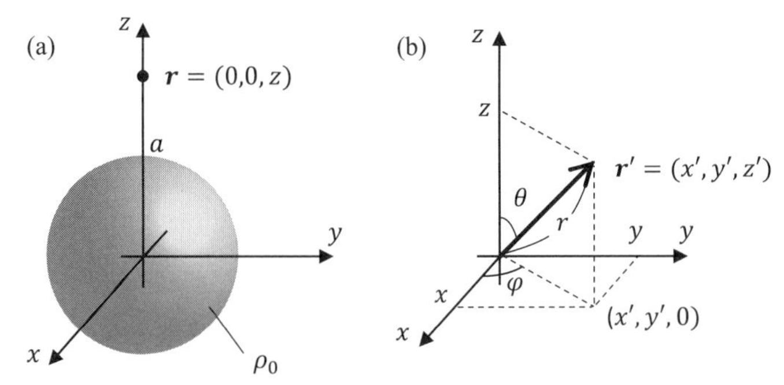

図 1.18 (a) 一定の電荷密度を持った球と (b) r, θ, φ を用いた位置の表示

(1) r, θ, φ を微小量だけ動かしたとき，すなわち r から $r + \Delta r$ まで，θ から $\theta + \Delta\theta$ まで，φ から $\varphi + \Delta\varphi$ まで，それぞれ動かしたときに，$\boldsymbol{r}$ が通過する微小直方体 ΔV_i の体積を求めよ。

(2) $\Delta V_i \to 0$ の極限をとったとき，この体積積分が 3 つの積分変数 r, θ, φ の 3 重積分で書けることを示せ。

(3) $\boldsymbol{r} = (0, 0, z)$ のとき，位置 $\boldsymbol{r}$ での電場ベクトル $\boldsymbol{E}(\boldsymbol{r})$ の成分を 3 重積分の形で書け。

解答　(1) r を r から $r+\Delta r$ まで動かしたとき，θ と φ を全ての定義域で動かすと，$\boldsymbol{r}$ が通過する部分は半径 r，厚さ Δr の球殻となる。θ と φ の動かす範囲を，θ から $\theta+\Delta\theta$ まで，φ から $\varphi+\Delta\varphi$ までにそれぞれ限ると，半径 r の球面上に描かれる図形は，図 1.19 に示すように（z 軸と球面の交点を北極と南極として），経線（北極と南極を結ぶ球面上の線）方向の長さは $r\Delta\theta$，緯線（赤道に平行な線）方向の長さは $r\sin\theta\Delta\varphi$ の微小長方形となる。結果として，$\boldsymbol{r}$ が通過する部分となる微小直方体の体積は

$$\begin{aligned}\Delta V_i &= \Delta r \times r\Delta\theta \times r\sin\theta\Delta\varphi \\ &= r^2\sin\theta\Delta r\Delta\theta\Delta\varphi \end{aligned} \tag{1.48}$$

となる。

(2) 上の結果を式 (1.24) に，$\rho(\boldsymbol{r}')=\rho_0$ とともに代入すると，電場ベクトルは

$$\sum_i \Delta\boldsymbol{E}_i(\boldsymbol{r}) = \sum_i \frac{1}{4\pi\varepsilon_0}\frac{\rho_0(\boldsymbol{r}-\boldsymbol{r}_i)}{|\boldsymbol{r}-\boldsymbol{r}_i|^3} r_i^2 \sin\theta_i \Delta r\Delta\theta\Delta\varphi \tag{1.49}$$

となる（ただし $r_i=|\boldsymbol{r}_i|$）。このとき，和をとる $\boldsymbol{r}_i$ の範囲（＝体積積分の範囲）は半径 a の球内であり，$0\leq r\leq a$, $0\leq\theta\leq\pi$, $0\leq\varphi<2\pi$ を細かく区切って

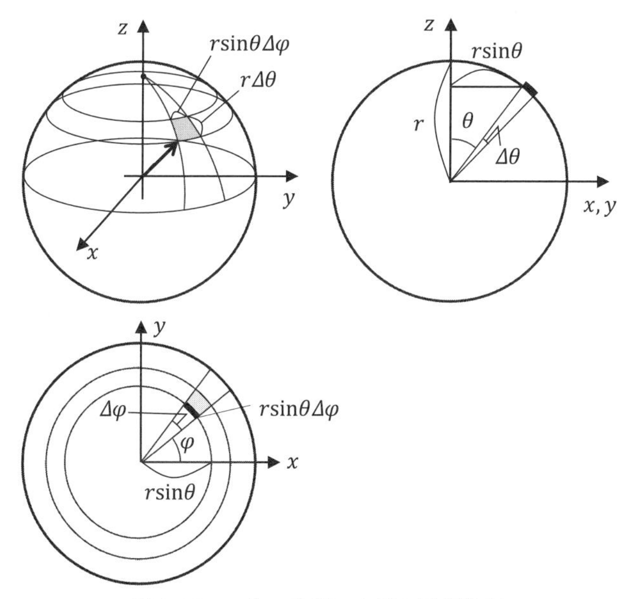

図 1.19　r, θ, φ を用いた球の区切り方

（例題1.9のように）互いに独立に動かすことによって，球全体を漏れなく尽くすことができる。

$\Delta V_i \to 0$とするには，$\Delta r \to 0$, $\Delta\theta \to 0$, $\Delta\varphi \to 0$の3つの極限をとればよい。上記のようにr, θ, φは互いに独立であるので，それぞれの極限はそれぞれr, θ, φの定積分で書くことができて，結果として電場ベクトルは

$$\boldsymbol{E}(\boldsymbol{r}) = \int_0^a dr' \int_0^\pi d\theta \int_0^{2\pi} d\varphi \frac{1}{4\pi\varepsilon_0} \frac{\rho_0(\boldsymbol{r}-\boldsymbol{r}')}{|\boldsymbol{r}-\boldsymbol{r}'|^3} r'^2 \sin\theta \tag{1.50}$$

という3重積分となる。ここで，積分変数をrからr'に変更した。電場の位置を示すのが$\boldsymbol{r}$であり，電荷の位置を示す積分変数が$\boldsymbol{r}'$であることに留意しよう。

(3) $\boldsymbol{r} = (0, 0, z)$であり，$\boldsymbol{r}' = (x', y', z')$については，式(1.47)で示した通りである（ただし，rにプライムをつける）。

$$\begin{aligned} |\boldsymbol{r}-\boldsymbol{r}'|^2 &= (r'\sin\theta\cos\varphi)^2 + (r'\sin\theta\sin\varphi)^2 + (z - r'\cos\theta)^2 \\ &= r'^2 + z^2 - 2r'z\cos\theta \end{aligned} \tag{1.51}$$

なので

$$\begin{aligned} \boldsymbol{E}(0, 0, z) = \frac{\rho_0}{4\pi\varepsilon_0} \int_0^a dr' \int_0^\pi d\theta \int_0^{2\pi} d\varphi \\ \times \frac{(r'^3 \sin^2\theta\cos\varphi, r'^3\sin^2\theta\sin\varphi, zr'^2\sin\theta - r'^3\sin\theta\cos\theta)}{(r'^2 + z^2 - 2r'z\cos\theta)^{3/2}} \end{aligned} \tag{1.52}$$

となる。この積分を実行するのは少し面倒なので，章末問題1.6にゆずるが，結果だけを書くと

$$\begin{aligned} E_x(0, 0, z) &= E_y(0, 0, z) = 0, \\ E_z(0, 0, z) &= \begin{cases} \dfrac{\rho_0}{3\varepsilon_0}\dfrac{a^3}{z^2} & (z \geq a) \\ \dfrac{\rho_0}{3\varepsilon_0} z & (z < a) \end{cases} \end{aligned} \tag{1.53}$$

となる。E_x, E_yが0になるのは，式(1.52)において，$\cos\varphi$や$\sin\varphi$をφについて0から2πまで積分すると0になるからである。電場のx, y成分が0になるのは，図1.18を見ても納得できるであろう。

コラム 1.1：電荷密度について

電荷密度を定義するときに，微小直方体に含まれる電荷の量を体積で割り，その後に微小直方体を「極限まで小さく」した。しかし，微小直方体を原子のサイズまで小さくすると，中に含まれる電荷は1個などと数えられるぐらい小さな数になってしまって，その電荷を体積で割った電荷密度を連続的な値をとる量（連続量）として定義できなくなる，という問題がある。

実際の物質においては，だいたい1辺が $1 \sim 10\ \text{nm} = 10^{-9} \sim 10^{-8}\ \text{m}$ ぐらいの立方体のサイズになると，電荷が1個程度になる。言い換えると，$1 \sim 10$ nm 立方に1個程度の電荷が入っていることになる。一方，我々が実際にあつかう物質の大きさは $1\ \text{mm} \sim 1\ \text{cm} = 10^{-3} \sim 10^{-2}\ \text{m}$ ぐらいであろう。

したがって，図1.10の微小直方体の1辺の長さを，$1\ \mu\text{m} = 10^{-6}\ \text{m}$ 程度に小さくすると，物質の大きさに比較して，$10^{-3} \sim 10^{-4}$ 倍程度の長さなので，十分「小さい」と言える。すなわちベクトル場としての位置が，実質的には連続的に定義されているといって差し支えない。一方，これは電荷どうしの間隔 $1 \sim 10\ \text{nm} = 10^{-9} \sim 10^{-8}\ \text{m}$ よりも $10^2 \sim 10^3$ 倍長いので，微小直方体に含まれる電荷はその3乗，すなわち $10^6 \sim 10^9$ 個程度になる。それだけの数があれば，それを体積で割って電荷密度という連続量を定義するのも十分可能である。

すなわち，この場合の「極限まで小さくする」とは，「物質のサイズよりも十分小さいが，電荷どうしの間隔よりは十分大きい長さにする」という意味となる。数学的な意味での「極限」とは異なり，物理的な状況（物質のサイズと電荷の間隔）に由来する別の条件がついていることに注意する必要がある。

コラム 1.2：ベクトル場とスカラー場

ベクトル場やスカラー場というのは，初学者にはわかりにくい概念である。特にベクトル場（たとえば電場）について，単なるベクトルと混同している人が非常に多い。「『どのような位置に対しても』ある1つのベクトル（あるいはスカラー）が定義されている」というのがベクトル場（スカラー場）の重要な点である。「どのような位置に対しても定義されている」からこそ，体積積分や以降で学ぶ面積分，線積分といった演算も可能となる。

日常になじみの深いベクトル場の例として，天気予報などで見かける全国各地の風速と風向きを考えてみよう。たとえば東京では風向きが南東，風速が3

$\mathrm{m\,s^{-1}}$ であるとしよう。すると日本地図の東京のところに，南東から北西にむけて $3\ \mathrm{m\,s^{-1}}$ に対応する長さのベクトルを描くことができる。一方，大阪では風向きが南，風速が $2\ \mathrm{m\,s^{-1}}$ であるとしよう。すると同様に，大阪のところにベクトルを描くことになる。日本全国どこに行っても，あるいは東京，大阪などという街だけではなく，あらゆる地点で，風向き（あらゆる角度を向くことができる）と風速（あらゆる値をとることができる）で決まる1つのベクトルを描くことができる。したがってこれはベクトル場である。ただし，通常の天気予報では，2次元上の位置に対してそれぞれ2次元方向の風向きと風速が示されているので，この例は2次元のベクトル場ということになる。

一方，全国各地の気温や気圧は，いずれも (2次元の) スカラー場となる。なぜなら日本全国どこ（2次元上の位置）へ行っても，そこでの気温や気圧（いずれも1個の数値）が必ず定義できる（観測できる）からである。

これまで述べてきたように，ベクトル場の記述としては，(1) 式 (1.6) のようなベクトル記号を用いたもの，(2) 式 (1.8) のようにベクトルの成分表示をしたもの，そして (3) 図 1.5 のように幾何学的に矢印で表すもの，などがあり，3つのいずれにも習熟する必要がある。(1) は得意であるが (2)(3) が不得意である，という人が比較的多いので，注意してほしい。

1.2 ガウスの法則（積分形）

原点に電荷 q の点電荷があるとする。前節で学んだ通り，位置 $\boldsymbol{r}$ での電場ベクトルはクーロンの法則より

$$\boldsymbol{E}(\boldsymbol{r}) = \frac{1}{4\pi\varepsilon_0}\frac{q\boldsymbol{r}}{|\boldsymbol{r}|^3} \tag{1.54}$$

であり，その電場の大きさ（電場ベクトルの絶対値）は

$$|\boldsymbol{E}(\boldsymbol{r})| = \frac{1}{4\pi\varepsilon_0}\frac{q}{|\boldsymbol{r}|^2} \tag{1.55}$$

となる。

ここで，図 1.20 に示すような原点を中心とする半径 R の球を考えてみよう。この球面上での電場の大きさは，式 (1.55) より，球面上のどこでも $q/4\pi\varepsilon_0 R^2$ になる。これに球面の表面積 $4\pi R^2$ を掛けると，q/ε_0 になる。この値は球の半径 R に依存しない。したがって，「電荷 q からある距離における電場の大きさ

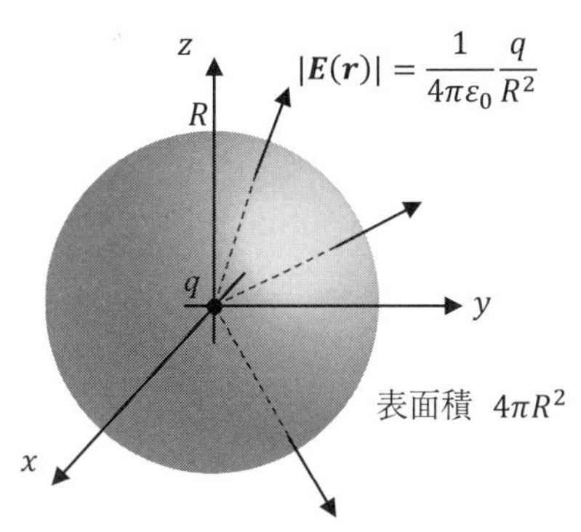

図 1.20　原点に点電荷がある場合の，球面上の電場の大きさと球面の表面積

に，電荷を中心としてその位置を通る球の表面積を掛けたものは q/ε_0 である」ということを「法則」にしておけば，そこから逆にクーロンの法則を導くことが可能になる。

以上のことをより一般的に定義したのが，この節で議論するガウス (Gauss) の法則である。そのために，いくつかの準備をしよう。

■　ベクトル場の面積分

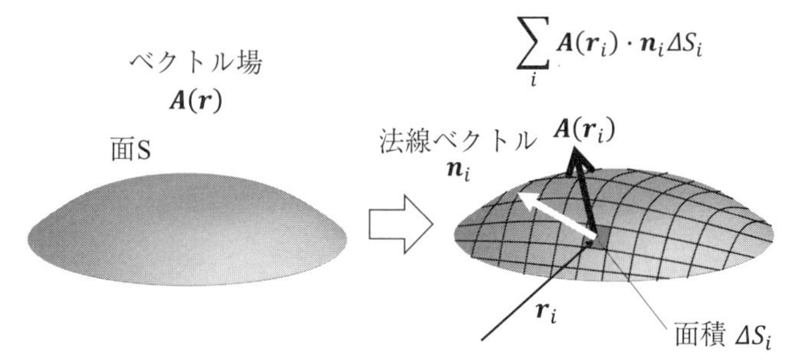

図 1.21　面積分の定義

あるベクトル場 $\boldsymbol{A}(\boldsymbol{r})$ と，3 次元空間中の面 S があるとする。S は平面でも曲面でもよい。図 1.21 に示すように，まず

(a) この面 S を微小長方形で分割する。

たとえ曲面であっても，十分小さく分割すれば，一つひとつは平らな微小長方形とみなすことができる。このとき i 番目の微小長方形の面積を ΔS_i，微小長方形の法線ベクトル（長方形の面に対して垂直なベクトル）を $\boldsymbol{n}_i$（ただし $|\boldsymbol{n}_i| = 1$ とする），原点から見た微小長方形の中心の位置を $\boldsymbol{r}_i$ とする。法線ベ

クトル$\boldsymbol{n}_i$の絶対値が1になっていることを「規格化されている」という。Sが平面であれば$\boldsymbol{n}_i$は長方形iによらず一定であるが，Sが曲面の場合，$\boldsymbol{n}_i$はiによって異なる。なお，法線ベクトルの絶対値を1としても，長方形の表裏どちらの向きをとるかで2通りの選び方がある。これについては，面Sが球面のように閉じた面であるとき，すなわち閉曲面であるときは，法線ベクトル$\boldsymbol{n}_i$は常に閉曲面の外側に向かってとるものとする。それ以外の場合には，あらかじめ指定された向きにとることにする。

ここで，

(b) 位置$\boldsymbol{r}_i$におけるベクトル場のベクトル$\boldsymbol{A}(\boldsymbol{r}_i)$と微小長方形の法線ベクトル$\boldsymbol{n}_i$の内積をとって，さらにそれに微小長方形の面積$\Delta S_i$を掛ける。

(c) これを全ての微小長方形iで実行してそれらを足し合わせる。

(d) この総和について，微小長方形の面積を小さくした極限をとる。

すなわち

$$\int_{\mathrm{S}} \boldsymbol{A}(\boldsymbol{r}) \cdot d\boldsymbol{S} = \lim_{\Delta S_i \to 0} \sum_i \boldsymbol{A}(\boldsymbol{r}_i) \cdot \boldsymbol{n}_i \Delta S_i \tag{1.56}$$

をベクトル場$\boldsymbol{A}(\boldsymbol{r})$の面S上での**面積分**として定義する。

式(1.56)の左辺は一般的な面積分の記法である。$d\boldsymbol{S}$の$\boldsymbol{S}$はベクトル（太字）で書き，$\boldsymbol{A}(\boldsymbol{r})$との間に内積の$\cdot$をつけるものとする。微小長方形の法線ベクトル$\boldsymbol{n}_i$にその面積$\Delta S_i$を掛けたものを新たにベクトル$\Delta \boldsymbol{S}_i = \boldsymbol{n}_i \Delta S_i$として定義すると，式(1.56)は

$$\int_{\mathrm{S}} \boldsymbol{A}(\boldsymbol{r}) \cdot d\boldsymbol{S} = \lim_{|\Delta \boldsymbol{S}_i| \to 0} \sum_i \boldsymbol{A}(\boldsymbol{r}_i) \cdot \Delta \boldsymbol{S}_i \tag{1.57}$$

と表すことができて，この方が面積分の記法の意味がわかりやすくなる。なお，面Sが閉曲面，すなわち球面のように閉じた面の場合は，積分記号に丸をつけて

$$\oint_{\mathrm{S}} \boldsymbol{A}(\boldsymbol{r}) \cdot d\boldsymbol{S} \tag{1.58}$$

と書く習慣がある。

ベクトル場をその位置での何らかの「流れ」を表すベクトルであると考えると，面積分とはその面を通して流れる何らかの量に対応する。たとえば，水の

流れを考えると，各位置で水の質量密度に水の速度を掛けたものがベクトル場であり，それを面Sで面積分したものは，面Sを単位時間あたりに通過する水の量となる（2.2節参照）。式(1.58)のように閉曲面の場合，面積分が正のときは閉曲面からの水の湧き出しの量，負のときは閉曲面内への吸い込みの量になる。電場ベクトルは流れに対応するベクトル量ではないので必ずしもこの考えがそのまま当てはまるわけではないが，直感的な理解の仕方としては便利である。

例題 1.11 式(1.54)で与えられるベクトル場を，原点を中心とした半径Rの球面上で面積分すると，q/ε_0となることを示せ。

解答 位置$\boldsymbol{r}$において式(1.54)で与えられるベクトル場$\boldsymbol{E}(\boldsymbol{r})$は，その向きは原点から位置$\boldsymbol{r}$の向きであり，また位置$\boldsymbol{r}$における球面の法線ベクトル$\boldsymbol{n}$も原点から位置$\boldsymbol{r}$の向きである。すなわち，$\boldsymbol{r}$におけるベクトル$\boldsymbol{E}(\boldsymbol{r})$と$\boldsymbol{r}$における球面の法線ベクトル$\boldsymbol{n}$は常に平行である。したがって，式(1.56)の右辺において（$\boldsymbol{A}(\boldsymbol{r}_i)$を$\boldsymbol{E}(\boldsymbol{r}_i)$と書き直して），

$$\begin{aligned}\boldsymbol{E}(\boldsymbol{r}_i)\cdot\boldsymbol{n}_i &= |\boldsymbol{E}(\boldsymbol{r}_i)||\boldsymbol{n}_i| = |\boldsymbol{E}(\boldsymbol{r}_i)| \\ &= \frac{1}{4\pi\varepsilon_0}\frac{q}{|\boldsymbol{r}_i|^2} = \frac{1}{4\pi\varepsilon_0}\frac{q}{R^2} \qquad (1.59)\end{aligned}$$

となる。ここで，法線ベクトル$\boldsymbol{n}_i$が規格化されていることと，位置$\boldsymbol{r}$が半径Rの球面上にあるとき，$|\boldsymbol{r}| = R$であることを用いた。この結果は，球面上で$\boldsymbol{E}(\boldsymbol{r}_i)\cdot\boldsymbol{n}_i$が$\boldsymbol{r}$によらず常に一定値$q/4\pi\varepsilon_0 R^2$になることを意味する。

あとは，これにΔS_iを掛けて$\sum_i$で足せばよい。$\boldsymbol{E}(\boldsymbol{r}_i)\cdot\boldsymbol{n}_i = q/4\pi\varepsilon_0 R^2$は$i$によらず一定値なので，$\sum_i$の外に出せることを用いて

$$\begin{aligned}\oint_{\mathrm{S}}\boldsymbol{E}(\boldsymbol{r})\cdot d\boldsymbol{S} &= \lim_{\Delta S_i\to 0}\sum_i \frac{1}{4\pi\varepsilon_0}\frac{q}{R^2}\Delta S_i \\ &= \frac{1}{4\pi\varepsilon_0}\frac{q}{R^2}\lim_{\Delta S_i\to 0}\sum_i \Delta S_i \qquad (1.60)\end{aligned}$$

となる。$\sum_i \Delta S_i$は，球面を微小長方形に区分けした際の微小長方形の面積の総和なので，$\Delta S_i \to 0$で球の表面積になる。すなわち$4\pi R^2$である。したがって，

$$\oint_{\mathrm{S}} \boldsymbol{E}(\boldsymbol{r}) \cdot d\boldsymbol{S} = \frac{1}{4\pi\varepsilon_0}\frac{q}{R^2} \times 4\pi R^2 = \frac{q}{\varepsilon_0} \tag{1.61}$$

となる。上の議論からわかるように，閉曲面上でベクトルの絶対値が一定であり，かつ閉曲面上のベクトルが閉曲面の法線ベクトルと常に平行であるようなベクトル場においては，(面積分) = (ベクトルの絶対値) × (閉曲面の表面積) が成り立つ。

■ 立体角

一般的に，2つの直線の間の角度とは，2つの直線の交点を中心に半径1の円を描いて，円が2つの直線で切られる円弧の長さ（単位はラジアン）として定義される。角度の最大値は，半径1の円周全体の長さであるから 2π である。この角度の3次元版を考えよう。

ある点を頂点とする錐（すい）があるとする。錐とは，円錐や角錐のように，ある平面上の図形の各点と平面にないある1点（頂点）を直線で結んでできる図形のことである。平面上の図形が円であれば円錐であるし，四角形であれば四角錐となるが，一般的な図形に対しても錐が定義できる。このとき，図1.22に示すように，頂点を中心とする半径1の球と錐が交わる部分（錐は十分長く，錐と半径1の球は完全に交わるとする）の面積を，頂点から見た錐の**立体角**として定義する（単位はステラジアン）。立体角の最大値は，半径1の球の表面全体の面積であるから 4π となる。これを全立体角ということもある。

角度の場合は，ある値を角度としてとる2つの直線は1種類しかない。一方，立体角の場合は，球と錐が交わる部分の面積が同じであれば同じ立体角となり，その錐の形は一意には決まらないことに留意しよう。

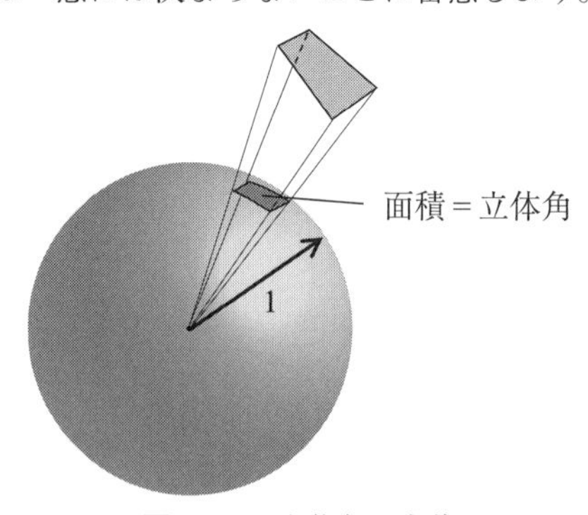

図 1.22 立体角の定義

■ 積分形のガウスの法則

$\boldsymbol{A}(\boldsymbol{r}) = \boldsymbol{r}/|\boldsymbol{r}|^3$ というベクトル場を，原点を囲む閉曲面上で面積分してみよう（図 1.23 左）。閉曲面は，原点を囲んでいる限りどんなものでもよいとする。式 (1.56) の面積分の定義により

$$\oint_{\mathrm{S}} \frac{\boldsymbol{r}}{|\boldsymbol{r}|^3} \cdot d\boldsymbol{S} = \lim_{\Delta S_i \to 0} \sum_i \frac{\boldsymbol{r}_i}{|\boldsymbol{r}_i|^3} \cdot \boldsymbol{n}_i \Delta S_i \tag{1.62}$$

となる。

ここで，1 つの微小長方形 i について，原点と微小長方形のつくる錐の微小な立体角 $\Delta\Omega_i$ について考えよう。図 1.23 右に示すように，微小長方形の法線ベクトル $\boldsymbol{n}_i$ と $\boldsymbol{r}_i$（あるいは $\boldsymbol{A}(\boldsymbol{r}_i) = \boldsymbol{r}_i/|\boldsymbol{r}_i|^3$）のなす角を θ_i とすると，$\boldsymbol{r}_i$ にある微小長方形を同じ位置を通る半径 $|\boldsymbol{r}_i|$ の球面に射影した際の面積が $\Delta S_i \cos\theta_i$ であり，立体角は半径 1 の球面上の面積であるため，これをさらに $1/|\boldsymbol{r}_i|^2$ 倍したものだから，

$$\Delta\Omega_i = \Delta S_i \cos\theta_i \times \frac{1}{|\boldsymbol{r}_i|^2} \tag{1.63}$$

となる。ここで，$\theta_i, \boldsymbol{n}_i, \boldsymbol{r}_i$ の定義から，

$$\cos\theta_i = \frac{\boldsymbol{n}_i \cdot \boldsymbol{r}_i}{|\boldsymbol{n}_i||\boldsymbol{r}_i|} = \frac{\boldsymbol{n}_i \cdot \boldsymbol{r}_i}{|\boldsymbol{r}_i|} \tag{1.64}$$

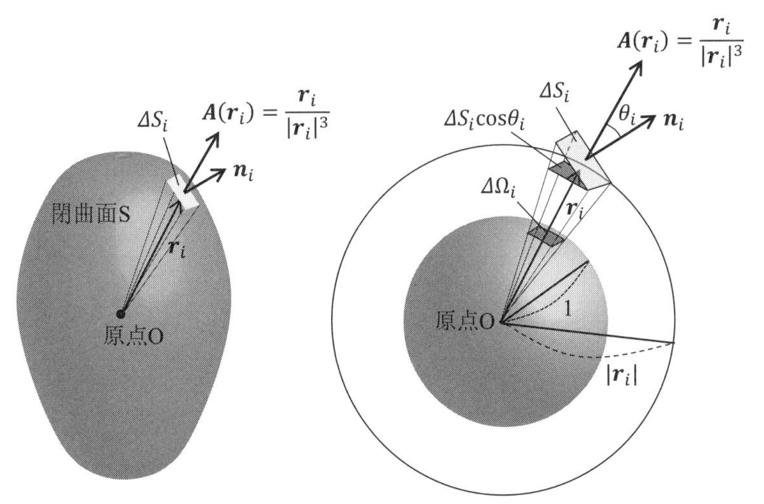

図 1.23　原点を含む閉曲面 S 上でのベクトル場 $\boldsymbol{A}(\boldsymbol{r}) = \boldsymbol{r}/|\boldsymbol{r}|^3$ の面積分

が成り立つので，これを式 (1.63) に代入して

$$\Delta\Omega_i = \Delta S_i \frac{\boldsymbol{n}_i \cdot \boldsymbol{r}_i}{|\boldsymbol{r}_i|^3} \tag{1.65}$$

となる。この右辺は式 (1.62) の右辺の $\sum$ の中と同じなので，

$$\oint_{\mathrm{S}} \frac{\boldsymbol{r}}{|\boldsymbol{r}|^3} \cdot d\boldsymbol{S} = \lim_{\Delta S_i \to 0} \sum_i \Delta\Omega_i \tag{1.66}$$

が成り立つ。$\sum_i \Delta\Omega_i$ は，閉曲面を微小長方形（面積 ΔS_i）で区分けした際の微小立体角の総和なので，閉曲面の形状によらず，$\Delta S_i \to 0$ で全立体角 4π となる。したがって，

$$\oint_{\mathrm{S}} \frac{\boldsymbol{r}}{|\boldsymbol{r}|^3} \cdot d\boldsymbol{S} = 4\pi \tag{1.67}$$

であることがわかった。

上の議論では，閉曲面 S が原点を含む場合を考察したが，原点を含まない閉曲面 S′ の場合はどうなるであろうか？　このときは，図 1.24 に示すように，原点を頂点とする錐は閉曲面と必ず 2 回（あるいはそれ以上の偶数回）交わることになる。このとき，閉曲面と錐の 2 つの交差面の微小立体角の絶対値は（同じ錐なので）等しくなる。しかし，式 (1.65) の右辺の $\boldsymbol{n}_i \cdot \boldsymbol{r}_i$ の符号が 2 つの交差面で異なる（法線ベクトル $\boldsymbol{n}_i$ は常に閉曲面の外側を向いていることに留意せよ）。図 1.24 のときは，$\boldsymbol{n}_i \cdot \boldsymbol{r}_i$ が正で $\boldsymbol{n}_j \cdot \boldsymbol{r}_j$ が負になる。したがって，2 つの交差面の，式 (1.66) への寄与はキャンセルする。原点を含まない閉曲面は，

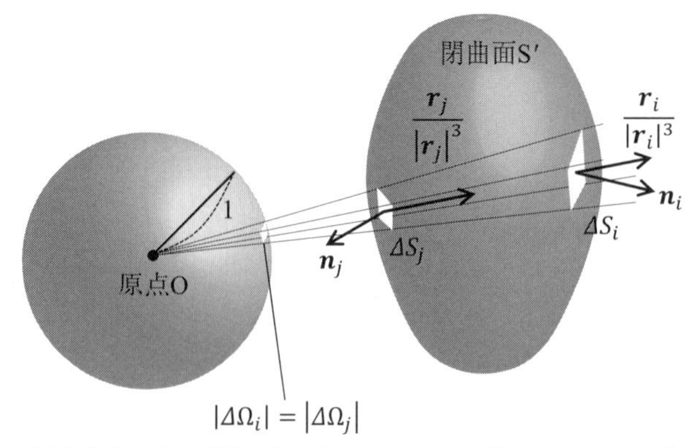

図 1.24　原点を含まない閉曲面 S′ 上でのベクトル場 $\boldsymbol{A}(\boldsymbol{r}) = \boldsymbol{r}/|\boldsymbol{r}|^3$ の面積分

原点からの錐と交わる2つの交差面で漏れなく覆いつくすことができるので，結果として式(1.65)の右辺でiについて和をとった場合，2つの交差面の組が全てキャンセルすることになり，結果として式(1.66)で表される面積分も0になる。

以上をまとめると，ベクトル場$\boldsymbol{r}/|\boldsymbol{r}|^3$に関して，閉曲面上で面積分を行うと，閉曲面が原点を含む場合は4πになり，閉曲面が原点を含まない場合は0になる。

以上の議論をもとに，原点に電荷qの点電荷があるとして，式(1.54)で表される電場$\boldsymbol{E}(\boldsymbol{r})$に関して，閉曲面上で面積分を行う。この電場ベクトルは，上で考察したベクトル場$\boldsymbol{A}(\boldsymbol{r}) = \boldsymbol{r}/|\boldsymbol{r}|^3$の$q/4\pi\varepsilon_0$倍であるから，閉曲面Sが原点を含む場合の積分は$4\pi \times q/4\pi\varepsilon_0 = q/\varepsilon_0$となる。すなわち

$$\oint_{\mathrm{S}} \boldsymbol{E}(\boldsymbol{r}) \cdot d\boldsymbol{S} = \frac{q}{\varepsilon_0} \tag{1.68}$$

である。一方，閉曲面S$'$が原点を含まない場合は0となる。

$$\oint_{\mathrm{S}'} \boldsymbol{E}(\boldsymbol{r}) \cdot d\boldsymbol{S} = 0 \tag{1.69}$$

以上のことは，点電荷の位置が原点になくても同じことである。すわなち，点電荷qが閉曲面の内側にあれば，その電荷がつくる電場を閉曲面上で面積分すればq/ε_0となり，点電荷が閉曲面の外側にあれば，その電荷がつくる電場を閉曲面上で面積分しても0である。閉曲面の中に点電荷が複数（それぞれq_iとする）あれば，全部の電荷がつくる電場の面積分は各電荷がつくる電場の面積分（$= q_i/\varepsilon_0$）の総和となり，結果として電場の面積分は閉曲面内の総電荷（$= \sum_i q_i$）をε_0で割ったものとなる。したがって，$Q = \sum_i q_i$を閉曲面内にある電荷の総和として

$$\oint_{\mathrm{S}} \boldsymbol{E}(\boldsymbol{r}) \cdot d\boldsymbol{S} = \frac{Q}{\varepsilon_0} \tag{1.70}$$

が成り立つ。これを積分形の**ガウスの法則**という。

電荷が電荷密度$\rho(\boldsymbol{r})$で与えられている場合，閉曲面Sの内側の領域をVとして，閉曲面内の電荷Qは例題1.8より

$$Q = \int_{\mathrm{V}} \rho(\boldsymbol{r}) dV \tag{1.71}$$

と表すことができる。したがって，積分形のガウスの法則は式 (1.70), (1.71) より

$$\oint_S \boldsymbol{E}(\boldsymbol{r}) \cdot d\boldsymbol{S} = \frac{1}{\varepsilon_0} \int_V \rho(\boldsymbol{r}) dV \tag{1.72}$$

と表すことができる。左辺が「ベクトル場である電場の面積分」，右辺が「スカラー場である電荷密度の体積積分」であることに注目しよう。

このガウスの法則は，クーロンの法則と同等なもの，あるいはその書き換えということができる。クーロンの法則を用いると計算が面倒な問題でも，ガウスの法則を用いれば簡単に解ける場合がある。次の例題はその典型である。

例題 1.12　例題 1.10 に関して，原点を中心とする球の内部に電荷が分布することから，対称性により

1. 位置 $\boldsymbol{r}$ での電場ベクトルの向きは，原点から位置 $\boldsymbol{r}$ を結ぶ直線上，すなわちベクトル $\boldsymbol{r}$ に平行である。
2. 位置 $\boldsymbol{r}$ での電場ベクトルの大きさは，原点からの距離，すなわち $r = |\boldsymbol{r}|$ のみに依存し，原点からの方向には依存しない。

の 2 つが成り立つ。これを用いて，この問題を積分形のガウスの法則を用いて解け。

解答　閉曲面 S を半径 R の球面とする。図 1.25 に示すように，$R > a$ の場合，閉曲面の内側にある電荷は半径 a の球全体の持つ電荷なので，$4\pi a^3 \rho_0/3$ である。一方 $R \leq a$ の場合，閉曲面の内側にある電荷は，半径 a の球のうち，半

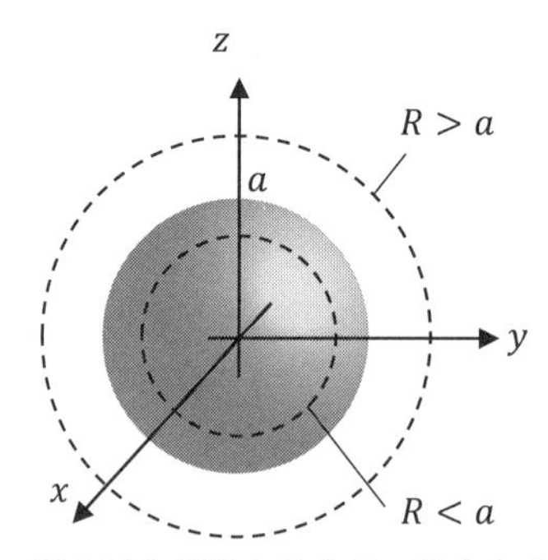

図 1.25　閉曲面 S が球より小さい場合と大きい場合

径 R の球面の内側にある電荷，すなわち $4\pi R^3\rho_0/3$ のみである。したがって式 (1.70) の右辺の Q は，

$$Q = \begin{cases} \frac{4\pi a^3\rho_0}{3} & (R \geq a) \\ \frac{4\pi R^3\rho_0}{3} & (R < a) \end{cases} \tag{1.73}$$

となる。

一方，式 (1.70) 左辺の面積分は，上記 1, 2 の仮定により，例題 1.11 と同じ議論によって，半径 R の球面上の電場ベクトルの大きさを $E(R)$ とすると，

$$\oint_{\mathrm{S}} \boldsymbol{E}(\boldsymbol{r}) \cdot d\boldsymbol{S} = E(R) \times 4\pi R^2 = 4\pi R^2 E(R) \tag{1.74}$$

となる。

したがって式 (1.70), (1.73), (1.74) より

$$E(R) = \begin{cases} \frac{\rho_0 a^3}{3\varepsilon_0}\frac{1}{R^2} & (R \geq a) \\ \frac{\rho_0 R}{3\varepsilon_0} & (R < a) \end{cases} \tag{1.75}$$

となる。この結果は，例題 1.10 の式 (1.53) の z を R で置き換えたものと同じである。

■ 電気力線

電気力線とは，ベクトル場において各点のベクトルの方向に線をつないだものであり，数学的には電場というベクトル場の「流れ」として定義される。電気力線は以下のような性質を持つ。

(1) 正の電荷からは電荷の量に比例した本数の電気力線が湧き出し，負の電荷へは電荷の量に比例した本数の電気力線が吸い込まれる。

(2) 電場の大きさは，電気力線に対して垂直な面を貫く電気力線の数密度に比例する。

(3) 電場の方向は電気力線の接線方向である。

(1)(2) は，電場がクーロンの法則，あるいはガウスの法則を満たすことに対応している。

電場のベクトルの矢印をいろいろな位置で描くよりも電気力線を描く方が描画の手間が省けるので，電場を表すのに電気力線を用いることは多い。ただ

し，定量的に正しい電気力線を描くのは難しい場合が多く，あくまで定性的な議論のみに限って使うべきである。また，電気力線を用いると「あらゆる位置で電場のベクトルが決まっている」というベクトル場としての本質を忘れがちとなるので，その点も注意が必要である。正や負の電荷から電気力線を描いた図 1.26 において，しばしば初学者は，原点付近の電場を表す図であると錯覚しがちである。最初のうちは面倒でも，（電気力線ではなく）図 1.5 のようにいろいろな位置でのベクトル場の矢印を描いた方がよい。

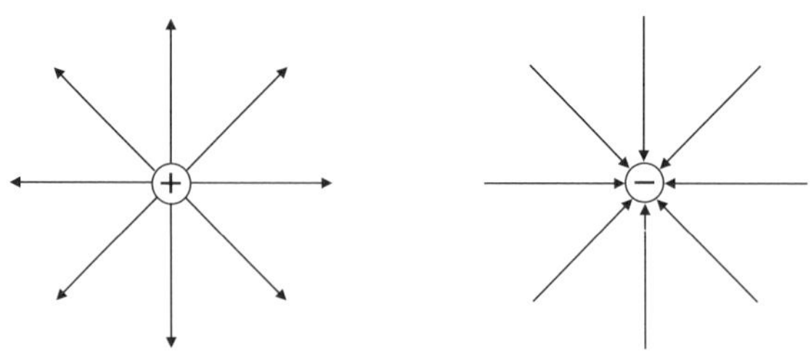

図 1.26　電気力線の例

コラム 1.3：対称性

本文中にしばしば「対称性により○○である」という表現が登場するが，その意味をここでまとめておこう。

たとえば例題 1.10 において，電荷密度 ρ_0 が分布している原点を中心とする半径 a の球について考えた。このとき球，あるいはそれに分布している電荷密度というスカラー場は，原点を通るどのような軸まわりにどのような角度だけ回転しても，もとに重なるという特徴を持っている。このような「原点を通る軸まわりの回転」のようなものを「操作」といい，その操作をしたのちにもとの状態に重なる（もとの状態と変わらない）場合，その操作を「対称操作」とよぶ。ある状態について，可能な対称操作をすべてまとめたもの（集合）を，その状態の「対称性」という。例題 1.10 の場合，電荷密度の分布（スカラー場）は球対称という対称性を持つ。これの意味するところは，原点を通るどのような軸まわりにどのような角度だけ回転しても電荷密度の分布の様子は変わらない，ということである。

さて，このような電荷密度が $\boldsymbol{r}_0 = (0, 0, z_0)$ につくる電場を考えよう。例題 1.10 の計算結果によれば，この電場は z 軸方向に平行であるが，これが仮に z 軸方向に平行でなかったとしよう（図 1.27 左）。このとき，球を z 軸まわりに適当な角度だけ回転させてみる。すると，$\boldsymbol{r}_0 = (0, 0, z_0)$ を通る軸まわりの回転なので，$\boldsymbol{r}_0 = (0, 0, z_0)$ の位置は変化しない。しかし，電場のもととなる電荷をもった球を回転したのだから，$\boldsymbol{r}_0 = (0, 0, z_0)$ での電場の方向は z 軸まわりに同じ角度だけ回転するはずである（図 1.27 右）。一方，この操作は電荷密度にとって対称操作であり，回転しても電荷密度の分布は変化しないのだから，電荷密度のつくる電場の大きさも方向も変化しないはずである。すなわち，z 軸に対して電場が傾いていると矛盾するので，$\boldsymbol{r}_0 = (0, 0, z_0)$ につくる電場は z 軸に平行でなければならない。

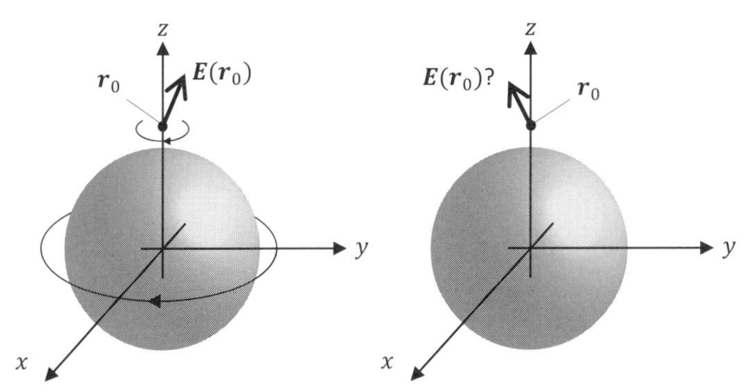

図 1.27　球に電荷が分布しているときに，z 軸まわりに適当な角度だけ回転させた場合

さらに，$\boldsymbol{r}_0 = (0, 0, z_0)$ の電場ベクトル (z 軸方向に平行) を z 軸以外の軸まわりで回転しよう（図 1.28 左）。すると，電場の位置ベクトルは，$\boldsymbol{r}$ とは別の，原点からの距離が z_0 の位置 $\boldsymbol{r}_0{}' = (x', y', z')$（ただし $z_0^2 = x'^2 + y'^2 + z'^2$）に

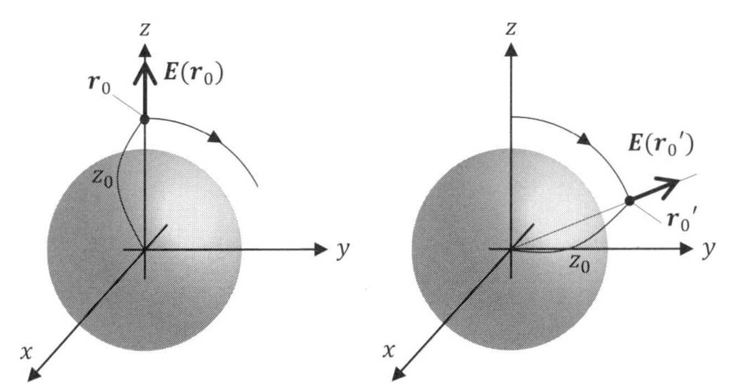

図 1.28　球に電荷が分布しているときに，z 軸以外の軸まわりに適当な角度だけ回転させた場合

移動する。また電場のベクトルは，その大きさは変わらず，球の中心と新たな位置を結ぶ向き，すなわち $\boldsymbol{r}_0{}' = (x', y', z')$ の向きになる（図 1.28 右）。一方，この操作も電荷密度にとっての対称操作なので，この操作によって電場の大きさも向きも変化しないはずである。したがって，もともとの $\boldsymbol{r}_0{}'$ での電場は，$\boldsymbol{r}_0 = (0, 0, z_0)$ での電場を上記のような回転によって移動させたものと同じでなければばならない。すなわち，原点から同じ距離にある点における電場ベクトルは，大きさはどれも同じで，常に原点からその点を結ぶ向きでなければならない。これが例題 1.12 においてあらかじめ仮定した条件である。

一方，例題 1.5 の電気双極子は，z 軸まわりの回転が対称操作となるが，それ以外の軸まわりの回転は対称操作とならない（たとえば x 軸まわりに 180 度回転操作を行うと，正の電荷と負の電荷が入れ替わってしまう）。図 1.9 に示すように $\boldsymbol{r} = (0, 0, \pm\alpha)$ で電場が z 軸に平行なのは，z 軸まわりの回転という対称操作（図 1.29 上）に由来する。また，例題 1.5 では zx 平面上の電場ベクトルしか議論しなかったが，z 軸まわりの回転という対称操作の存在を考慮すれば，それ以外の位置 $\boldsymbol{r}$ での電場ベクトルも，zx 平面での電場ベクトルを z 軸まわりで回転することによって得られる。

一方，$\boldsymbol{r} = (\pm\gamma, 0, 0)$ における電場が z 軸に平行なのはなぜであろうか？図 1.29 下に示すように，x 軸まわりで 180 度回転操作を行うと正の電荷と負

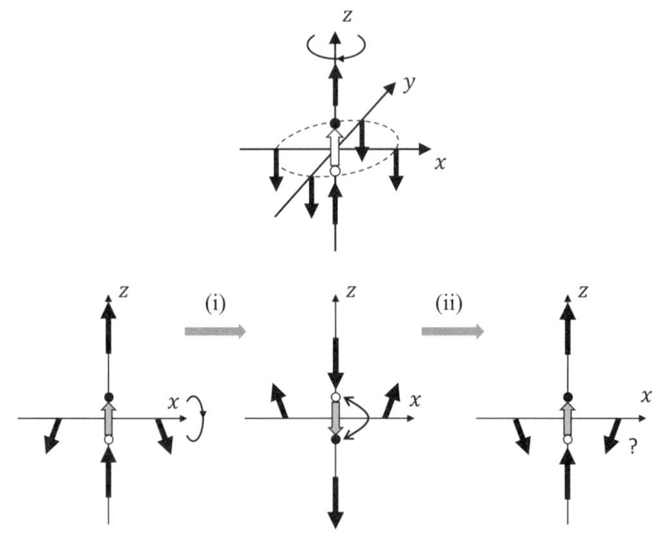

図 1.29　電気双極子の対称操作

の電荷が入れ替わるが，この操作の後に「正の電荷と負の電荷を入れ替える」と，電気双極子はもとの状態にもどる。すなわち，(i)「x 軸まわりの 180 度回転操作」と (ii)「正の電荷と負の電荷を入れ替える操作」を続けておこなったものは対称操作となる。ここで一般的に，正の電荷を負の電荷にして負の電荷を正の電荷にすると，電場ベクトルは大きさが変化せず，その方向が反対方向になることを用いよう。すなわち，$\boldsymbol{r} = (\gamma, 0, 0)$ での電場ベクトルは，x 軸まわりの 180 度回転（これによって $\boldsymbol{r} = (\gamma, 0, 0)$ の位置ベクトルは変化しない）の後に，反対方向にするともとの電場ベクトルに戻ることが対称性より要求される。これを満たすために，もとの電場ベクトルは x 軸方向に傾いていてはいけないことがわかる。

さらに，$\boldsymbol{r} = (\pm\gamma, 0, 0)$ における電場ベクトルが y 軸方向に傾いていないのは，zx 平面に鏡をおいて全体を映した操作が対称操作になることによって導かれる。

このような対称性の考え方は，議論を簡単化するのに有用であり，電磁気学以外にもしばしば登場するものである。

1.3　ガウスの法則（微分形）

■　積分形から微分形のガウスの法則へ

電場 $\boldsymbol{E}(\boldsymbol{r})$ と電荷密度 $\rho(\boldsymbol{r})$ が与えられたとき，図 1.30 に示すような x から $x + \Delta x$，y から $y + \Delta y$，z から $z + \Delta z$ の間にある微小直方体に対して，ガウスの法則（式 (1.72)）を適用しよう。

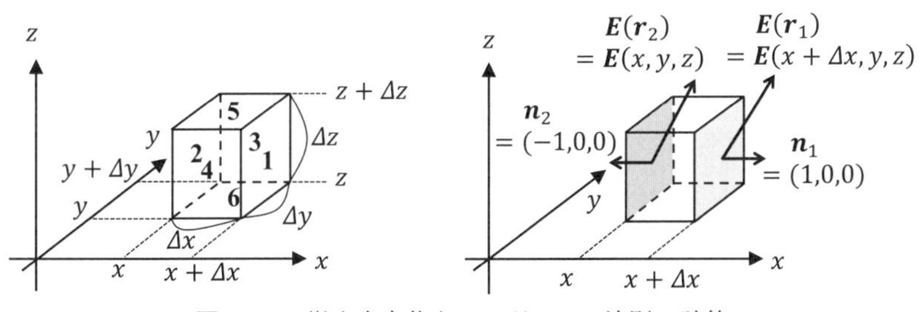

図 1.30　微小直方体上でのガウスの法則の計算

式 (1.72) の左辺の面積分については，式 (1.56) にあるように，面を微小長方形に分割してベクトル場と法線ベクトルの内積をとり，微小長方形の面積を掛けて，すべての微小長方形で足し合わせたものである。しかし，今はすでに微小である直方体上で面積分を考えるので，直方体の6つの面でそれぞれ内積をとって足し合わせればよい。

たとえば，図1.30左図の1番目の微小面（yz平面に平行な面のうち，$x+\Delta x$の位置にある微小面）について，式(1.56)の右辺の$\sum$の中の項を計算しよう。図1.30右に示すように，$\boldsymbol{E}(\boldsymbol{r})$の独立変数$\boldsymbol{r}$に代入すべきこの微小面の位置$\boldsymbol{r}_1$は，$x$成分は$x+\Delta x$であり，$y$成分，$z$成分については微小面の上で値が動くが，$\Delta y$と$\Delta z$は小さいものとしてそれを無視して，$y$と$z$で代表させる（あとで$\Delta y \to 0, \Delta z \to 0$の極限をとるので，その際にこの問題は解消する）。したがって，$\boldsymbol{r}_1 = (x+\Delta x, y, z)$である。一方，この微小面の法線ベクトルは$x$軸方向なので，$\boldsymbol{n}_1 = (1, 0, 0)$となる。微小面の面積は$\Delta S_1 = \Delta y \Delta z$である。電場ベクトルを$\boldsymbol{E}(\boldsymbol{r}) = (E_x(\boldsymbol{r}), E_y(\boldsymbol{r}), E_z(\boldsymbol{r}))$とおくと，1番目の微小面の面積分への寄与は，$\boldsymbol{E}(\boldsymbol{r}_1)$と$\boldsymbol{n}_1 = (1, 0, 0)$との内積により$E_x$のみが登場して

$$\boldsymbol{E}(\boldsymbol{r}_1) \cdot \boldsymbol{n}_1 \Delta S_1 = E_x(x+\Delta x, y, z)\Delta y \Delta z \tag{1.76}$$

と表すことができる。

一方，1番目の微小面の向かいにある2番目の微小面（yz平面に平行な面のうち，xの位置にある微小面）については，$\boldsymbol{E}(\boldsymbol{r})$の$\boldsymbol{r}$は$\boldsymbol{r}_2 = (x, y, z)$である。法線ベクトルは，微小直方体の外側を向くので$\boldsymbol{n}_2 = (-1, 0, 0)$となる。面積は同じく$\Delta S_2 = \Delta y \Delta z$である。したがって，2番目の微小面の面積分への寄与は

$$\boldsymbol{E}(\boldsymbol{r}_2) \cdot \boldsymbol{n}_2 \Delta S_2 = -E_x(x, y, z)\Delta y \Delta z \tag{1.77}$$

となる。式(1.76)と比較して，負符号がつくことと，E_xの独立変数のx成分が異なる。

次にzx平面に平行な2面（図1.30左の3, 4番目）については，3番目の微小面の位置が$\boldsymbol{r}_3 = (x, y+\Delta y, z)$になること，法線ベクトルが$(0, 1, 0)$または$(0, -1, 0)$なので内積により$E_y$のみが登場すること，微小面の面積が$\Delta z \Delta x$であることの3点が，$yz$平面に平行な2面の場合とは異なる。$xy$平面に平行な2面（図1.30左の5, 6番目）も同様に考えて，すべての面の寄与を計算して和をとると，面積分は

$$
\begin{aligned}
\oint_{\mathrm{S}} \boldsymbol{E}(\boldsymbol{r}) \cdot d\boldsymbol{S} &= \sum_{6\,面} \boldsymbol{E}(\boldsymbol{r}_i) \cdot \boldsymbol{n}_i \Delta S_i \\
&= \{E_x(x+\Delta x, y, z) - E_x(x, y, z)\}\,\Delta y \Delta z \\
&\quad + \{E_y(x, y+\Delta y, z) - E_y(x, y, z)\}\,\Delta z \Delta x \\
&\quad + \{E_z(x, y, z+\Delta z) - E_z(x, y, z)\}\,\Delta x \Delta y \qquad (1.78)
\end{aligned}
$$

となる。

ここで，関数 $f(x)$ の微分の定義を思い出すと

$$
\frac{df(x)}{dx} = \lim_{\Delta x \to 0} \frac{f(x+\Delta x) - f(x)}{\Delta x} \qquad (1.79)
$$

である。この式について，右辺の極限はあとでとることとして，あらわには書かずに分母をはらうと

$$
f(x+\Delta x) = f(x) + \frac{df(x)}{dx}\Delta x \qquad (1.80)
$$

という式が（$\Delta x \to 0$ の極限で）得られる。これを式 (1.78) の中括弧内に適用すると

$$
\begin{aligned}
E_x(x+\Delta x, y, z) - E_x(x, y, z) &= \frac{\partial E_x(x, y, z)}{\partial x}\Delta x \\
E_y(x, y+\Delta y, z) - E_y(x, y, z) &= \frac{\partial E_y(x, y, z)}{\partial y}\Delta y \qquad (1.81) \\
E_z(x, y, z+\Delta z) - E_z(x, y, z) &= \frac{\partial E_z(x, y, z)}{\partial z}\Delta z
\end{aligned}
$$

である。ここで $\partial/\partial x$ などは偏微分である（偏微分に慣れていない読者はコラム 1.5 参照のこと）。これを式 (1.78) に代入して，

$$
\begin{aligned}
&\oint_{\mathrm{S}} \boldsymbol{E}(\boldsymbol{r}) \cdot d\boldsymbol{S} = \sum_{6\,面} \boldsymbol{E}(\boldsymbol{r}_i) \cdot \boldsymbol{n}_i \Delta S_i \\
&= \left\{ \frac{\partial E_x(x, y, z)}{\partial x} + \frac{\partial E_y(x, y, z)}{\partial y} + \frac{\partial E_z(x, y, z)}{\partial z} \right\} \Delta x \Delta y \Delta z \qquad (1.82)
\end{aligned}
$$

となることがわかった。

一方，式 (1.72) の右辺の体積積分であるが，これは本来，式 (1.25) より，領

域を微小直方体に分割して，それぞれの位置でのスカラー場の値に微小直方体の体積を掛けて，すべての微小直方体で総和をとるものである。しかし，いまはすでに微小である直方体で体積積分を考えるので，その1つの微小直方体だけで計算すればよいと考えられる。微小直方体の体積は $\Delta x\Delta y\Delta z$ なので

$$\frac{1}{\varepsilon_0}\int_{\mathrm{V}}\rho(\boldsymbol{r})dV = \frac{\rho(x,y,z)}{\varepsilon_0}\Delta x\Delta y\Delta z \tag{1.83}$$

である。$\rho(\boldsymbol{r})$ の $\boldsymbol{r}$ については，微小直方体の位置は (x,y,z) で代表させている。

ガウスの法則により，式 (1.82) の右辺と式 (1.83) の右辺が等しくなる。ここで $\Delta x\to 0$, $\Delta y\to 0$, $\Delta z\to 0$ の極限をとるのであるが，共通因子の $\Delta x\Delta y\Delta z$ は最初から両辺で消去できるので，結果として

$$\frac{\partial E_x(x,y,z)}{\partial x}+\frac{\partial E_y(x,y,z)}{\partial y}+\frac{\partial E_z(x,y,z)}{\partial z}=\frac{\rho(x,y,z)}{\varepsilon_0} \tag{1.84}$$

が得られる。これを微分形のガウスの法則という。

この法則を使って電荷密度から電場を求める場合（あるいはその逆の場合），解くべき式 (1.84) のような方程式を偏微分方程式という。すなわち，偏微分方程式から求められる解は，電場というベクトル場や電荷密度というスカラー場である。

式 (1.84) の左辺をベクトル場 $\boldsymbol{E}(\boldsymbol{r})$ の **divergence**（**発散**）といって，$\nabla\cdot\boldsymbol{E}(\boldsymbol{r})$ と書く。一般にベクトル場 $\boldsymbol{A}(\boldsymbol{r})=(A_x(\boldsymbol{r}),A_y(\boldsymbol{r}),A_z(\boldsymbol{r}))$ があるとき，スカラー場 $\nabla\cdot\boldsymbol{A}(\boldsymbol{r})$ を

$$\nabla\cdot\boldsymbol{A}(\boldsymbol{r})=\frac{\partial A_x(x,y,z)}{\partial x}+\frac{\partial A_y(x,y,z)}{\partial y}+\frac{\partial A_z(x,y,z)}{\partial z} \tag{1.85}$$

と定義して，これをベクトル場 $\boldsymbol{A}(\boldsymbol{r})$ の divergence という。つまり divergence とはベクトル場からスカラー場をつくる演算のことである。この記法の由来であるが，∇（ナブラ）という演算子を

$$\nabla=\left(\frac{\partial}{\partial x},\frac{\partial}{\partial y},\frac{\partial}{\partial z}\right) \tag{1.86}$$

と定義して，それと $\boldsymbol{A}(\boldsymbol{r})=(A_x(\boldsymbol{r}),A_y(\boldsymbol{r}),A_z(\boldsymbol{r}))$ の内積をとると，形式的に式 (1.85) の右辺が得られることによる（したがって，∇ と $\boldsymbol{A}(\boldsymbol{r})$ の間の $\cdot$ を省略してはならない）。$\nabla\cdot\boldsymbol{A}(\boldsymbol{r})$ を $\mathrm{div}\boldsymbol{A}(\boldsymbol{r})$ と書くこともある。

この divergence を使って，式 (1.84) の微分形のガウスの法則は

$$\nabla \cdot \boldsymbol{E}(\boldsymbol{r}) = \frac{\rho(\boldsymbol{r})}{\varepsilon_0} \tag{1.87}$$

と書くことができる。

式(1.82)からわかるように，ベクトル場のdivergenceとは，微小直方体の表面（閉曲面）でのベクトル場の面積分に対応する。ベクトル場を流れと考えると，式(1.58)のところで説明したように，閉曲面での面積分はそこから湧き出した（あるいは吸い込まれた）量に対応するので，divergenceは，各位置$\boldsymbol{r}$においた微小直方体の中からの湧き出しの量（divergenceが正の場合），あるいは中への吸い込みの量（負の場合）に対応するスカラー場になる。

■ 微分形から積分形のガウスの法則へ

ガウスの法則について，微分形から積分形を導くこともやっておこう。式(1.87)の両辺を領域Vで体積積分する。

$$\int_{\mathrm{V}} \nabla \cdot \boldsymbol{E}(\boldsymbol{r}) dV = \frac{1}{\varepsilon_0} \int_{\mathrm{V}} \rho(\boldsymbol{r}) dV \tag{1.88}$$

左辺は，式(1.25)の体積積分の定義に従うと，領域Vを微小直方体に分割して，

$$\int_{\mathrm{V}} \nabla \cdot \boldsymbol{E}(\boldsymbol{r}) dV = \lim_{\Delta V_i \to 0} \sum_i \nabla \cdot \boldsymbol{E}(\boldsymbol{r}_i) \Delta V_i \tag{1.89}$$

という計算を行うことになる。$\sum_i$はすべての微小直方体での和をとる。

ところで，式(1.82)より，$\boldsymbol{E}(\boldsymbol{r})$の$\boldsymbol{r}_i$にある微小直方体における6面での面積分は，$\nabla \cdot \boldsymbol{E}(\boldsymbol{r}_i)$に$\Delta V_i = \Delta x \Delta y \Delta z$を掛けたもの，すなわち

$$\sum_{6\,面} \boldsymbol{E}(\boldsymbol{r}_\mu) \cdot \boldsymbol{n}_\mu \Delta S_\mu = \nabla \cdot \boldsymbol{E}(\boldsymbol{r}_i) \Delta V_i \tag{1.90}$$

である。そして式(1.90)の右辺は式(1.89)の右辺の$\sum$の中の式そのものである。したがって，それを全ての微小直方体iで足した式(1.89)の右辺は，式(1.90)の左辺をすべての微小直方体で足したものになる。つまり

$$\sum_i \nabla \cdot \boldsymbol{E}(\boldsymbol{r}_i) \Delta V_i = \sum_\mu \boldsymbol{E}(\boldsymbol{r}_\mu) \cdot \boldsymbol{n}_\mu \Delta S_\mu \tag{1.91}$$

であり，右辺の$\sum_\mu$は「すべての微小直方体のもつすべての面μ」で足す。た

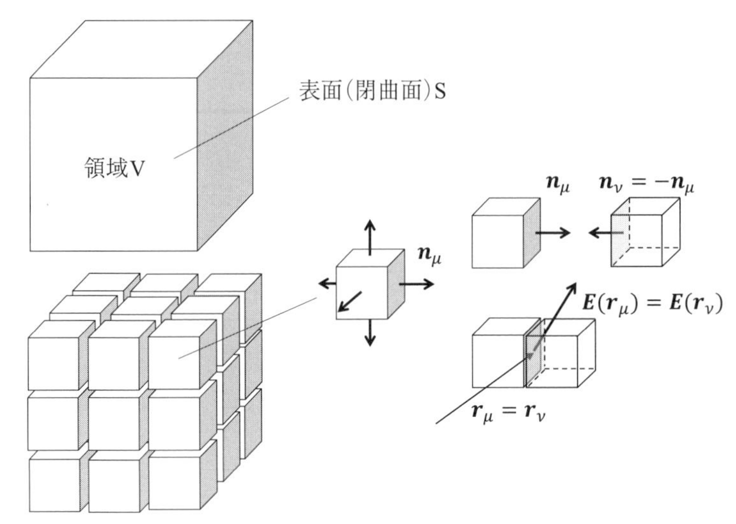

図 1.31　微分形のガウスの法則から積分形のガウスの法則へ

とえば，領域 V を N 個の微小直方体に分割するのであれば，左辺の $\sum$ は N 個の i の和となり，右辺の $\sum$ は $6N$ 個の μ の和となる。

ここで図 1.31 をみるとわかるように，隣り合った微小直方体の互いに接する微小面（面積分を足し上げる際に μ 番目と ν 番目とする）の式 (1.91) 右辺への寄与は，位置ベクトルが同じ $(\boldsymbol{r}_\mu = \boldsymbol{r}_\nu)$ なので電場も同じ（$\boldsymbol{E}(\boldsymbol{r}_\mu) = \boldsymbol{E}(\boldsymbol{r}_\nu)$）であり，微小面積も同じ $(\Delta S_\mu = \Delta S_\nu)$ であるが，法線が互いに反対方向を向く（$\boldsymbol{n}_\mu = -\boldsymbol{n}_\nu$）。したがって，互いに接する微小面における式 (1.91) 右辺への寄与はキャンセルすることがわかる。

結果として，「$\boldsymbol{E}(\boldsymbol{r})$ の微小直方体 6 面での面積分をすべての微小直方体で足し合わせたもの」のうち，キャンセルしないのは，他の微小直方体の面と接することのない面，すなわち領域 V の表面に現れる微小面のみであることがわかる。すなわち

$$\sum_\mu \boldsymbol{E}(\boldsymbol{r}_\mu) \cdot \boldsymbol{n}_\mu \Delta S_\mu = \sum_{\text{V の表面}} \boldsymbol{E}(\boldsymbol{r}_\mu) \cdot \boldsymbol{n}_\mu \Delta S_\mu \tag{1.92}$$

である。これは，$\Delta S_\mu \to 0$ の極限で，式 (1.56) より，領域 V の表面である閉曲面 S での $\boldsymbol{E}(\boldsymbol{r})$ の面積分となる。結果として，式 (1.89), (1.91), (1.92) と式 (1.56) を合わせて，

$$\int_V \nabla\cdot\boldsymbol{E}(\boldsymbol{r})dV = \lim_{\Delta S_\mu\to 0}\sum_{\text{V の表面}}\boldsymbol{E}(\boldsymbol{r}_\mu)\cdot\boldsymbol{n}_\mu\Delta S_\mu$$
$$= \oint_S \boldsymbol{E}(\boldsymbol{r})\cdot d\boldsymbol{S} \tag{1.93}$$

となることがわかった。

式 (1.88) と式 (1.93) を合わせて，

$$\oint_S \boldsymbol{E}(\boldsymbol{r})\cdot d\boldsymbol{S} = \frac{1}{\varepsilon_0}\int_V \rho(\boldsymbol{r})dV \tag{1.94}$$

が得られる。これは式 (1.72) で与えられた積分形のガウスの法則である。

ところで式 (1.93) の導出を振り返ると，$\boldsymbol{E}(\boldsymbol{r})$ が電場の式であるということは何も使っていない。つまり，一般のベクトル場 $\boldsymbol{A}(\boldsymbol{r})$ に対して，領域 V とその表面の閉曲面 S について

$$\int_V \nabla\cdot\boldsymbol{A}(\boldsymbol{r})dV = \oint_S \boldsymbol{A}(\boldsymbol{r})\cdot d\boldsymbol{S} \tag{1.95}$$

が成り立つという数学の定理でもある。これを**ガウスの定理**という。（ガウスの法則と混同しやすいので注意しよう。）

ガウスの定理を数学の定理として認めてしまえば，微分形のガウスの法則と積分形のガウスの法則が同値であることはすぐに導出できることになる。

例題 1.13　(1) 空間的に一様な z 軸方向の電場 $\boldsymbol{E}_1(\boldsymbol{r}) = (0, 0, E_1)$（2）原点に点電荷があるときの原点以外での電場 $\boldsymbol{E}_2(\boldsymbol{r})$（式 (1.8) 参照）(3) 原点付近に電気双極子があるときの原点以外での電場 $\boldsymbol{E}_3(\boldsymbol{r})$（式 (1.19) 参照）について，原点以外では電荷がないので，微分形のガウスの法則により $\nabla\cdot\boldsymbol{E}(\boldsymbol{r}) = 0$ となる（ただし (2)(3) では原点を除く）。このことを，実際に電場の式の divergence をとることによって示せ。

解答　(1) は自明。

(2) 式 (1.8) の E_x を x で微分して

$$\frac{\partial E_x}{\partial x} = \frac{\partial}{\partial x}\left\{\frac{q}{4\pi\varepsilon_0}x(x^2+y^2+z^2)^{-3/2}\right\}$$
$$= \frac{q}{4\pi\varepsilon_0}\left\{(x^2+y^2+z^2)^{-3/2} + x\left(-\frac{3}{2}\right)(x^2+y^2+z^2)^{-5/2}\times 2x\right\}$$

$$= \frac{q}{4\pi\varepsilon_0}\frac{-2x^2+y^2+z^2}{(x^2+y^2+z^2)^{5/2}} \tag{1.96}$$

E_y を y で微分したもの，および E_z を z で微分したものは，式 (1.96) の x, y, z をそれぞれ入れ替えたものなので，式 (1.85) の定義により

$$\begin{aligned}\nabla \cdot \boldsymbol{E}(\boldsymbol{r}) &= \frac{q}{4\pi\varepsilon_0}\frac{-2x^2+y^2+z^2-2y^2+z^2+x^2-2z^2+x^2+y^2}{(x^2+y^2+z^2)^{5/2}} \\ &= 0\end{aligned}$$

(3) 式 (1.19) より

$$\begin{aligned}\frac{\partial E_x}{\partial x} &= \frac{p}{4\pi\varepsilon_0}\frac{-12x^2z+3y^2z+3z^3}{(x^2+y^2+z^2)^{7/2}} \\ \frac{\partial E_y}{\partial y} &= \frac{p}{4\pi\varepsilon_0}\frac{3x^2z-12y^2z+3z^3}{(x^2+y^2+z^2)^{7/2}} \\ \frac{\partial E_z}{\partial z} &= \frac{p}{4\pi\varepsilon_0}\frac{9x^2z+9y^2z-6z^3}{(x^2+y^2+z^2)^{7/2}}\end{aligned} \tag{1.97}$$

なので，$\nabla \cdot \boldsymbol{E}(\boldsymbol{r}) = 0$ となる。

例題 1.13 の結果からわかることは，微分形のガウスの法則により，電荷のないところの電場ベクトルが $\nabla \cdot \boldsymbol{E}(\boldsymbol{r}) = 0$ を満たすということだけでは，その解が空間的に一様なもの ($\boldsymbol{E}_1(\boldsymbol{r})$) なのか，点電荷がつくるもの ($\boldsymbol{E}_2(\boldsymbol{r})$) なのか，電気双極子がつくるもの ($\boldsymbol{E}_3(\boldsymbol{r})$) なのかすらわからないということである。これは一見不思議な気がするが，実は式 (1.87) のような偏微分方程式一般に言えることであり（コラム 1.6 参照），具体的な解を求めるには，方程式そのものに加えて「境界条件」とよばれるものを課す必要がある。

例題 1.14 第 2 章で示すように，金属の表面では，電場は必ず表面に対して垂直方向になる。この事実を境界条件として用いて，図 1.32 のように一様な z 軸方向電場 $\boldsymbol{E}(\boldsymbol{r}) = (0, 0, E_0)$ の中に，原点を中心とする半径 a の金属球をおいたときの電場ベクトルを求めよう。

このとき，金属球の外側では（電荷はないので）$\nabla \cdot \boldsymbol{E}(\boldsymbol{r}) = 0$ が成り立つが，それに加えて

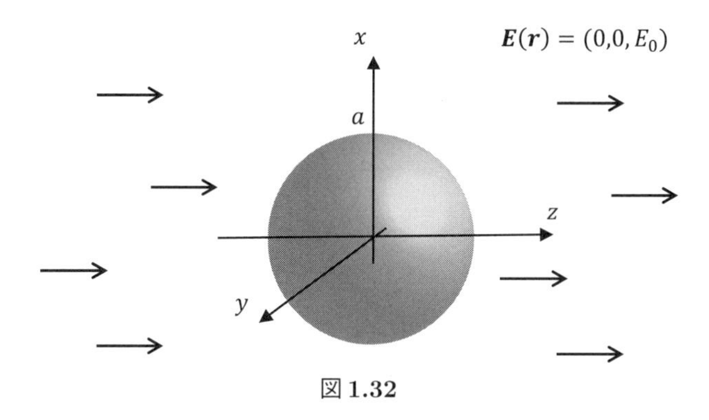

図 1.32

(a) $|\boldsymbol{r}| \to \infty$ の極限で $\boldsymbol{E}(\boldsymbol{r}) = (0, 0, E_0)$ となる

(b) 球の表面で電場は球面に垂直である

の両方を満たす電場ベクトル $\boldsymbol{E}(\boldsymbol{r})$ を求めたい。ここで，例題 1.13 の $\boldsymbol{E}_1(\boldsymbol{r})$, $\boldsymbol{E}_2(\boldsymbol{r})$，$\boldsymbol{E}_3(\boldsymbol{r})$ はすべて $\nabla \cdot \boldsymbol{E}(\boldsymbol{r}) = 0$ を満たすので，その和として $\boldsymbol{E}(\boldsymbol{r})$ を表すことを考える（コラム 1.4 参照）。すなわち

$$\boldsymbol{E}(\boldsymbol{r}) = \boldsymbol{E}_1(\boldsymbol{r}) + \boldsymbol{E}_2(\boldsymbol{r}) + \boldsymbol{E}_3(\boldsymbol{r}) \tag{1.98}$$

と仮定する。ただし，$\boldsymbol{E}_1(\boldsymbol{r})$ は E_1，$\boldsymbol{E}_2(\boldsymbol{r})$ は q，$\boldsymbol{E}_3(\boldsymbol{r})$ は p が，それぞれ任意のパラメータであり，境界条件に合うように求める。

(1) $\boldsymbol{E}_2(\boldsymbol{r})$ の q については，(a), (b) の条件からは求められないことを示せ。

(2) $\boldsymbol{E}_2(\boldsymbol{r})$ の大きさは決まらないのでとりあえずこれを 0 とし，$\boldsymbol{E}(\boldsymbol{r}) = \boldsymbol{E}_1(\boldsymbol{r}) + \boldsymbol{E}_3(\boldsymbol{r})$ と仮定して，E_1 と p を求めたい。対称性から $y = 0$，すなわち zx 平面上の点についてのみ考えても一般性を失わない。これをもとに，E_1 と p を求めよ。

(3) zx 平面上における $\boldsymbol{E}(\boldsymbol{r}) = \boldsymbol{E}_1(\boldsymbol{r}) + \boldsymbol{E}_3(\boldsymbol{r})$ の金属球上の電場ベクトルを求めよ。また，それを図示せよ。

解答

(1)

$$\boldsymbol{E}_2(\boldsymbol{r}) = \frac{1}{4\pi\varepsilon_0} \frac{q\boldsymbol{r}}{|\boldsymbol{r}|^3} \tag{1.99}$$

の電場ベクトルは，単独で問題文の (b) の条件を満たす。さらに $\boldsymbol{E}_2(\boldsymbol{r})$ は $|\boldsymbol{r}| \to \infty$ で $\to \boldsymbol{0}$ となるので，問題文の (a) を満たす $\boldsymbol{E}(\boldsymbol{r})$ があったとき，そ

れに $\boldsymbol{E}_2(\boldsymbol{r})$ を足した $\boldsymbol{E}(\boldsymbol{r})+\boldsymbol{E}_2(\boldsymbol{r})$ もまた（q がいくつであっても）(a) を満たす。言い換えると，(a), (b) の条件からでは，$\boldsymbol{E}_2(\boldsymbol{r})$ の q は決められない。
(2) まず条件 (a) を考える。式 (1.19) を見ると，分母が距離の 5 乗に比例し，分子が距離の 2 乗に比例しているから，$|\boldsymbol{r}|\to\infty$ で，$\boldsymbol{E}_3(\boldsymbol{r})\to\boldsymbol{0}$ となることがわかる。したがって，$\boldsymbol{E}(\boldsymbol{r})=\boldsymbol{E}_1(\boldsymbol{r})+\boldsymbol{E}_3(\boldsymbol{r})$ が (a) を満たすためには，$\boldsymbol{E}_1(\boldsymbol{r})\to(0,0,E_0)$ でなければならないから，

$$E_1=E_0 \tag{1.100}$$

である。

次に条件 (b) を考える。zx 平面上で電気双極子のつくる電場 $\boldsymbol{E}_3(\boldsymbol{r})$ は，式 (1.19) に $y=0$ を代入して

$$\boldsymbol{E}_3(\boldsymbol{r})=(E_x,E_y,E_z)=\frac{p}{4\pi\varepsilon_0(x^2+z^2)^{5/2}}(3zx,0,2z^2-x^2) \tag{1.101}$$

となり，$\boldsymbol{E}_3(\boldsymbol{r})$ は zx 平面に平行であることがわかる。このとき，球面に平行，すなわち zx 面上の円周に平行方向の成分を考えよう。図 1.33(a) のように，(z,x) と原点を結ぶ線と z 軸のなす角を θ とする。$\boldsymbol{E}_3(\boldsymbol{r})$ についての円周に平行な成分は（θ が増える向きを正として）$E_x\cos\theta-E_z\sin\theta$ であるから

$$E_{3\parallel}(\boldsymbol{r})=\frac{p}{4\pi\varepsilon_0(x^2+z^2)^{5/2}}\times\left\{3zx\cos\theta-(2z^2-x^2)\sin\theta\right\} \tag{1.102}$$

となる。これに $x=r\sin\theta$, $z=r\cos\theta$ を代入すると，中括弧の中が $r^2\sin\theta$ となるので，結局

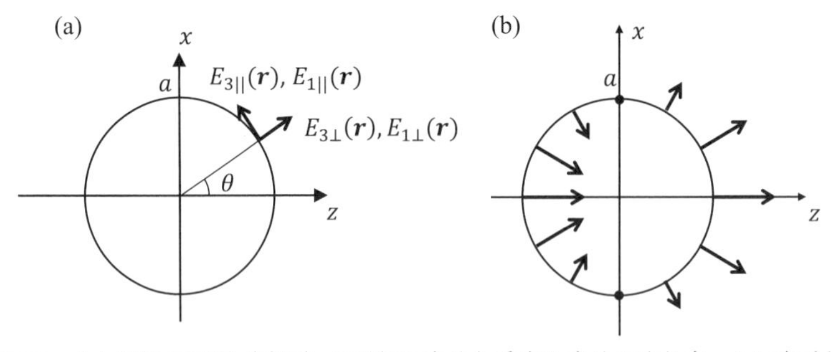

図 1.33 (a) 電場の円周（球面）に平行な成分と垂直な成分の取り方，(b) 球面上の電場ベクトル

$$E_{3\parallel}(\boldsymbol{r}) = \frac{p\sin\theta}{4\pi\varepsilon_0 r^3} \tag{1.103}$$

であることがわかる。

一方，$\boldsymbol{E}_1(\boldsymbol{r})$ について円周に平行方向の成分は

$$E_{1\parallel}(\boldsymbol{r}) = -E_1\sin\theta = -E_0\sin\theta \tag{1.104}$$

である。条件 (b) より，$r = a$ において $E_{1\parallel}(\boldsymbol{r}) + E_{3\parallel}(\boldsymbol{r}) = 0$ であるから，

$$p = 4\pi\varepsilon_0 E_0 a^3 \tag{1.105}$$

となる。

したがって，一般の $\boldsymbol{r} = (x, y, z)$ における電場ベクトルは，式 (1.19) に式 (1.105) を代入し，式 (1.100) も用いて，

$$\begin{aligned}\boldsymbol{E}(\boldsymbol{r}) &= \boldsymbol{E}_1(\boldsymbol{r}) + \boldsymbol{E}_3(\boldsymbol{r}) \\ &= (0, 0, E_0) + \frac{E_0 a^3}{(x^2+y^2+z^2)^{5/2}}\Big(3zx, 3zy, 2z^2 - x^2 - y^2\Big)\end{aligned} \tag{1.106}$$

である。

(3) $\boldsymbol{E}_3(\boldsymbol{r})$ に関して，式 (1.101) の球面に垂直，すなわち zx 面上の円に垂直方向の成分は（円の外向きを正として）$E_x\sin\theta + E_z\cos\theta$ であるから

$$E_{3\perp}(\boldsymbol{r}) = \frac{p}{4\pi\varepsilon_0(x^2+z^2)^{5/2}} \times \Big\{3zx\sin\theta + (2z^2 - x^2)\cos\theta\Big\} \tag{1.107}$$

となり，$x = r\sin\theta$, $z = r\cos\theta$ を代入すると，

$$E_{3\perp}(\boldsymbol{r}) = \frac{p\cos\theta}{2\pi\varepsilon_0 r^3} \tag{1.108}$$

となる。これに式 (1.105)，および $r = a$（球面）を代入すると

$$E_{3\perp}(\boldsymbol{r}) = 2E_0\cos\theta \tag{1.109}$$

である。一方，$\boldsymbol{E}_1(\boldsymbol{r})$ について円に垂直方向の成分は

$$E_{1\perp}(\boldsymbol{r}) = E_0\cos\theta \tag{1.110}$$

である。これを足し合わせて，

$$E_\perp(\boldsymbol{r}) = E_{1\perp}(\boldsymbol{r}) + E_{3\perp}(\boldsymbol{r}) = 3E_0\cos\theta \tag{1.111}$$

が得られる。ベクトルを図示したのが，図 1.33(b) である。

コラム 1.4：電気双極子

例題 1.5 で登場した電気双極子は，とても人工的なものに見えるが，実はいろいろな場面で登場するものである。2 つの異なる原子がつくる 2 原子分子（たとえば HCl）は，全体として電気的に中性であるが，2 つの原子の間には必ず電荷の偏りが存在し，それは電気双極子とみなすことができる。同じ原子がつくる分子（たとえば H_2）であっても，2 つの原子が並ぶ方向に電場が存在すると 2 つの原子の間に電荷の偏りが生じるので，これも電気双極子とみなすことができる。6.3 節で登場する電気分極というベクトル場は，こうした分子由来の電気双極子の密度を考えたものである。

それ以外に電気双極子が登場する場合として，電荷密度が真空中につくる電場を近似する場合が挙げられる。すでに議論したように，ある電荷密度が真空中につくる電場は，微分形のガウスの法則 $\nabla \cdot \boldsymbol{E}(\boldsymbol{r}) = 0$ を満たすが，それだけでは解が決まらず，解を決定するには境界条件を必要とする。例題 1.14 ではある境界条件のもとで，それが (1) 空間に対して一定の電場 $\boldsymbol{E}_1$，(2) 点電荷のつくる電場 $\boldsymbol{E}_2$，(3) 電気双極子のつくる電場 $\boldsymbol{E}_3$ の 3 つの和で表されると仮定して計算したが，「どうしてその 3 つで十分なのか？」ということは議論しなかった。実は，例題 1.14 のような条件では 3 つで十分なのであるが，一般の場合，それで十分とは限らない。そのような場合であっても，$\boldsymbol{E}_1 + \boldsymbol{E}_2 + \boldsymbol{E}_3$ に加えて，図 1.34 のような電気四重極子がつくる電場，電気八重極子がつくる電場・・・，というように足し合わせていくと，一般の電荷密度がつくる電場の形を近似することができることが知られている。この一連の近似において，「電気双極子がつくる電場」というのは，「点電荷がつくる電場」の次に重要な項となるのである。

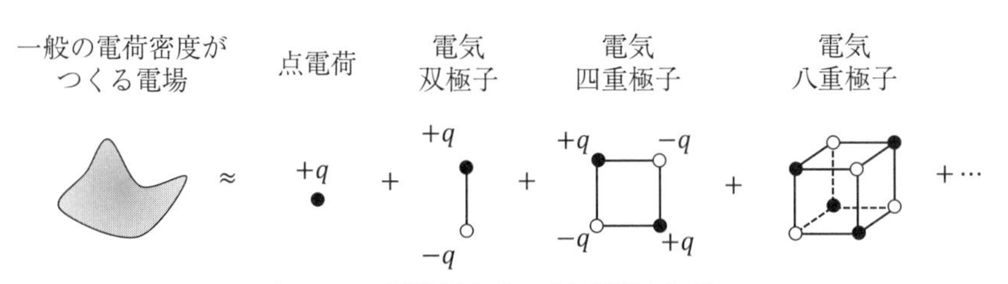

図 1.34　電荷密度がつくる電場の近似

1.4　静電ポテンシャル

位置 $\boldsymbol{r}$ によらない一定の電場 $\boldsymbol{E}$ が存在するとき，電場 $\boldsymbol{E}$ の方向に距離 d だけ移動した2点間の電位差 V は，$E = |\boldsymbol{E}|$ として

$$V = Ed \tag{1.112}$$

で定義される。これを，位置に依存しない一定の電場だけでなく，一般の電場 $\boldsymbol{E}(\boldsymbol{r})$ について定義したい。

そのために，まずベクトル場の線積分というものを定義しよう。

■　ベクトル場の線積分

図1.35に示すように，あるベクトル場 $\boldsymbol{A}(\boldsymbol{r})$ と，3次元空間中の線Cがあるとする。Cは直線でなく曲線でもよいが，向きが指定されているものとする。
(a) この線Cを微小線分で分割する。
たとえ曲線であっても，十分小さく分割すれば，一つひとつはまっすぐな線とみなすことができる。各微小線分に対してCの向きにそって順番に番号をつけると，i 番目の微小線分は $\boldsymbol{r}_i$ から $\boldsymbol{r}_{i+1} = \boldsymbol{r}_i + \Delta\boldsymbol{r}_i$ までとなる。$\boldsymbol{r}_i$ を微小線分の位置ベクトルと定義し，$\Delta\boldsymbol{r}_i = \boldsymbol{r}_{i+1} - \boldsymbol{r}_i$ を微小線分がつくる微小変位ベクトルとよぶ。

このとき，
(b) 位置 $\boldsymbol{r}_i$ におけるベクトル場のベクトル $\boldsymbol{A}(\boldsymbol{r}_i)$ と微小変位ベクトル $\Delta\boldsymbol{r}_i$ の内積をとる。
(c) これを全ての微小線分 i について実行して足し合わせる。

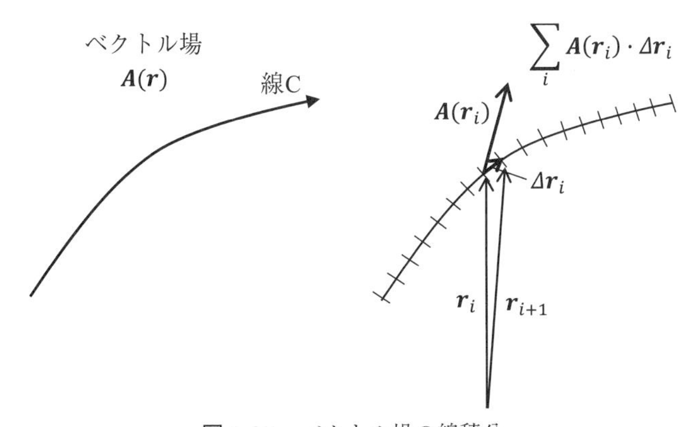

図1.35　ベクトル場の線積分

(d) この総和について，微小線分の長さを小さくした極限をとる。
すなわち

$$\int_{\mathrm{C}} \boldsymbol{A}(\boldsymbol{r}) \cdot d\boldsymbol{r} = \lim_{|\Delta \boldsymbol{r}_i| \to 0} \sum_i \boldsymbol{A}(\boldsymbol{r}_i) \cdot \Delta \boldsymbol{r}_i \tag{1.113}$$

を，ベクトル場 $\boldsymbol{A}(\boldsymbol{r})$ の線 C 上での**線積分**として定義する。線積分を行う線 C のことを，経路 C ということもある。式 (1.113) の左辺は線積分の一般的な記法であり，$d\boldsymbol{r}$ の $\boldsymbol{r}$ はベクトル（太字）で書き，$\boldsymbol{A}(\boldsymbol{r})$ との間に内積の $\cdot$ をつけるものとする。

例題 1.15　ベクトル場 $\boldsymbol{A}(\boldsymbol{r})$ が常に x 方向を向いている場合，すなわち，$A_y(\boldsymbol{r}) = A_z(\boldsymbol{r}) = 0$ の場合を考える。

(1) 図 1.36 のように，経路 C が x 軸に平行な直線上にあるなら，線積分が通常の x に関する定積分となることを示せ。

(2) $A_x(\boldsymbol{r})$ が x のみに依存して y, z に依存しないとき，すなわち $A_x(\boldsymbol{r}) = A_x(x)$ と表されるとき，どんな経路（図 1.36 の経路 C$'$）での線積分も通常の x に関する定積分となることを示せ。

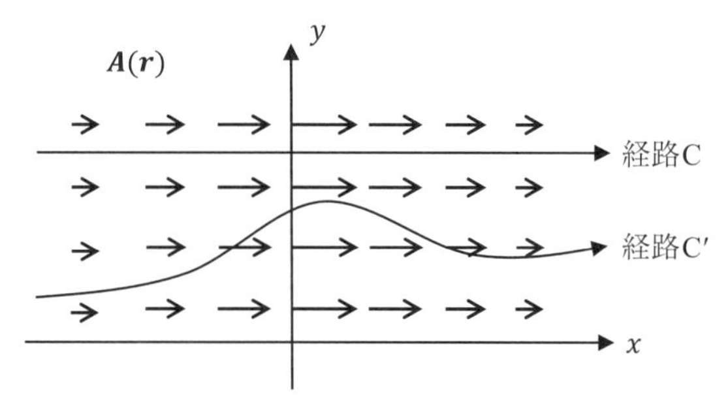

図 1.36　常に x 方向を向くベクトル場 $\boldsymbol{A}(\boldsymbol{r})$ と経路 C と C$'$

解答　(1) x 軸に平行な直線を $\boldsymbol{r} = (x, y_0, z_0)$（$y_0, z_0$ は定数）として，経路 C を $x = x_{\mathrm{I}}$ から $x = x_{\mathrm{F}}$ までとする。このとき，$\Delta \boldsymbol{r} = (\Delta x, 0, 0)$ であるから $\boldsymbol{A}(\boldsymbol{r})$ と平行であり，$\boldsymbol{A}(\boldsymbol{r}_i) \cdot \Delta \boldsymbol{r}_i = A_x(x_i, y_0, z_0)\Delta x$ となる。したがって，線積分は式 (1.113) より

$$\int_{\mathrm{C}} \boldsymbol{A}(\boldsymbol{r}) \cdot d\boldsymbol{r} = \lim_{\Delta x \to 0} \sum_i A_x(x_i, y_0, z_0)\Delta x \tag{1.114}$$

と書ける。式 (1.31) より，この右辺は通常の定積分で

$$\int_{x_{\mathrm{I}}}^{x_{\mathrm{F}}} A_x(x, y_0, z_0)dx \tag{1.115}$$

と表すことができる。

(2) 図 1.36 のような経路 C$'$ において，$\boldsymbol{r} = (x(t), y(t), z(t))$（ただし，$t_{\mathrm{I}} \leq t \leq t_{\mathrm{F}}$）とする。このとき

$$\Delta \boldsymbol{r} = (\Delta x(t), \Delta y(t), \Delta z(t)) = \left(\frac{dx}{dt}, \frac{dy}{dt}, \frac{dz}{dt}\right)\Delta t \tag{1.116}$$

となる。問題文より $A_y(\boldsymbol{r}) = A_z(\boldsymbol{r}) = 0$ であること，さらに $A_x(\boldsymbol{r}) = A_x(x)$ であることを用いて，

$$\boldsymbol{A}(\boldsymbol{r}_i) \cdot \Delta \boldsymbol{r}_i = A_x(x(t_i)) \left.\frac{dx}{dt}\right|_{t=t_i} \Delta t \tag{1.117}$$

となる。ただし $x_i = x(t_i)$ である。t を $t_1, t_2, t_3, \cdots$ と間隔 Δt で分割すると x も $x_1, x_2, x_3, \cdots$ と分割されるので，線積分は式 (1.31) より

$$\begin{aligned} \int_{\mathrm{C}'} \boldsymbol{A}(\boldsymbol{r}) \cdot d\boldsymbol{r} &= \lim_{\Delta t \to 0} \sum_i A_x(x(t_i)) \left.\frac{dx}{dt}\right|_{t=t_{\mathrm{i}}} \Delta t \\ &= \int_{t_{\mathrm{I}}}^{t_{\mathrm{F}}} A_x(x(t)) \frac{dx}{dt} dt \end{aligned} \tag{1.118}$$

と，t に関する定積分で表すことができる。ここで式 (1.118) の右辺に置換積分を用いると

$$\int_{\mathrm{C}'} \boldsymbol{A}(\boldsymbol{r}) \cdot d\boldsymbol{r} = \int_{x_{\mathrm{I}}}^{x_{\mathrm{F}}} A_x(x)dx \tag{1.119}$$

となる。ただし，$x_{\mathrm{I}} = x(t_{\mathrm{I}}), x_{\mathrm{F}} = x(t_{\mathrm{F}})$ である。

例題 1.16 ベクトル場

$$\boldsymbol{A}(\boldsymbol{r}) = \left(-\frac{y}{\sqrt{x^2+y^2}}, \frac{x}{\sqrt{x^2+y^2}}, 0\right) \tag{1.120}$$

について，原点を中心とする xy 平面上の半径 a の円（$x^2+y^2=a^2$）上で，このベクトルを図示せよ。また上記の円上で左回りに，ベクトル場 $\boldsymbol{A}(\boldsymbol{r})$ を線積分せよ。

解答　図 1.37(a) のように，円上の $\boldsymbol{r}=(x,y,z)$ を

$$\begin{aligned} x &= a\cos\varphi \\ y &= a\sin\varphi \\ z &= 0 \end{aligned} \tag{1.121}$$

とおく。a は定数で，φ が変数（$0 \le \varphi < 2\pi$）である。このとき $\Delta\boldsymbol{r}=(\Delta x,\Delta y,\Delta z)$ は式 (1.121) より

$$\begin{aligned} \Delta x &= \frac{dx}{d\varphi}\Delta\varphi = -a\sin\varphi\Delta\varphi \\ \Delta y &= \frac{dy}{d\varphi}\Delta\varphi = a\cos\varphi\Delta\varphi \\ \Delta z &= \frac{dz}{d\varphi}\Delta\varphi = 0 \end{aligned} \tag{1.122}$$

となる。すなわち，$\Delta\boldsymbol{r}=a\Delta\varphi(-\sin\varphi,\cos\varphi,0)$ である（図 1.37(a)）。一方，式 (1.120) のベクトル場 $\boldsymbol{A}(\boldsymbol{r})$ は式 (1.121) を代入して

$$\boldsymbol{A}(\boldsymbol{r})=(-\sin\varphi,\cos\varphi,0) \tag{1.123}$$

と表される。円上では $\Delta\boldsymbol{r} \parallel \boldsymbol{A}(\boldsymbol{r})$，つまりベクトル $\boldsymbol{A}(\boldsymbol{r})$ の方向と円の経路の方向は常に同じである。また，ベクトル $\boldsymbol{A}(\boldsymbol{r})$ の絶対値は $\sin^2\varphi+\cos^2\varphi=1$

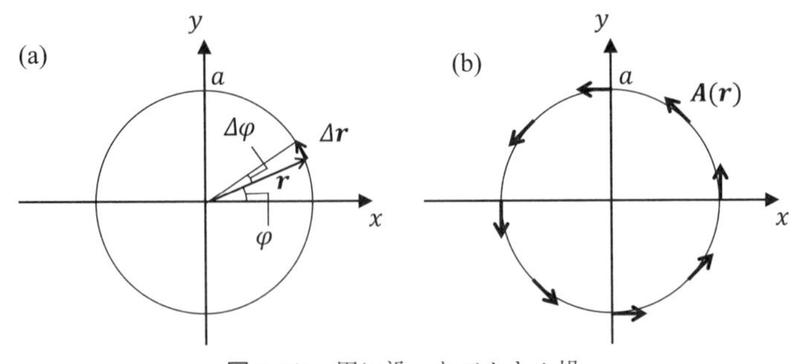

図 1.37　円に沿ったベクトル場

で一定である。よって，円上のベクトル場を図示すると図 1.37(b) のようになる。

ここで円弧を角度 $\Delta\varphi$ ごとに N 個に分割して $(\Delta\varphi = 2\pi/N)$，それぞれの円弧の位置を $\boldsymbol{r}_i$，角度を φ_i $(i = 1, 2, \cdots, N)$ と書くと，円上の $\boldsymbol{A}(\boldsymbol{r})$ の線積分は式 (1.113), (1.122), (1.123), (1.31) を用いて

$$\begin{aligned}
\int_{\mathrm{C}} \boldsymbol{A}(\boldsymbol{r}) \cdot d\boldsymbol{r} &= \lim_{|\Delta \boldsymbol{r}_i| \to 0} \sum_i \boldsymbol{A}(\boldsymbol{r}_i) \cdot \Delta \boldsymbol{r}_i \\
&= \lim_{\Delta\varphi \to 0} \sum_i (a \sin^2 \varphi_i + a \cos^2 \varphi_i) \Delta\varphi \\
&= \lim_{\Delta\varphi \to 0} \sum_i a \Delta\varphi \\
&= \int_0^{2\pi} a d\varphi \\
&= 2\pi a
\end{aligned} \tag{1.124}$$

となる。この値は $\boldsymbol{A}(\boldsymbol{r})$ の絶対値（$= 1$）に円周の長さ $(= 2\pi a)$ を掛けたものに等しい。なお，経路上でのベクトルの絶対値が一定であり，かつ経路上のベクトルの向きが経路の向きと常に一致するようなベクトル場においては，(線積分の値) = (ベクトルの絶対値) × (経路の長さ) が成り立つ。

例題 1.17 経路 C に対して，それと反対向きの経路を C′ としたとき

$$\int_{\mathrm{C}} \boldsymbol{A}(\boldsymbol{r}) \cdot d\boldsymbol{r} = -\int_{\mathrm{C'}} \boldsymbol{A}(\boldsymbol{r}) \cdot d\boldsymbol{r} \tag{1.125}$$

であることを示せ。

解答 $\sum_i \boldsymbol{A}(\boldsymbol{r}_i) \cdot \Delta \boldsymbol{r}_i$ のうち，C と C′ で異なるのは，(1) $\Delta \boldsymbol{r}_i$ の符号が反対になる，(2) 順番 i のつけ方が入れ替わる，の 2 点のみである。このうち (2) については，$\sum_i$ をとれば同じことになる。したがって，(1) の $\Delta \boldsymbol{r}_i$ の符号のみが反対になるので，結果として線積分の値も符号のみが反対になる。

以上をもとにして，位置 $\boldsymbol{r}_\mathrm{I}$ と位置 $\boldsymbol{r}_\mathrm{F}$ の間の電位差を，位置 $\boldsymbol{r}_\mathrm{I}$ と位置 $\boldsymbol{r}_\mathrm{F}$ の間をつなぐ線 C 上での電場 $\boldsymbol{E}(\boldsymbol{r})$ に負符号をつけたものの線積分として定義する。すなわち $\boldsymbol{r}_\mathrm{I}$ から見た $\boldsymbol{r}_\mathrm{F}$ の**電位**を

$$\phi(\boldsymbol{r}_\mathrm{F}) - \phi(\boldsymbol{r}_\mathrm{I}) = -\int_\mathrm{C} \boldsymbol{E}(\boldsymbol{r}) \cdot d\boldsymbol{r} \tag{1.126}$$

と定義する。

ここで問題となるのは，位置 $\boldsymbol{r}_\mathrm{I}$ と位置 $\boldsymbol{r}_\mathrm{F}$ をつなぐ経路 C が一意に決まらないことである。一般に，ベクトル場の線積分は，始点と終点が同じであっても，途中の経路が異なれば，異なった値となる。したがって，$\boldsymbol{r}_\mathrm{I}$ から見た $\boldsymbol{r}_\mathrm{F}$ の電位を式 (1.126) で定義しても，それが $\boldsymbol{r}_\mathrm{I}$ と $\boldsymbol{r}_\mathrm{F}$ の間をつなぐ経路の形に依存するのであれば，あまり意味がなくなる。

実際には，ベクトル場としての電場 $\boldsymbol{E}(\boldsymbol{r})$ は特別な性質を持つために，式 (1.126) は始点と終点のみに依存して，途中の経路をどう取るかに依存しない。このことを見るために，スカラー場の **gradient**（**勾配**）を定義する。

スカラー場 $\phi(\boldsymbol{r})$ があるとき，ベクトル場 $\nabla\phi(\boldsymbol{r})$ を

$$\nabla\phi(\boldsymbol{r}) = \left(\frac{\partial\phi}{\partial x}, \frac{\partial\phi}{\partial y}, \frac{\partial\phi}{\partial z}\right) \tag{1.127}$$

と定義して，これをスカラー場 $\phi(\boldsymbol{r})$ の gradient という。すなわち gradient はスカラー場からベクトル場をつくる演算である。この gradient は，式 (1.85) で定義された divergence と混同しやすいので注意されたい。divergence は，ベクトル場に作用してスカラー場をつくる演算である（したがって ∇ の後に $\cdot$ がつく）。一方，gradient はその反対に，スカラー場に作用してベクトル場をつくる演算である（したがって ∇ の後に $\cdot$ はつかない）。$\nabla\phi(\boldsymbol{r})$ を $\mathrm{grad}\,\phi(\boldsymbol{r})$ と記述することもある。

さて，ベクトル場 $\boldsymbol{E}(\boldsymbol{r})$ が，あるスカラー場 $\phi(\boldsymbol{r})$ の gradient に負符号をつけたもので表されるとき，すなわち

$$\boldsymbol{E}(\boldsymbol{r}) = -\nabla\phi(\boldsymbol{r}) \tag{1.128}$$

と表されるとき，式 (1.126) 右辺の線積分は経路 C の始点 $\boldsymbol{r}_\mathrm{I}$ と終点 $\boldsymbol{r}_\mathrm{F}$ のみに依存して，その間の経路に依存しなくなる。これを確かめよう。（電場というベクトル場が本当にこのように表されるかどうかはあとで確かめる。）

式 (1.113) の線積分の定義により

$$
\begin{aligned}
-\int_{\mathrm{C}} \boldsymbol{E}(\boldsymbol{r}) \cdot d\boldsymbol{r} &= \int_{\mathrm{C}} \nabla\phi(\boldsymbol{r}) \cdot d\boldsymbol{r} \\
&= \lim_{|\Delta \boldsymbol{r}_i| \to 0} \sum_i \nabla\phi(\boldsymbol{r}_i) \cdot \Delta\boldsymbol{r}_i
\end{aligned}
\tag{1.129}
$$

となる。

ここで $\phi(\boldsymbol{r}+\Delta\boldsymbol{r})-\phi(\boldsymbol{r})$ を計算してみよう。$\boldsymbol{r} = (x,y,z)$, $\boldsymbol{r}+\Delta\boldsymbol{r} = (x+\Delta x, y+\Delta y, z+\Delta z)$ として

$$
\begin{aligned}
&\phi(x+\Delta x, y+\Delta y, z+\Delta z) - \phi(x,y,z) \\
&= \phi(x+\Delta x, y+\Delta y, z+\Delta z) - \phi(x, y+\Delta y, z+\Delta z) \\
&\quad +\phi(x, y+\Delta y, z+\Delta z) - \phi(x, y, z+\Delta z) \\
&\quad +\phi(x, y, z+\Delta z) - \phi(x,y,z)
\end{aligned}
\tag{1.130}
$$

と書ける（式 (1.130) の右辺の第 2 ～ 5 項は，同じものを引いて足していることに留意しよう）。ここで，式 (1.80) を使うと，式 (1.130) の右辺は $\Delta x, \Delta y, \Delta z$ が小さい極限では，

$$
\begin{aligned}
&= \frac{\partial\phi(x, y+\Delta y, z+\Delta z)}{\partial x}\Delta x + \frac{\partial\phi(x, y, z+\Delta z)}{\partial y}\Delta y \\
&\quad + \frac{\partial\phi(x,y,z)}{\partial z}\Delta z
\end{aligned}
\tag{1.131}
$$

となる。式 (1.131) のすべての項に $\Delta x, \Delta y, \Delta z$ のいずれかが掛かっており，$\phi(\boldsymbol{r})$ の微分の変数の中にある Δy, Δz は $|\Delta\boldsymbol{r}| \to 0$ で微小量として無視できるので

$$
\begin{aligned}
&= \frac{\partial\phi(x,y,z)}{\partial x}\Delta x + \frac{\partial\phi(x,y,z)}{\partial y}\Delta y + \frac{\partial\phi(x,y,z)}{\partial z}\Delta z \\
&= \nabla\phi(\boldsymbol{r}) \cdot \Delta\boldsymbol{r}
\end{aligned}
\tag{1.132}
$$

となる。すなわち $|\Delta\boldsymbol{r}| \to 0$ で

$$
\phi(\boldsymbol{r}+\Delta\boldsymbol{r}) - \phi(\boldsymbol{r}) = \nabla\phi(\boldsymbol{r}) \cdot \Delta\boldsymbol{r} \tag{1.133}
$$

であることがわかった。

これを式 (1.129) の右辺に代入すると

$$-\int_{\mathrm{C}} \boldsymbol{E}(\boldsymbol{r}) \cdot d\boldsymbol{r} = \lim_{|\Delta \boldsymbol{r}_i| \to 0} \sum_i \{\phi(\boldsymbol{r}_i + \Delta \boldsymbol{r}_i) - \phi(\boldsymbol{r}_i)\} \tag{1.134}$$

が得られる。$\boldsymbol{r}_i$ と $\Delta\boldsymbol{r}_i$ の定義より（図 1.35 参照），$\boldsymbol{r}_i + \Delta\boldsymbol{r}_i = \boldsymbol{r}_{i+1}$ であるから，

$$\begin{aligned}
&\sum_i \{\phi(\boldsymbol{r}_i + \Delta\boldsymbol{r}_i) - \phi(\boldsymbol{r}_i)\} = \sum_i \{\phi(\boldsymbol{r}_{i+1}) - \phi(\boldsymbol{r}_i)\} \\
&= \{\phi(\boldsymbol{r}_{N+1}) - \phi(\boldsymbol{r}_N)\} + \{\phi(\boldsymbol{r}_N) - \phi(\boldsymbol{r}_{N-1})\} + \cdots + \{\phi(\boldsymbol{r}_2) - \phi(\boldsymbol{r}_1)\} \\
&= \phi(\boldsymbol{r}_{\mathrm{F}}) - \phi(\boldsymbol{r}_{\mathrm{I}})
\end{aligned} \tag{1.135}$$

となる。ただし経路 C は N 個に分割されていて，$\phi(\boldsymbol{r}_{N+1}) = \phi(\boldsymbol{r}_{\mathrm{F}})$，$\phi(\boldsymbol{r}_1) = \phi(\boldsymbol{r}_{\mathrm{I}})$ とした（図 1.38）。これらは $|\Delta\boldsymbol{r}_i| \to 0$ としても変わらないので，結果として

$$-\int_{\mathrm{C}} \boldsymbol{E}(\boldsymbol{r}) \cdot d\boldsymbol{r} = \int_{\mathrm{C}} \nabla\phi(\boldsymbol{r}) \cdot d\boldsymbol{r} = \phi(\boldsymbol{r}_{\mathrm{F}}) - \phi(\boldsymbol{r}_{\mathrm{I}}) \tag{1.136}$$

となり，スカラー場 $\phi(\boldsymbol{r})$ の gradient で与えられるベクトル場 $\boldsymbol{E}(\boldsymbol{r})$ の線積分は，経路 C の始点 $\boldsymbol{r}_{\mathrm{I}}$ と終点 $\boldsymbol{r}_{\mathrm{F}}$ のみに依存して，途中の経路に依存しない。なお，式 (1.136) は式 (1.126) と同じであり，式 (1.128) を満たす $\phi(\boldsymbol{r})$ が式 (1.126) で与えられる $\phi(\boldsymbol{r})$ に等しいことがわかる。

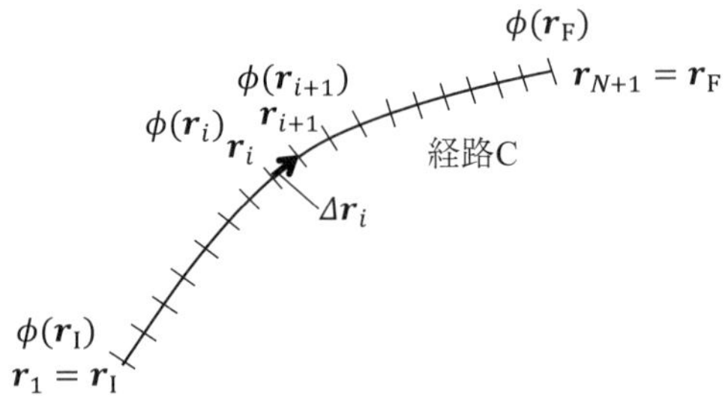

図 1.38 スカラー場の gradient の線積分

ここで，gradient の幾何学的な意味を考えてみよう。3 次元ではなく 2 次元のスカラー場 $\phi(x, y)$ を考え，$\phi(x, y)$ を x, y に対して等高線とともに描いてみる（図 1.39）。このとき，位置 $\boldsymbol{r} = (x, y)$ に人が立ったとして，そこから位置

$\boldsymbol{r} + \Delta\boldsymbol{r} = (x + \Delta x, y + \Delta y)$ へ動く時に生じる山の高さの変化が，式 (1.133) より

$$\phi(x + \Delta x, y + \Delta y) - \phi(x, y) = \nabla\phi(\boldsymbol{r}) \cdot \Delta\boldsymbol{r} \tag{1.137}$$

で与えられる。この式は ($|\Delta\boldsymbol{r}|$ が小さい極限では) $\Delta\boldsymbol{r}$ の方向にはよらず成り立つ。ここで，山の高さの変化の大きさは $\Delta\boldsymbol{r}$ の方向によって異なる。変化が一番大きいのは式 (1.137) の右辺より，$\Delta\boldsymbol{r}$ が $\nabla\phi(\boldsymbol{r}) = (\partial\phi(x,y)/\partial x, \partial\phi(x,y)/\partial y)$ と平行になる場合であり，このとき内積は絶対値の積となり，

$$\phi(x + \Delta x, y + \Delta y) - \phi(x, y) = |\nabla\phi(\boldsymbol{r})||\Delta\boldsymbol{r}| \tag{1.138}$$

が成り立つ。$|\Delta\boldsymbol{r}|$ はもとの位置 $\boldsymbol{r} = \phi(x, y)$ からの移動距離を表し，左辺はそれに伴う山の高さの変化なので，$|\nabla\phi(\boldsymbol{r})|$ はそのときの（gradient ではなく一般的な意味での）勾配を表すことになる。（一般的に，距離 Δx だけ進んだ時に山の高さが $\Delta\phi$ だけ高くなるとき，勾配は $\Delta\phi/\Delta x$ として定義される。）

すなわち，スカラー場 $\phi(\boldsymbol{r})$ を山の高さとして，ベクトル場 $\nabla\phi(\boldsymbol{r})$ とは，「位置 $\boldsymbol{r}$ において，向きが位置 $\boldsymbol{r} = (x, y)$ から最大の勾配を持つ向きであり，絶対値が最大の勾配と等しいベクトルとなるベクトル場である」ということになる。

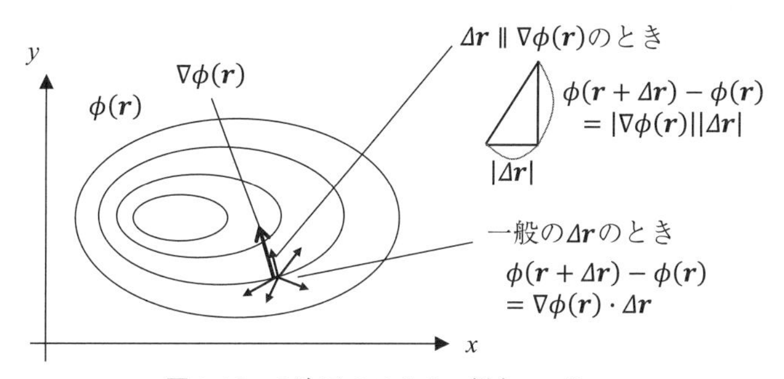

図 1.39 2 次元のスカラー場と gradient

このアナロジーを用いると，式 (1.133) は，任意の方向に $\Delta\boldsymbol{r}$ だけ動いた際の山の高さの変化に対応するので，式 (1.129) で与えられる $\nabla\phi(\boldsymbol{r})$ の線積分はそれらを経路にそって足し合わせたものとなり，結局，経路の始点と終点の山の高さの違いに相当する。「線積分が始点と終点だけで決まって，経路に依存しない」というのは「山はどのようなルートで昇っても高さは同じである」ということに対応しているのである（図 1.40）。

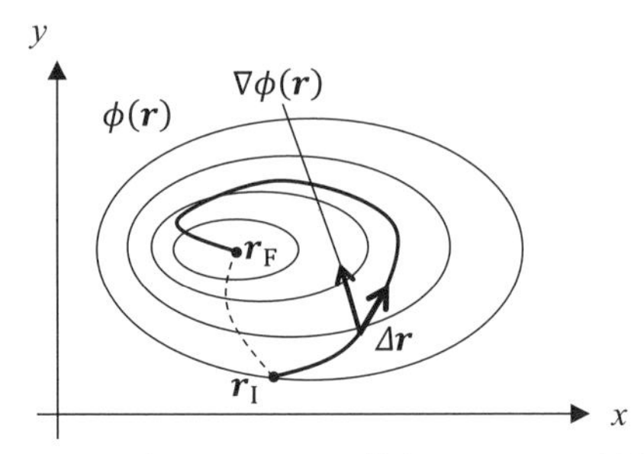

図 1.40 2 次元のスカラー場と gradient の線積分

さて，それでは電場 $\boldsymbol{E}(\boldsymbol{r})$ は本当に式 (1.128) のようにスカラー場の gradient として与えられるのかどうかを考えよう。位置 $\boldsymbol{r}'$ に点電荷 q があるときの電場（式 (1.9)）

$$\boldsymbol{E}(\boldsymbol{r}) = \frac{1}{4\pi\varepsilon_0}\frac{q(\boldsymbol{r}-\boldsymbol{r}')}{|\boldsymbol{r}-\boldsymbol{r}'|^3}$$

は

$$\phi(\boldsymbol{r}) = \frac{1}{4\pi\varepsilon_0}\frac{q}{|\boldsymbol{r}-\boldsymbol{r}'|} \tag{1.139}$$

とすると，式 (1.128) のように，$\boldsymbol{E}(\boldsymbol{r}) = -\nabla\phi(\boldsymbol{r})$ で表される。

例題 1.18 (1) 式 (1.9) と式 (1.139) が $\boldsymbol{E}(\boldsymbol{r}) = -\nabla\phi(\boldsymbol{r})$ をみたすことを計算で確かめよ。

(2) 式 (1.139) で $\boldsymbol{r}' = 0$ として，xy 平面（$z = 0$）で式 (1.139) が同じ値になる曲線を，ϕ の値が等間隔になるように 4 本描け。

解答 (1) $\boldsymbol{r} = (x, y, z)$, $\boldsymbol{r}' = (x', y', z')$ として，式 (1.139) は

$$\phi(x, y, z) = \frac{1}{4\pi\varepsilon_0}q\left\{(x-x')^2 + (y-y')^2 + (z-z')^2\right\}^{-1/2} \tag{1.140}$$

と表される。これを x で微分すると

$$
\begin{aligned}
&-\frac{\partial \phi(x,y,z)}{\partial x}\\
&= -\frac{q}{4\pi\varepsilon_0}\left(-\frac{1}{2}\right)\left\{(x-x')^2+(y-y')^2+(z-z')^2\right\}^{-3/2}\times 2(x-x')\\
&= \frac{1}{4\pi\varepsilon_0}\frac{q(x-x')}{\{(x-x')^2+(y-y')^2+(z-z')^2\}^{3/2}}
\end{aligned}
\tag{1.141}
$$

となる。y 微分，z 微分も同様に計算して，

$$
-\nabla\phi(\boldsymbol{r}) = \frac{1}{4\pi\varepsilon_0}\frac{q(\boldsymbol{r}-\boldsymbol{r}')}{|\boldsymbol{r}-\boldsymbol{r}'|^3} \tag{1.142}
$$

となる。

(2) 式 (1.140) に $x'=y'=z'=0,\ z=0$ を代入して

$$
\phi(x,y,0) = \frac{q}{4\pi\varepsilon_0\sqrt{x^2+y^2}} \tag{1.143}
$$

なので，xy 平面上では原点を中心とした円上で ϕ が等しくなる。半径が a の円上では $\phi = q/4\pi\varepsilon_0 a$ となるので，半径が $a/2$，$a/3$，$a/4$ なら ϕ はその 2 倍，3 倍，4 倍となる。図にすると図 1.41 の通りである。なお，ϕ の値を等間隔にするのはこれに限るものではない。

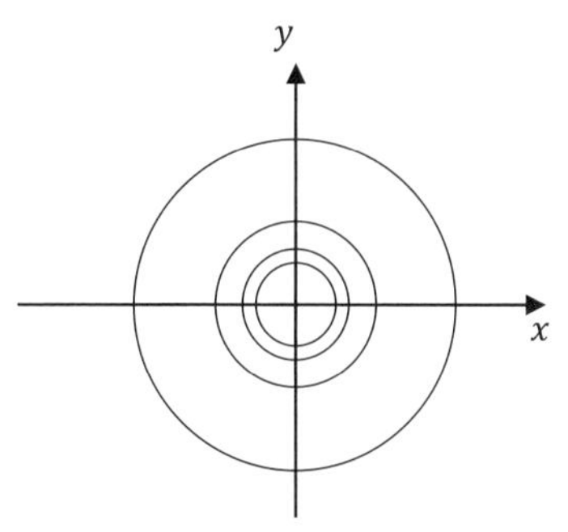

図 1.41 $\phi(x,y,z)$ の xy 平面での等高線

このように，gradient をとることによって電場（ベクトル場）になるスカラー場 $\phi(\boldsymbol{r})$ のことを**静電ポテンシャル**，あるいは**電位**という。

前述のように静電ポテンシャル $\phi(\boldsymbol{r})$（スカラー場）を山の高さにたとえると，電場 $\boldsymbol{E}(\boldsymbol{r})$ は $\phi(\boldsymbol{r})$ の gradient に負符号をつけたベクトル場であるから，山にまるいものを置いたときに転がる方向が電場ベクトルの方向ということになる。

N 個の電荷 q_i $(i=1,2,\cdots,N)$ が，それぞれ $\boldsymbol{r}_i$（$i=1,2,\cdots,N$）にあるとき，その N 個の電荷がつくる静電ポテンシャルは，

$$\phi(\boldsymbol{r}) = \sum_{i=1}^{N} \frac{1}{4\pi\varepsilon_0} \frac{q}{|\boldsymbol{r}-\boldsymbol{r}_i|} \tag{1.144}$$

となり，この式の $\boldsymbol{E}(\boldsymbol{r}) = -\nabla\phi(\boldsymbol{r})$ を計算すると，式 (1.10) と等しくなる。また電荷密度 $\rho(\boldsymbol{r}')$ によってできる静電ポテンシャルは

$$\phi(\boldsymbol{r}) = \int_{\mathrm{V}} \frac{1}{4\pi\varepsilon_0} \frac{\rho(\boldsymbol{r}')}{|\boldsymbol{r}-\boldsymbol{r}'|} dV' \tag{1.145}$$

となり，この式の $\boldsymbol{E}(\boldsymbol{r}) = -\nabla\phi(\boldsymbol{r})$ を計算すると，やはり式 (1.26) と等しくなる。このとき，gradient の偏微分は（積分変数の $\boldsymbol{r}'$ ではなく）$\boldsymbol{r}$ について計算することに留意しよう。

なお，$\boldsymbol{E}(\boldsymbol{r}) = -\nabla\phi(\boldsymbol{r})$ であるのなら，$\phi(\boldsymbol{r})$ に $\boldsymbol{r}$ によらない定数 C を足した $\phi'(\boldsymbol{r}) = \phi(\boldsymbol{r}) + C$ も，やはり $\boldsymbol{E}(\boldsymbol{r}) = -\nabla\phi'(\boldsymbol{r})$ を満たす。この任意性を避けるために，多くの場合，$|\boldsymbol{r}|$ が無限大の極限で静電ポテンシャルが 0 になるように，すなわち

$$\lim_{|\boldsymbol{r}|\to\infty} \phi(\boldsymbol{r}) = 0 \tag{1.146}$$

と静電ポテンシャルを定義する。式 (1.139) の $\phi(\boldsymbol{r})$ はすでにこの条件を満たしていることに留意しよう。

例題 1.19 空間中に位置に依存しない一定の電場 $\boldsymbol{E}(\boldsymbol{r}) = (E_0, 0, 0)$ がある場合の静電ポテンシャル $\phi(\boldsymbol{r})$ を求めよ。

解答 式 (1.126) によってこの電場の線積分を行うが，電場 $\boldsymbol{E}(\boldsymbol{r}) = (E_0, 0, 0)$ は例題 1.15 (2) のベクトル場の条件を満たしているので，その結果を用いて

$$\phi(\boldsymbol{r}_{\mathrm{F}}) - \phi(\boldsymbol{r}_{\mathrm{I}}) = -\int_{x_{\mathrm{I}}}^{x_{\mathrm{F}}} E_0 dx = -(E_0 x_{\mathrm{F}} - E_0 x_{\mathrm{I}}) \tag{1.147}$$

となる（ただし $\boldsymbol{r}_{\mathrm{F}} = (x_{\mathrm{F}}, y_{\mathrm{F}}, z_{\mathrm{F}})$ などとする）。よって，$\phi(\boldsymbol{r}) = -E_0 x$ であることがわかる。これが式 (1.128) を満たすことも容易に確かめることができる。ただし，この $\phi(x)$ は式 (1.146) を満たしていない。満たすようにすることもできない。

例題 1.20　例題 1.5 で議論した電気双極子について，静電ポテンシャル $\phi(\boldsymbol{r})$ を計算せよ。また，その gradient をとることによって $\boldsymbol{E}(\boldsymbol{r})$ を計算し，それが例題 1.5 の結果と同じになることを確かめよ。

解答　式 (1.144) において，$N = 2$, $q_1 = q$, $\boldsymbol{r}_1 = \boldsymbol{d}/2$, $q_2 = -q$, $\boldsymbol{r}_2 = -\boldsymbol{d}/2$ を代入することにより，静電ポテンシャルは

$$\phi(\boldsymbol{r}) = \frac{1}{4\pi\varepsilon_0}\left\{\frac{q}{|\boldsymbol{r} - \frac{\boldsymbol{d}}{2}|} - \frac{q}{|\boldsymbol{r} + \frac{\boldsymbol{d}}{2}|}\right\} \tag{1.148}$$

となる。

これを例題 1.5 と同様の近似を用いて計算する。たとえば $|\boldsymbol{r} - \boldsymbol{d}/2| = (|\boldsymbol{r}|^2 - \boldsymbol{r}\cdot\boldsymbol{d} + |\boldsymbol{d}|^2/4)^{1/2}$ であるから，

$$\frac{1}{|\boldsymbol{r} - \frac{\boldsymbol{d}}{2}|} \simeq \frac{1}{|\boldsymbol{r}|}\left(1 + \frac{\boldsymbol{r}\cdot\boldsymbol{d}}{2|\boldsymbol{r}|^2}\right) \tag{1.149}$$

と近似される。これを用いて静電ポテンシャルを計算すると，

$$\phi(\boldsymbol{r}) = \frac{1}{4\pi\varepsilon_0}\frac{q\boldsymbol{r}\cdot\boldsymbol{d}}{|\boldsymbol{r}|^3} = \frac{\boldsymbol{p}\cdot\boldsymbol{r}}{4\pi\varepsilon_0|\boldsymbol{r}|^3} \tag{1.150}$$

となる。なお，$|\boldsymbol{r}| \gg |\boldsymbol{d}|$ の極限をとったとして $=$ を用いた。成分表示すると

$$\phi(x, y, z) = \frac{pz}{4\pi\varepsilon_0(x^2 + y^2 + z^2)^{3/2}} \tag{1.151}$$

である。

また，これの gradient をとると，x の微分については

$$-\frac{\partial}{\partial x}(x^2 + y^2 + z^2)^{-3/2} = -\left(-\frac{3}{2}\right)(x^2 + y^2 + z^2)^{-5/2} \times 2x$$

$$= \frac{3x}{(x^2+y^2+z^2)^{5/2}} \tag{1.152}$$

となり，y の微分についても同様である。また，z の微分については，例題 1.13 の式 (1.96) の x と z を入れ替えたものと同様な計算となる。したがって，

$$(E_x, E_y, E_z) = \frac{p}{4\pi\varepsilon_0}\frac{(3zx, 3yz, 2z^2-x^2-y^2)}{(x^2+y^2+z^2)^{5/2}} \tag{1.153}$$

となり，式 (1.19) と等しくなる。

式 (1.126) に電荷 q を掛けてみよう。

$$q\phi(\boldsymbol{r}_\mathrm{F}) - q\phi(\boldsymbol{r}_\mathrm{I}) = -\int_\mathrm{C} q\boldsymbol{E}(\boldsymbol{r})\cdot d\boldsymbol{r} \tag{1.154}$$

ここで，式 (1.7) より，右辺は $-\int_\mathrm{C} \boldsymbol{F}\cdot d\boldsymbol{r}$ となる。これは，電荷が電場から受ける力 $\boldsymbol{F}$ に逆らって経路 C で動かした際に電荷にした仕事である。したがって，左辺は電荷が持つ位置エネルギーの $\boldsymbol{r}_\mathrm{F}$ と $\boldsymbol{r}_\mathrm{I}$ での差に対応すると考えられる。一般に，静電ポテンシャル $\phi(\boldsymbol{r})$ に電荷 q を掛けた $q\phi(\boldsymbol{r})$ を，静電ポテンシャル中の電荷が持つ**静電エネルギー**という。

静電エネルギーの単位は，他のエネルギーと同様 $\mathrm{J} = \mathrm{kg\ m^2\ s^{-2}}$ である。電荷の単位は C であるから，1 C の電荷が 1 J の静電エネルギーを持つとき，その静電ポテンシャルの大きさを V（ボルト）という。すなわち $\mathrm{V} = \mathrm{kg\ m^2\ s^{-2}\ C^{-1}}$ である。

コラム 1.5：偏微分と gradient

1 変数の関数，つまり独立変数（入力）が 1 つ，従属変数（出力）が 1 つの関数は，図 1.42(a) のようなグラフで記述することができる。一方，多変数関数をグラフで記述するのは簡単ではない。2 変数の関数（独立変数が 2 つ，従属変数が 1 つ）は辛うじて 3 次元の範囲内でグラフにできる。たとえば $\phi(x, y) = x^2 + y^2$ という関数は図 1.42(b) のように，放物線を回転したようなグラフになる。これは 2 次元のスカラー場とみなすこともできる。しかし，3 次元のスカラー場（3 変数の関数）になるともはや 3 次元内にグラフを描くことはできない。さらにベクトル場のように従属変数も 3 つになると，ますますグラフを描くのは

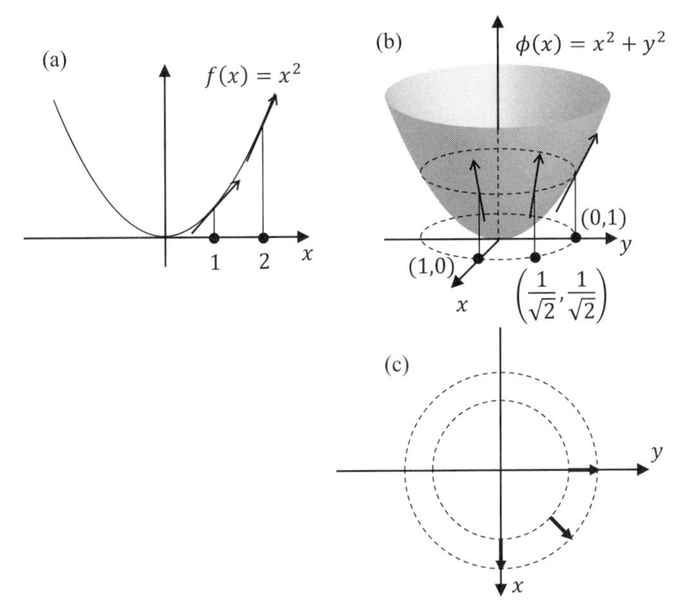

図 1.42 多変数関数とその傾き

難しくなる。そのような意味で，ベクトル場を矢印で描くのは苦肉の策ともいえる。

独立変数が複数ある場合，微分は偏微分となる。これは，計算自体は簡単なものである。$\phi(x, y)$ という 2 変数の関数に対して，x での偏微分，すなわち $\partial\phi(x, y)/\partial x$ とは，y を定数と考えて x のみを独立変数として微分すればよい。たとえば $\phi(x, y) = x^2 + y^2$ のとき，x で偏微分する場合は y^2 は定数と考えるので，$\partial\phi(x, y)/\partial x = 2x$ である。y での偏微分はその逆で x^2 は定数と考えるので，$\partial\phi(x, y)/\partial y = 2y$ である。せっかく 2 つの偏微分があるのだから，それを並べてみたくなる。すなわち $(\partial\phi/\partial x, \partial\phi/\partial y) = (2x, 2y)$ であるが，これが（2 次元のスカラー場の）gradient に対応する。

この gradient の意味を考えるために，まずは通常の 1 変数の関数 $f(x)$ の微分について復習しよう。$f(x) = x^2$ として，その微分 $df(x)/dx = 2x$ とは，図 1.42(a) に示すように x における $f(x) = x^2$ の接線の傾きに対応する。たとえば $x = 1$ における $f(x) = x^2$ の傾きは，$df(x)/dx = 2x$ に $x = 1$ を代入した 2 であり，$x = 2$ での傾きは 4 である。$x = 1$, $x = 2$ に限らず，あらゆる x での傾きが $df(x)/dx$ で表される。

一方，$\phi(x,y)$ は，x の偏微分が x 方向の傾きに対応し，y の偏微分が y 方向の傾きに対応する。たとえば $(x,y)=(1,0)$ での x 方向の傾きは $\partial\phi(x,y)/\partial x = 2x$ に $x=1$ を代入した 2 であるし，$(x,y)=(0,1)$ での y 方向の傾きは $\partial\phi(x,y)/\partial y = 2y$ に $y=1$ を代入した 2 である。一方，$(x,y)=(1/\sqrt{2},1/\sqrt{2})$ での傾きはどうなるか？（このとき，$\phi(x,y)$ の値自体は，$(x,y)=(1,0)$ や $(x,y)=(0,1)$ の場合と同じ $\phi(x,y)=1$ であることに留意しよう。図 1.42(b) 参照）$(x,y)=(1/\sqrt{2},1/\sqrt{2})$ での傾きは x 方向や y 方向ではなく，そこから 45 度の方向にとるべきような気がする（図 1.42 の (b)，およびそれを xy 平面に垂直方向から見た (c) を参照)。すなわち $\phi(x,y)$ の傾きとは，「x や y をいろいろ動かしたときに，$\phi(x,y)$ の変化が一番大きい方向」の傾きを考えるべきである。

これを示すのが，ベクトル $(\partial\phi/\partial x, \partial\phi/\partial y) = (2x, 2y)$ である。これに $(x,y)=(1/\sqrt{2},1/\sqrt{2})$ を代入したベクトル $(\sqrt{2},\sqrt{2})$ が意味するのは，「$(x,y)=(1/\sqrt{2},1/\sqrt{2})$ における $\phi(x,y)$ の最大の傾きの方向」はベクトル $(\sqrt{2},\sqrt{2})$ に平行な方向であり，傾きの大きさはベクトル $(\sqrt{2},\sqrt{2})$ の絶対値，すなわち 2 となる，ということである。この 2 という傾きは，$(x,y)=(1,0)$ での x 方向の傾きや，$(x,y)=(0,1)$ での y 方向の傾きと同じである。

1 変数の関数なら関数の傾きは 1 つの数値で表されるが，2 変数以上の関数だと，その傾きは方向を持つのでベクトルになり，それが gradient というベクトル場に対応するのである。

■ 等電位面

3 次元空間上で静電ポテンシャルが等しくなる面を**等電位面**という。2 次元のスカラー場を描いたときに，スカラーの値（＝山の高さ）が同じとなる部分をつないだものが等高線である。2 次元なら 2 次元面上の等高「線」になるので，3 次元なら 3 次元空間上の等電位「面」になると理解すればよい。

等電位面は，その静電ポテンシャルからつくられる電場ベクトルと垂直になる。山（すなわち 2 次元のスカラー場）でたとえると，まるいものを置いたときに転がる方向（電場ベクトルの方向）は，等高線（3 次元での等電位面に対応）に垂直になる，ということである。このことを，3 次元の場合について確かめよう。

図 1.43 のような位置 $\boldsymbol{r}_0 = (x_0, y_0, z_0)$ を通る等電位面を考える。位置 $\boldsymbol{r}_0$

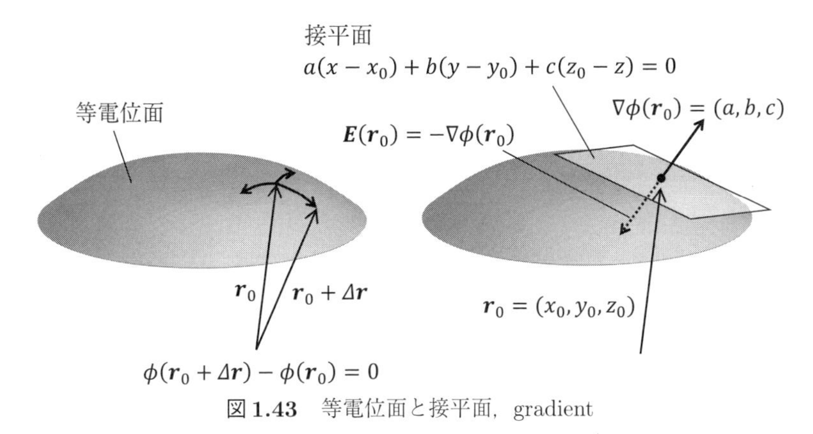

図 **1.43** 等電位面と接平面，gradient

における静電ポテンシャルを $\phi(\boldsymbol{r}_0)$ として，位置 $\boldsymbol{r}_0+\Delta\boldsymbol{r}=(x_0+\Delta x, y_0+\Delta y, z_0+\Delta z)$ が位置 $\boldsymbol{r}_0$ を通る等電位面上にある場合，等電位面の定義から

$$\phi(x_0+\Delta x, y_0+\Delta y, z_0+\Delta z)-\phi(x_0,y_0,z_0)=0 \tag{1.155}$$

である。これは $\Delta\boldsymbol{r}$ がいくらであっても（大きくても）成り立つ式である。ここで，$\Delta\boldsymbol{r}=(\Delta x,\ \Delta y,\ \Delta z)$ の絶対値 $|\Delta\boldsymbol{r}|$ が十分小さい極限をとると，式 (1.133) より

$$\begin{aligned}&\phi(x_0+\Delta x, y_0+\Delta y, z_0+\Delta z)-\phi(x_0,y_0,z_0)\\ =\ &\nabla\phi(x_0,y_0,z_0)\cdot\Delta\boldsymbol{r}\end{aligned} \tag{1.156}$$

が成り立つ。式 (1.155) よりこれが 0 になるので，$|\Delta\boldsymbol{r}|$ が十分小さいときには，$\nabla\phi(\boldsymbol{r}_0)\cdot\Delta\boldsymbol{r}=0$，すなわち $\nabla\phi(\boldsymbol{r}_0)\perp\Delta\boldsymbol{r}$ となる。

このとき，$\nabla\phi(\boldsymbol{r}_0)=(a,b,c)$ とおいて，等電位面に対して位置 $\boldsymbol{r}_0$ で接する平面，すなわち $\boldsymbol{r}_0$ での接平面は

$$a(x-x_0)+b(y-y_0)+c(z-z_0)=0 \tag{1.157}$$

という式で表される。なぜなら，式 (1.157) は，$\boldsymbol{r}=(x,y,z)$ に $\boldsymbol{r}_0=(x_0,y_0,z_0)$ を代入すると満たすため，$\boldsymbol{r}_0$ は式 (1.157) で示される平面に乗る。さらに，式 (1.157) の左辺の $\boldsymbol{r}=(x,y,z)$ に等電位面上の点 $\boldsymbol{r}=(x,y,z)=\boldsymbol{r}_0+\Delta\boldsymbol{r}=(x_0+\Delta x, y_0+\Delta y, z_0+\Delta z)$ を代入すると，$a\Delta x+b\Delta y+c\Delta z=\nabla\phi(x_0,y_0,z_0)\cdot\Delta\boldsymbol{r}$ となり，これは上記の議論により $|\Delta\boldsymbol{r}|$ が小さい極限では 0 になるため，そ

のときには式 (1.157) は満たされる。つまり等電位面上の点そのものは $\boldsymbol{r}_0$ 以外では式 (1.157) で示される平面には乗らないが，それを $\boldsymbol{r}_0$ に近づけた極限では常に平面に乗ることになる。これはこの平面が等電位面の $\boldsymbol{r}_0$ における接平面であることを意味している（巻末付録Ⅱ参照）。

このとき，ベクトル (a,b,c) は式 (1.157) で表される接平面に垂直なベクトルである。一方，$\boldsymbol{E}(\boldsymbol{r}) = -\nabla\phi(\boldsymbol{r})$ であるから，位置 $\boldsymbol{r} = \boldsymbol{r}_0$ での電場ベクトル $\boldsymbol{E}(\boldsymbol{r}_0)$ はベクトル $-(a,b,c)$ に等しい。すなわち，$\boldsymbol{E}(\boldsymbol{r}_0)$ は等電位面の $\boldsymbol{r}_0$ での接平面に垂直である。

これを一般に（接平面という言葉を省略して），「位置 $\boldsymbol{r}$ での電場ベクトル $\boldsymbol{E}(\boldsymbol{r})$ は，位置 $\boldsymbol{r}$ での等電位面に垂直である」という。

■ ポアソン方程式とラプラス方程式

式 (1.128) と式 (1.84)（あるいは式 (1.87)）を組み合わせると，静電ポテンシャル $\phi(\boldsymbol{r})$ と電荷密度 $\rho(\boldsymbol{r})$ を結ぶ偏微分方程式

$$\nabla^2\phi(\boldsymbol{r}) = -\frac{1}{\varepsilon_0}\rho(\boldsymbol{r}) \qquad (1.158)$$

が得られる。ここで，∇^2 とは

$$\begin{aligned}\nabla^2\phi(\boldsymbol{r}) &= \nabla\cdot(\nabla\phi(\boldsymbol{r})) = \operatorname{div}\operatorname{grad}\phi(\boldsymbol{r}) \\ &= \frac{\partial}{\partial x}\frac{\partial\phi(\boldsymbol{r})}{\partial x} + \frac{\partial}{\partial y}\frac{\partial\phi(\boldsymbol{r})}{\partial y} + \frac{\partial}{\partial z}\frac{\partial\phi(\boldsymbol{r})}{\partial x} \\ &= \frac{\partial^2\phi(\boldsymbol{r})}{\partial x^2} + \frac{\partial^2\phi(\boldsymbol{r})}{\partial y^2} + \frac{\partial^2\phi(\boldsymbol{r})}{\partial z^2} \qquad (1.159)\end{aligned}$$

のことである。これを $\Delta\phi(\boldsymbol{r})$ と書くこともあり，このとき Δ を Laplacian という。式 (1.158) で表される偏微分方程式を**ポアソン** (Poisson) **方程式**という。特に，$\rho(\boldsymbol{r}) = 0$ の場合の方程式

$$\nabla^2\phi(\boldsymbol{r}) = 0 \qquad (1.160)$$

を**ラプラス** (Laplace) **方程式**という。

点電荷や電気双極子がつくる静電ポテンシャル $\phi(\boldsymbol{r})$ は，点電荷や電気双極子の位置以外では（電荷がないので）式 (1.160) のラプラス方程式を満たすはずである。すなわち，式 (1.140) や式 (1.151) は，それぞれ $\boldsymbol{r}' = (x', y', z')$ と

原点以外で式 (1.160) を満たす。逆に言うと，ラプラス方程式だけでは静電ポテンシャル $\phi(\boldsymbol{r})$ を決定することができず，境界条件を課す必要がある。

簡単でかつ静電ポテンシャルが 1 つに決定される境界条件として，「閉曲面上で静電ポテンシャルが $\phi(\boldsymbol{r}) = \phi_0$ と一定であり，かつ閉曲面の内側に電荷がない」というものがある。この場合，閉曲面の内側の静電ポテンシャルは常に ϕ_0 で一定となる。なぜなら，そうでないとすると，閉曲面の内側で静電ポテンシャルは最大値と最小値をとるはずである。一般的に，関数 $\phi(x, y, z)$ がある位置 (x, y, z) で極小となる場合，その位置で

$$\nabla^2\phi(\boldsymbol{r}) = \frac{\partial^2\phi(\boldsymbol{r})}{\partial x^2} + \frac{\partial^2\phi(\boldsymbol{r})}{\partial y^2} + \frac{\partial^2\phi(\boldsymbol{r})}{\partial z^2}$$

は正となり，また極大の点においては負となる。（図 1.44 左。これは，1 次元の関数 $f(x)$ において，極小の点で $d^2f(x)/dx^2$ が正，極大の点で負になることに対応する。）しかし，これはその点で $\nabla^2\phi(\boldsymbol{r}) = 0$ を満たさないことを意味し，式 (1.158) を考慮すると，閉曲面の内側に電荷がないというもとの仮定に反することになる。したがって，閉曲面内の静電ポテンシャルは $\phi(\boldsymbol{r}) = \phi_0$ と一定でなければならないことになる。

この問題については，1.2 節で議論した電気力線を用いても，定性的に理解することができる。閉曲面の内側には電荷は存在しないので，閉曲面の内側に電気力線が存在するとすれば，閉曲面のある点 (A 点とする) から電気力線が湧き出て，閉曲面のある点 (B 点とする) 電気力線が吸い込まれなければならない（図 1.44 右)。このとき，電気力線上で電場を線積分すると，電場は電気力線の接線方向なので，線積分は 0 ではない値となる。すなわち式 (1.126) より，閉曲面上の A 点と B 点の間に電位差が存在することになる。しかし，これは閉曲面上で静電ポテンシャルが $\phi(\boldsymbol{r}) = \phi_0$ と一定であるという前提に反している。したがって，閉曲面の内側には電気力線は存在し得ず，よって電場も存在

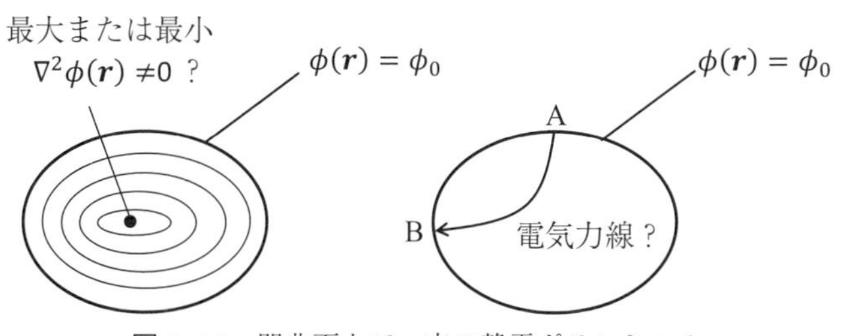

図 1.44　閉曲面上で一定の静電ポテンシャル

しない。結果として，（電場の線積分で表される）閉曲面内の静電ポテンシャルも常に一定となる。

コラム 1.6：偏微分方程式の解と境界条件

高校までに習った「方程式」というのは，二次方程式に代表されるように，「数値」がその解であった。一方，ニュートンの運動方程式に代表される常微分方程式，すなわち独立変数が 1 つの関数の微分を含む方程式は，「関数」がその解となる。常微分方程式（たとえばニュートンの運動方程式）の場合，方程式そのものの他に，いわゆる初期条件（あるいは境界条件）とよばれるものを課さないと解の関数が完全には決まらない。しかし仮に初期条件がなくても，だいたいの解の形は決まるのが通常である。

一方，微分形のガウスの法則に代表される偏微分方程式（独立変数が 2 つ以上の関数の偏微分を含む方程式）も，関数がその解となるのは常微分方程式と同様であるが，境界条件を課さないと解の形がほとんどといっていいほど決まらない。たとえば，今この世界には，いろいろな光や電波，すなわち電磁波が空中を飛び回っているが，「電磁波が飛び回っている」というのはどのようなものであっても，6.2 節で登場する波動方程式という偏微分方程式の解である。つまり波動方程式は「いろいろな電磁波が飛び回っている状態」をすべて解として含むため，「実際にどのような電磁波がどのように飛んでいるのか？」を決めるのはもっぱら境界条件なのである。

偏微分方程式は，理工系の学問においてはいろいろなところで登場するものなので，上記のことは記憶にとどめておくとよい。

■ デルタ関数

積分形のガウスの法則は，式 (1.70) のように点電荷の場合でも，また式 (1.72) のように電荷密度の場合でも，どちらでも用いることができた。一方，式 (1.87) のような微分形のガウスの法則や，式 (1.158) のようなポアソン方程式は，電荷密度での式は与えられているが，点電荷の場合にどう使えばいいのかわからない。これを可能にする手段がこの小節で述べるディラック（Dirac）のデルタ関数とよばれるものである。

原点に電荷 q の点電荷がある場合について，それを電荷密度 $\rho(\boldsymbol{r})$ を用いて表すことを考える。$\rho(\boldsymbol{r})$ の関数形については，$\boldsymbol{r} = 0$ 以外では $\rho(\boldsymbol{r}) = 0$ とな

ること以外は何もわからないので，とりあえず $\delta(\boldsymbol{r})$ という関数を仮定し，

$$\rho(\boldsymbol{r}) = q\delta(\boldsymbol{r}) \tag{1.161}$$

と表せるとして，逆にこの $\delta(\boldsymbol{r})$ がどのような条件を満たす必要があるかを考えることにしよう。

まず，点電荷は空間をひっくり返しても同じ点電荷のままである。すなわち $\rho(\boldsymbol{r}) = \rho(-\boldsymbol{r})$ であるから，

$$\delta(\boldsymbol{r}) = \delta(-\boldsymbol{r}) \tag{1.162}$$

である。

次に，式 (1.37) を用いて，$\rho(\boldsymbol{r})$ と q の関係を導こう。式 (1.37) 右辺の積分範囲である領域 V は，電荷 q のある原点を含んでさえいれば，どれだけ大きくしても左辺は q になるべきなので，ここでは領域 V を全空間としておく。すると

$$q = \int_{\text{全空間}} \rho(\boldsymbol{r})dV = \int_{\text{全空間}} q\delta(\boldsymbol{r})dV$$

が成り立つので，

$$\int_{\text{全空間}} \delta(\boldsymbol{r})dV = 1 \tag{1.163}$$

が得られる。

さらに，式 (1.6) と式 (1.26) が一致することから

$$\begin{aligned}\boldsymbol{E}(\boldsymbol{r}) &= \frac{1}{4\pi\varepsilon_0}\frac{q\boldsymbol{r}}{|\boldsymbol{r}|^3} \\ &= \int_{\mathrm{V}} \frac{1}{4\pi\varepsilon_0}\frac{q\delta(\boldsymbol{r}')(\boldsymbol{r}-\boldsymbol{r}')}{|\boldsymbol{r}-\boldsymbol{r}'|^3}dV'\end{aligned} \tag{1.164}$$

なので，

$$\int_{\text{全空間}} \frac{\delta(\boldsymbol{r}')(\boldsymbol{r}-\boldsymbol{r}')}{|\boldsymbol{r}-\boldsymbol{r}'|^3}dV' = \frac{\boldsymbol{r}}{|\boldsymbol{r}|^3} \tag{1.165}$$

が得られる。ここでも領域 V は全空間とした。ここで

$$\phi_x(\boldsymbol{r}) = \frac{x}{|\boldsymbol{r}|^3}, \tag{1.166}$$

および，x を y, z に置き換えたものを定義すると

$$\int_{全空間} \delta(\boldsymbol{r}')\phi_x(\boldsymbol{r}-\boldsymbol{r}')dV' = \phi_x(\boldsymbol{r}) \tag{1.167}$$

および，x を y, z に置き換えたものが得られる。

そこで，$\boldsymbol{r}$ を独立変数とする任意の関数（あるいはスカラー場）$\phi(\boldsymbol{r})$ に対して，$\delta(\boldsymbol{r})$ が

$$\int_{全空間} \delta(\boldsymbol{r}')\phi(\boldsymbol{r}-\boldsymbol{r}')dV' = \phi(\boldsymbol{r}) \tag{1.168}$$

を満たせば，式 (1.165) が満たされることになる。

あるいは，$\tilde{\boldsymbol{r}} = \boldsymbol{r} - \boldsymbol{r}'$ とおいて，式 (1.168) から $\boldsymbol{r}'$ を消去して，積分変数を $\boldsymbol{r}'$ から $\tilde{\boldsymbol{r}}$ に変換すると

$$\int_{全空間} \delta(\boldsymbol{r}-\tilde{\boldsymbol{r}})\phi(\tilde{\boldsymbol{r}})d\tilde{V} = \phi(\boldsymbol{r}) \tag{1.169}$$

となる（dV' については，体積積分の定義上，変数変換によっても負符号はつかないことに留意のこと）。ここで $\boldsymbol{r}$ を $\boldsymbol{r}_0$ に変更し，$\tilde{\boldsymbol{r}}$ を改めて $\boldsymbol{r}$ とおいて，式 (1.162) を用いると

$$\int_{全空間} \delta(\boldsymbol{r}-\boldsymbol{r}_0)\phi(\boldsymbol{r})dV = \phi(\boldsymbol{r}_0) \tag{1.170}$$

が得られる。

$\boldsymbol{r} = 0$ 以外では $\delta(\boldsymbol{r}) = 0$ であって，式 (1.162), (1.163), (1.170) を満たす関数 $\delta(\boldsymbol{r})$ を**ディラック**（Dirac）**のデルタ関数** という。デルタ関数 $\delta(\boldsymbol{r})$ は，$\boldsymbol{r} = 0$ で発散している。ただし，式 (1.163) より，発散した部分を含む空間で体積積分すると 1 になる。さらに式 (1.170) が示すのは，任意の関数 $\phi(\boldsymbol{r})$ について，$\delta(\boldsymbol{r}-\boldsymbol{r}_0)$ を掛けて体積積分することによって，$\boldsymbol{r} = \boldsymbol{r}_0$ での値 $\phi(\boldsymbol{r}_0)$ を取り出すことができるということである。

以上を用いて，式 (1.87) で与えられる微分形のガウスの法則に対して，原点に q の電荷がある場合の電荷密度 $\rho(\boldsymbol{r}) = q\delta(\boldsymbol{r})$ を代入すると

$$\nabla \cdot \boldsymbol{E}(\boldsymbol{r}) = \frac{q\delta(\boldsymbol{r})}{\varepsilon_0} \tag{1.171}$$

という方程式が得られる。これの解 $\boldsymbol{E}(\boldsymbol{r})$ が式 (1.6) で与えられるので，これを方程式に代入すると

$$\nabla \cdot \frac{\boldsymbol{r}}{|\boldsymbol{r}|^3} = 4\pi\delta(\boldsymbol{r}) \tag{1.172}$$

というデルタ関数が満たすべき関係式が得られる。あるいは，式 (1.158) で与えられるポアソン方程式に対して $\rho(\boldsymbol{r}) = q\delta(\boldsymbol{r})$ を代入したものの解が，式 (1.139) で与えられる静電ポテンシャル（ただし $\boldsymbol{r}' = 0$ とする）となるので，

$$\nabla^2 \frac{1}{|\boldsymbol{r}|} = -4\pi\delta(\boldsymbol{r}) \tag{1.173}$$

が得られる。これもデルタ関数が満たすべき式と考えることができる。

■ 閉曲線上の電場の線積分

電場ベクトルを閉じた曲線（閉曲線）C 上で線積分してみよう。閉曲線上の線積分については，閉曲線であることがわかるように，積分記号に丸をつけることがよく行われる。

$$\oint_{\mathrm{C}} \boldsymbol{E}(\boldsymbol{r}) \cdot d\boldsymbol{r} = -\oint_{\mathrm{C}} \nabla\phi(\boldsymbol{r}) \cdot d\boldsymbol{r} \tag{1.174}$$

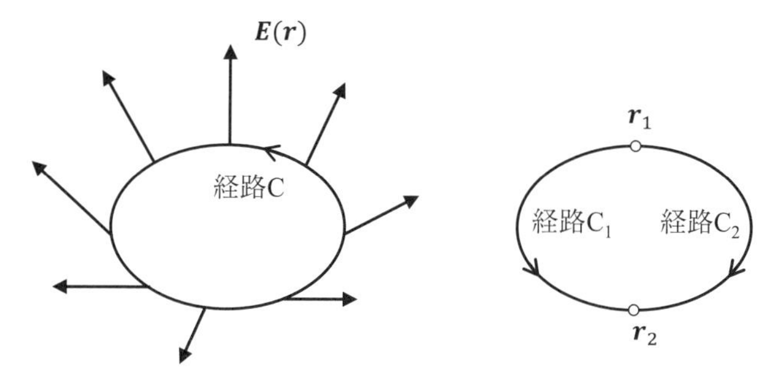

図 1.45 ベクトル場の閉曲線上の線積分

ここで，閉曲線 C を適当な 2 点 $\boldsymbol{r}_1$ と $\boldsymbol{r}_2$ で 2 つの曲線 C_1 と C_2 に分割しよう。このとき，図 1.45 に示すように，経路 C_1 と経路 C_2 を，いずれも $\boldsymbol{r}_1$ から $\boldsymbol{r}_2$ をその「向き」ととることにする。そうすると，閉曲線 C を経路とするときは，C_2 に対しては反対方向に進むので，例題 1.17 の結果を参考にして

$$\oint_{\mathrm{C}} \boldsymbol{E}(\boldsymbol{r}) \cdot d\boldsymbol{r} = \int_{\mathrm{C}_1} \boldsymbol{E}(\boldsymbol{r}) \cdot d\boldsymbol{r} - \int_{\mathrm{C}_2} \boldsymbol{E}(\boldsymbol{r}) \cdot d\boldsymbol{r} \tag{1.175}$$

となる。

ここで，経路 C_1 も経路 C_2 もいずれも始点が $\boldsymbol{r}_1$ で終点が $\boldsymbol{r}_2$ の経路である。したがって，電場 $\boldsymbol{E}(\boldsymbol{r})$ を経路 C_1 と経路 C_2 で線積分したものは等しくなるので，式 (1.175) は 0 となる。

このことは任意の電場 $\boldsymbol{E}(\boldsymbol{r})$ と閉曲線 C で成り立つ。したがって

$$\oint_{\mathrm{C}} \boldsymbol{E}(\boldsymbol{r}) \cdot d\boldsymbol{r} = 0 \tag{1.176}$$

であること，すなわち任意の電場を任意の閉曲線上で線積分すると 0 になることがわかった。この式は，静電場の性質を示す重要な式である一方，4 章でみるように，時間変動する磁場があると成り立たない。

コラム 1.7：球座標と円筒座標

$\boldsymbol{A} = (A_x, A_y, A_z)$ のような表示を，ベクトルの成分表示というが，これをベクトルの和として書くと

$$\boldsymbol{A} = A_x \boldsymbol{e}_x + A_y \boldsymbol{e}_y + A_z \boldsymbol{e}_z \tag{1.177}$$

となる。ここで，$\boldsymbol{e}_x, \boldsymbol{e}_y, \boldsymbol{e}_z$ は**正規直交基底**とよばれるものであり，$\boldsymbol{e}_x = (1, 0, 0)$, $\boldsymbol{e}_y = (0, 1, 0)$, $\boldsymbol{e}_z = (0, 0, 1)$ である。

ところで，たとえば球対称を持つ系の電場を考える場合，$\boldsymbol{e}_x, \boldsymbol{e}_y, \boldsymbol{e}_z$ ではなく，図 1.46(a) のように正規直交基底 $\boldsymbol{e}_r, \boldsymbol{e}_\theta, \boldsymbol{e}_\varphi$ を考える方が便利である場合がある。すなわち，式 (1.47) のように r, θ, φ を定義する。

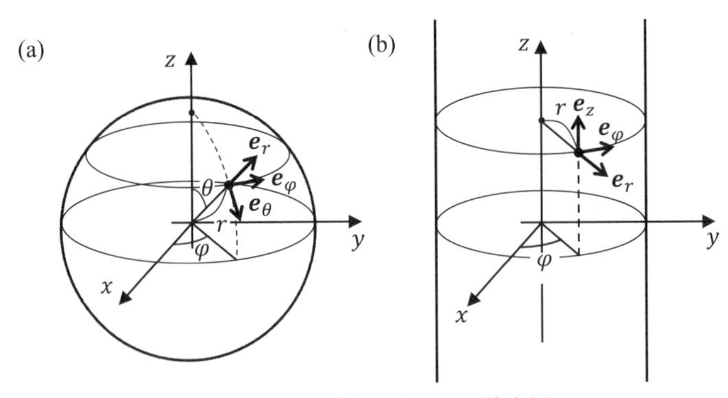

図 1.46 (a) 球座標と (b) 円筒座標

$$\begin{aligned} x &= r\sin\theta\cos\varphi \\ y &= r\sin\theta\sin\varphi \\ z &= r\cos\theta \end{aligned} \tag{1.178}$$

このとき，r だけ，θ だけ，φ だけがそれぞれ増加した際の方向に基底ベクトル $\boldsymbol{e}_r, \boldsymbol{e}_\theta, \boldsymbol{e}_\varphi$ をとる。具体的には

$$\begin{aligned} \boldsymbol{e}_r &= \sin\theta\cos\varphi\,\boldsymbol{e}_x + \sin\theta\sin\varphi\,\boldsymbol{e}_y + \cos\theta\,\boldsymbol{e}_z \\ \boldsymbol{e}_\theta &= \cos\theta\cos\varphi\,\boldsymbol{e}_x + \cos\theta\sin\varphi\,\boldsymbol{e}_y - \sin\theta\,\boldsymbol{e}_z \\ \boldsymbol{e}_\varphi &= -\sin\varphi\,\boldsymbol{e}_x + \cos\varphi\,\boldsymbol{e}_y \end{aligned} \tag{1.179}$$

の関係がある。さらにこの正規直交基底を使って，位置やベクトルを

$$\boldsymbol{A} = A_r\boldsymbol{e}_r + A_\theta\boldsymbol{e}_\theta + A_\varphi\boldsymbol{e}_\varphi \tag{1.180}$$

と表すことにする。このような表し方を**球座標系**という。

こうすると，たとえば例題 1.12 のような電場ベクトルは

$$\boldsymbol{E}(\boldsymbol{r}) = E_r(\boldsymbol{r})\boldsymbol{e}_r \tag{1.181}$$

と一つの成分だけで表すことができて，非常に便利になる。

一方，球座標の正規直交基底は，位置ベクトルによって異なる基底を持つという欠点を持つ。したがって，式 (1.180) を微分する際には，A_r, A_θ, A_φ だけでなく，3 つの正規直交基底 $\boldsymbol{e}_r, \boldsymbol{e}_\theta, \boldsymbol{e}_\varphi$ も，式 (1.179) を通して r, θ, φ に依存することを考慮して計算する必要がある。たとえばベクトル場 $\boldsymbol{A}(\boldsymbol{r})$ の divergence は，$\boldsymbol{e}_x, \boldsymbol{e}_y, \boldsymbol{e}_z$ を用いると

$$\nabla\cdot\boldsymbol{A}(\boldsymbol{r}) = \frac{\partial A_x}{\partial x} + \frac{\partial A_y}{\partial y} + \frac{\partial A_z}{\partial z} \tag{1.182}$$

と表されるが，$\boldsymbol{e}_r, \boldsymbol{e}_\theta, \boldsymbol{e}_\varphi$ を用いると

$$\nabla\cdot\boldsymbol{A}(\boldsymbol{r}) = \frac{1}{r^2}\frac{\partial}{\partial r}(r^2A_r) + \frac{1}{r\sin\theta}\frac{\partial}{\partial\theta}(\sin\theta A_\theta) + \frac{1}{r\sin\theta}\frac{\partial A_\varphi}{\partial\varphi} \tag{1.183}$$

となる。またスカラー場 $\phi(\boldsymbol{r})$ の gradient は $\boldsymbol{e}_x, \boldsymbol{e}_y, \boldsymbol{e}_z$ を用いると

$$\nabla\phi(\boldsymbol{r}) = \left(\boldsymbol{e}_x\frac{\partial}{\partial x} + \boldsymbol{e}_y\frac{\partial}{\partial y} + \boldsymbol{e}_z\frac{\partial}{\partial z}\right)\phi(\boldsymbol{r}) \tag{1.184}$$

であるが，$\boldsymbol{e}_r, \boldsymbol{e}_\theta, \boldsymbol{e}_\varphi$ を用いると

$$\nabla\phi(\boldsymbol{r}) = \left(\boldsymbol{e}_r\frac{\partial}{\partial r} + \boldsymbol{e}_\theta\frac{1}{r}\frac{\partial}{\partial\theta} + \boldsymbol{e}_\varphi\frac{1}{r\sin\theta}\frac{\partial}{\partial\varphi}\right)\phi(\boldsymbol{r}) \tag{1.185}$$

となる。また，第3章で登場する rotation という演算子（ベクトル場から別のベクトル場をつくる演算子）は，$\boldsymbol{e}_x, \boldsymbol{e}_y, \boldsymbol{e}_z$ を用いると

$$\begin{aligned}&\nabla\times\boldsymbol{A}(\boldsymbol{r})\\ &= \left(\frac{\partial A_z}{\partial y} - \frac{\partial A_y}{\partial z}\right)\boldsymbol{e}_x + \left(\frac{\partial A_x}{\partial z} - \frac{\partial A_z}{\partial x}\right)\boldsymbol{e}_y + \left(\frac{\partial A_y}{\partial x} - \frac{\partial A_x}{\partial y}\right)\boldsymbol{e}_z\end{aligned} \tag{1.186}$$

と表されるが，$\boldsymbol{e}_r, \boldsymbol{e}_\theta, \boldsymbol{e}_\varphi$ を用いると

$$\begin{aligned}\nabla\times\boldsymbol{A}(\boldsymbol{r}) = &\ \frac{1}{r\sin\theta}\left\{\frac{\partial}{\partial\theta}(\sin\theta A_\varphi) - \frac{\partial A_\theta}{\partial\varphi}\right\}\boldsymbol{e}_r\\ &+\frac{1}{r}\left\{\frac{1}{\sin\theta}\frac{\partial A_r}{\partial\varphi} - \frac{\partial}{\partial r}(rA_\varphi)\right\}\boldsymbol{e}_\theta\\ &+\frac{1}{r}\left\{\frac{\partial}{\partial r}(rA_\theta) - \frac{\partial A_r}{\partial\theta}\right\}\boldsymbol{e}_\varphi\end{aligned} \tag{1.187}$$

となる。実際にこれらを計算で示すのはかなり面倒であるが，これらの関係式は既知のものとして使ってよい。そうすると簡単に解けるようになる問題があり，たとえば例題 1.10 において，電場は $\boldsymbol{e}_r$ 方向であると仮定すると，微分形のガウスの法則 $\nabla\cdot\boldsymbol{E} = \rho/\varepsilon_0$ は単純な r に関する常微分方程式となる（章末問題 1.7）。

もう1つ，よく使われる座標系として**円筒座標系**がある。これは図 1.46(b) のように r, φ と正規直交基底をとるものであり，関係式は以下の通りとなる。(r の意味が球座標系の場合と異なることに注意すること。)

$$\begin{aligned}x &= r\cos\varphi\\ y &= r\sin\varphi\\ z &= z\end{aligned} \tag{1.188}$$

$$\begin{aligned}\boldsymbol{e}_r &= \cos\varphi\,\boldsymbol{e}_x + \sin\varphi\,\boldsymbol{e}_y\\ \boldsymbol{e}_\varphi &= -\sin\varphi\,\boldsymbol{e}_x + \cos\varphi\,\boldsymbol{e}_y\\ \boldsymbol{e}_z &= \boldsymbol{e}_z\end{aligned} \tag{1.189}$$

$$\boldsymbol{A} = A_r \boldsymbol{e}_r + A_\varphi \boldsymbol{e}_\varphi + A_z \boldsymbol{e}_z \tag{1.190}$$

$$\nabla \cdot \boldsymbol{A}(\boldsymbol{r}) = \frac{1}{r}\frac{\partial}{\partial r}(rA_r) + \frac{1}{r}\frac{\partial A_\varphi}{\partial \varphi} + \frac{\partial A_z}{\partial z} \tag{1.191}$$

$$\nabla \phi(\boldsymbol{r}) = \left(\boldsymbol{e}_r \frac{\partial}{\partial r} + \boldsymbol{e}_\varphi \frac{1}{r}\frac{\partial}{\partial \varphi} + \boldsymbol{e}_z \frac{\partial}{\partial z}\right)\phi(\boldsymbol{r}) \tag{1.192}$$

$$\begin{aligned}\nabla \times \boldsymbol{A}(\boldsymbol{r}) &= \left(\frac{1}{r}\frac{\partial A_z}{\partial \varphi} - \frac{\partial A_\varphi}{\partial z}\right)\boldsymbol{e}_r \\ &\quad + \left(\frac{\partial A_r}{\partial z} - \frac{\partial A_z}{\partial r}\right)\boldsymbol{e}_\varphi \\ &\quad + \frac{1}{r}\left\{\frac{\partial}{\partial r}(rA_\varphi) - \frac{\partial A_r}{\partial \varphi}\right\}\boldsymbol{e}_z \end{aligned} \tag{1.193}$$

章末問題 1

問題 1.1　位置 $(\pm a, 0)$, $(0, \pm a)$, $(\pm a/\sqrt{2}, \pm a/\sqrt{2})$, $(\pm 2a, 0)$, $(0, \pm 2a)$, $(\pm\sqrt{2}a, \pm\sqrt{2}a)$ において，以下の 4 つの 2 次元のベクトル場のベクトルを矢印で記入せよ。

$$\begin{aligned}\boldsymbol{A}_1(x, y) &= (x, y) \\ \boldsymbol{A}_2(x, y) &= (y, -x) \\ \boldsymbol{A}_3(x, y) &= \left(\frac{x}{\sqrt{x^2 + y^2}}, \frac{y}{\sqrt{x^2 + y^2}}\right) \\ \boldsymbol{A}_4(x, y) &= \left(\frac{-y}{x^2 + y^2}, \frac{x}{x^2 + y^2}\right)\end{aligned}$$

問題 1.2 問題 1.1 のベクトル場を 3 次元に拡張したベクトル場

$$\begin{aligned}\boldsymbol{A}'_1(x, y, z) &= (x, y, z) \\ \boldsymbol{A}'_2(x, y, z) &= (y, -x, 0) \\ \boldsymbol{A}'_3(x, y, z) &= \left(\frac{x}{\sqrt{x^2 + y^2 + z^2}}, \frac{y}{\sqrt{x^2 + y^2 + z^2}}, \frac{z}{\sqrt{x^2 + y^2 + z^2}}\right)\end{aligned}$$

$$\boldsymbol{A}'_4(x,y,z) = \left(\frac{-y}{x^2+y^2+z^2}, \frac{x}{x^2+y^2+z^2}, 0\right)$$

について，(1) 原点を中心とする半径 a の球面上での面積分，(2) 原点を中心とする xy 平面（$z=0$）上の半径 a の円周上（反時計回りとする）の線積分をそれぞれ計算せよ。

問題 1.3 例題 1.5 の電気双極子に対して

(1) $(x,0,d/2)$ に q の電荷を，$(x,0,-d/2)$ に $-q$ の電荷を，それぞれ持つ電気双極子

(2) $(0,0,z+d/2)$ に q の電荷を，$(0,0,z-d/2)$ に $-q$ の電荷を，それぞれ持つ電気双極子

がそれぞれある場合について（ただし $d \ll x,z$），電気双極子間に働く力を（向きも含めて）$p=qd$ と x,z を用いて示せ。

問題 1.4 原点 (0, 0, 0) に $+2q$ の電荷が，$\boldsymbol{a}=(0,0,a)$ と $-\boldsymbol{a}=(0,0,-a)$ にそれぞれ $-q$ の電荷があるとする。このとき $\boldsymbol{r}$ の位置での電場ベクトル $\boldsymbol{E}(\boldsymbol{r})$ を求めたい。ただし $|\boldsymbol{r}| \gg |\boldsymbol{a}|$ とする。

(1) 例題 1.5 と同じ近似を用いると，すべての位置で $\boldsymbol{E}(\boldsymbol{r})=\boldsymbol{0}$ となることを示せ。

(2) x が十分小さいときの近似を，$(1+x)^n \simeq 1+nx$ ではなく，$(1+x)^n \simeq 1+nx+\frac{n(n-1)}{2}x^2$ として，$|\boldsymbol{a}|/|\boldsymbol{r}|$ の 2 次までの計算することによって，$\boldsymbol{E}(\boldsymbol{r})$ を $\boldsymbol{r}, \boldsymbol{a}$ を用いて表せ。

(3) $\boldsymbol{r}=(0,0,\pm b)$ のときと，$\boldsymbol{r}=(\pm b,0,0)$ のときの $\boldsymbol{E}(\boldsymbol{r})$ を計算し，zx 上のグラフに矢印で描け。

問題 1.5 z 軸上に無限に伸びた太さの無視できる線上に，単位長さあたり λ の電荷（線電荷密度という）がある。

(1) z 軸から u の距離にある位置の電場の大きさを式 (1.24) や式 (1.40) にならって，線を微小な長さに分割して足し合わせたものを積分に置き換えることによって計算せよ。

(2) (1) の電場を，積分形のガウスの法則によって計算せよ。

(3) z 軸から u の距離にある位置の電場の大きさを $E(u)$ として，静電ポテンシャル $\phi(x,y,z)$ は $-E(u)$ を u で積分したもの（ただし $u^2=x^2+y^2$）であることを示せ（ヒント：コラム 1.7 の円筒座標系を用いよ）。また実際に $\phi(x,y,z)$

を計算せよ。

問題 1.6　例題 1.10 で導いた

$$E_z(0,0,z) = \frac{\rho_0}{4\pi\varepsilon_0}\int_0^a dr \int_0^\pi d\theta \int_0^{2\pi} d\varphi \frac{zr^2\sin\theta - r^3\sin\theta\cos\theta}{\left(r^2+z^2-2rz\cos\theta\right)^{3/2}}$$

を計算したい (r につく $'$ は省略した)。

(1)

$$C\left(r,\theta,\varphi,z\right) = \frac{r^2\sin\theta}{\left(r^2+z^2-2rz\cos\theta\right)^{1/2}}$$

とおくと，もとの被積分関数は $-\partial C/\partial z$ となることを示せ。

(2) $C(r,\theta,\varphi,z)$ を θ で 0 から π まで積分せよ。($r \leq z$ と $r > z$ で場合分けせよ。)

(3) (2) で求められた関数を r で 0 から a まで積分せよ。($z < a$ と $z \geq a$ で場合分けせよ。)

(4) $E_z(0,0,z)$ を計算せよ。

問題 1.7　例題 1.10 の問題を，微分形のガウスの法則を用いて解きたい。式 (1.183) の球座標の divergence の式を用いると，対称性から θ と φ の微分は 0 になることを用いて，電場を計算せよ。さらに，式 (1.185) を用いて，静電ポテンシャルを計算せよ。また，横軸を r として，電場と静電ポテンシャルをグラフに描け。

2

金属と電場

2.1　金属と静電場

■　静電場中の金属の電荷と電場

金属とは，図 2.1 左に示されるように，周期的に並んだ原子と，その間を自由に動ける電子（自由電子）で構成されている。金属中の自由電子の数は，金属の種類にもよるが，典型的には 1 cm^3 あたり 10^{22} 個程度と非常に多いので，電子の「粒々」を考える必要はなく，連続的に分布していると考えればよい。すなわち，式 (1.22) で定義される電荷密度をもったものが流体のように流れると考えることができる。さらに，電子は負の電荷を持つから，原子のほうはイオンとして正の電荷を持つことによって，金属全体の電荷の中性が保たれる。この正の電荷を持つイオンも電子と同程度の数であるから，これも連続的に分布していると考えてよい（ただしこちらは動かない）。結果として，金属は，動かない正の電荷（＝周期的に並んだイオン）を背景として，それに対して負の電荷を持つ流体がある（＝自由電子）と考えることができる。この負の電荷を持った流体は，電場がない状態では流れないが電場中では流れる。これが**電流**である。

金属が閉回路を構成して，実際に電流が流れる場合の話は 2.2 節で扱う。本節では，閉回路を構成しない金属を電場中においた場合に，何が起こるかについて考える。このような場合，十分時間がたった後には（閉回路ではないので）電流は流れない，ということを前提にして話を進めることにする。電場があれば電流が流れるはずであるから，電流が流れないということはすなわち，十分時間がたった後には，

(1) 金属の内部には電場が存在しない

ことを意味する。「電場中に置いたのに，金属内部に電場が存在しない」ということが，どのようにして達成できるのかについて考えてみよう。

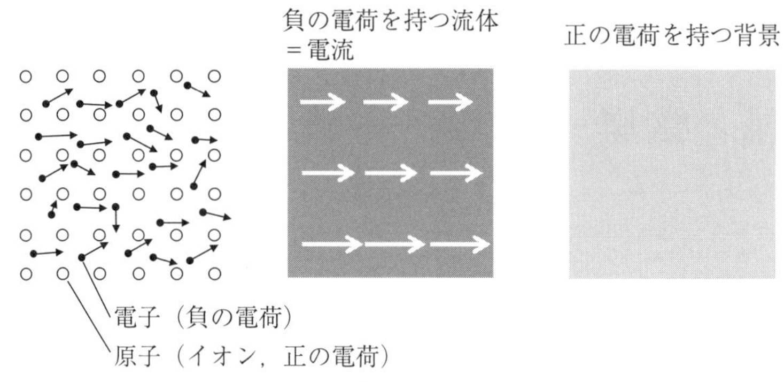

図 2.1 金属における電流

例として，図 2.2(a) のように，直方体の金属を空間的に一定の電場中においた状況を考える。このとき，自由電子は外からの電場を受けて，電場と反対方向，すなわち上へ動く。すなわち（定常的にではないが一旦）電流が発生する。しかし自由電子は金属表面から先へは進めないので上側の表面で留まる。結果として，金属の上側の表面には負の面電荷密度が発生することになる。

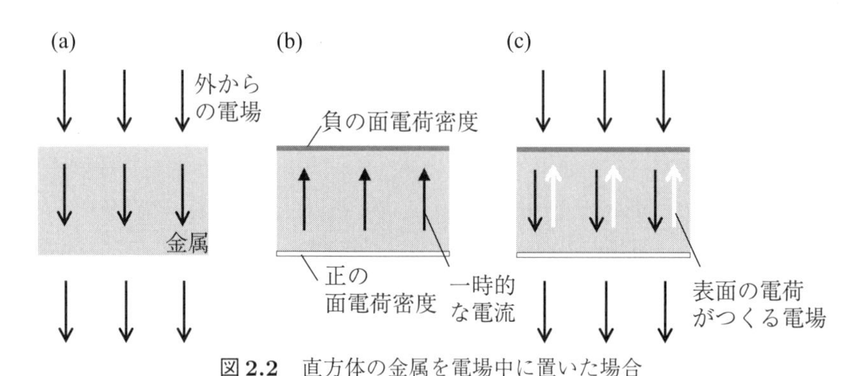

図 2.2 直方体の金属を電場中に置いた場合

金属のそれ以外の部分ではどうなるであろうか？ 金属全体として電荷は中性でなければならないので，金属の上側に負の面電荷密度が発生するのであれば，それ以外のどこかに正の電荷密度がなければならない。ここで，正負によらず電荷密度 $\rho(\boldsymbol{r})$ が金属の内部に発生すると，式 (1.87) により，その部分に電場が発生することを思い出そう。電場があれば自由電子は動き，電流が発生する。しかし，上記の (1) により金属中には電場が発生しないという前提なので，最終的には金属内部の電荷密度 $\rho(\boldsymbol{r})$ も 0，すなわち負の電荷と正の電荷はちょうどキャンセルしていなければならない。一方，金属の「表面」に電荷がたまっても，金属内部に電場は発生しなくてもよい。結果としては，図 2.2(b) のように，金属の下面に，上面と同じ絶対値の正の電荷密度が発生する。これを以下でより定量的に考えよう。

金属上面の面電荷密度を $-\sigma_0$ として，例題 1.9 の結果より，これが金属内部につくる電場は，例題 1.9 の負側の結果に対応して

$$\boldsymbol{E}_1 = \frac{\sigma_0}{2\varepsilon_0} \tag{2.1}$$

となる。一方，金属下面の面電荷密度は（金属全体で電荷が中性となるために）$+\sigma_0$ となり，これが金属内部につくる電場は，例題 1.9 の正側の結果に対応して

$$\boldsymbol{E}_2 = \frac{\sigma_0}{2\varepsilon_0} \tag{2.2}$$

となる。結果として，上面と下面の電荷密度が金属内部につくる電場は，この 2 つを足し合わせて

$$\boldsymbol{E} = \boldsymbol{E}_1 + \boldsymbol{E}_2 = \frac{\sigma_0}{\varepsilon_0} \tag{2.3}$$

となる。これが下向きの外場 $\boldsymbol{E}_0$ とキャンセルすれば（図 2.2(c)），金属内部の電場はどこでも 0 になる。すなわち

$$-E_0 + \frac{\sigma_0}{\varepsilon_0} = 0$$

$$\sigma_0 = \varepsilon_0 E_0 \tag{2.4}$$

の面電荷密度が上面（負）と下面（正）にたまることにより，金属内部の電場は 0 となって，上記の条件 (1) が達成されることがわかった。一方，金属内部の電荷密度はどこでも 0 である。

以上の議論により，条件 (1) が達成されるために

(2) 金属表面にある面電荷密度の電荷が発生するが，金属内部には電荷密度は発生しない

ことがわかった。ただし，一般の形状の金属の場合には，上記の結果のように面電荷密度が一定になるとは限らない。

次に，金属表面の外側（金属でない側）の電場がどうなるかについて考えよう。図 2.3(a) に示すような金属表面を含む薄い長方形の辺上で電場を線積分すると，式 (1.176) より 0 となる。ここで，線積分の経路を 4 つに分ける。

$$\oint_{\mathrm{C}} \boldsymbol{E}(\boldsymbol{r}) \cdot d\boldsymbol{r} = \int_{\mathrm{A} \to \mathrm{B}} + \int_{\mathrm{B} \to \mathrm{C}} + \int_{\mathrm{C} \to \mathrm{D}} + \int_{\mathrm{D} \to \mathrm{A}} = 0 \tag{2.5}$$

4 つの項の $\boldsymbol{E}(\boldsymbol{r}) \cdot d\boldsymbol{r}$ の記述は省略した。このうち，金属表面に垂直な部分は平行な部分と比べて十分短いので，経路 B→C と D→A の線積分は 0 と考えることができる。また金属内部を通る経路 C→D については，(1) よりそもそも電場が 0 なので，その線積分も 0 となる。結果として，金属表面の外側の A→B の線積分について

$$\int_{\mathrm{A} \to \mathrm{B}} \boldsymbol{E}(\boldsymbol{r}) \cdot d\boldsymbol{r} = 0 \tag{2.6}$$

でなければならないことがわかった。この結果は，金属表面の外側に存在する電場について，その方向 $\boldsymbol{E}(\boldsymbol{r})$ と A→B における線積分の変位の方向 $\Delta \boldsymbol{r}_1$ が常に垂直でなければならないことを意味する。$\Delta \boldsymbol{r}_1$ は金属表面の任意の方向をとりうるので，結局

(3) 金属表面において，電場の方向は金属表面に垂直である

ことがわかった。

さらに，図 2.3(b) に示すように，金属表面を含む薄い円柱（断面積 A）を閉曲面として，積分形のガウスの法則（式 (1.70)）を適用しよう。断面積 A は十分小さく，円柱内の面電荷密度 $\sigma(\boldsymbol{r})$ は円柱の中心位置 $\boldsymbol{r}_1$ の値で代用できるとすると，円柱内の電荷は $Q = \sigma(\boldsymbol{r}_1)A$ となる。一方，電場の面積分については，円柱は薄いので側面の寄与は無視し，また底面（金属側）は電場が 0 なので，これも面積分に寄与しない。上面（金属の外側）の電場については，上面の中心位置（＝円柱の中心位置）$\boldsymbol{r}_1$ の電場で代用する。この電場ベクトルの方向は上記の (3) より，金属面，すなわち円柱の上面に垂直なので，$\boldsymbol{E}(\boldsymbol{r}_1) \cdot \boldsymbol{n}(\boldsymbol{r}_1) = |\boldsymbol{E}(\boldsymbol{r}_1)|$ であり，よって面積分は $|\boldsymbol{E}(\boldsymbol{r}_1)|A$ となる。したがって式 (1.70) より，$Q/\varepsilon_0 = \sigma(\boldsymbol{r}_1)A/\varepsilon_0 = |\boldsymbol{E}(\boldsymbol{r}_1)|A$ となって，$|\boldsymbol{E}(\boldsymbol{r}_1)| = \sigma(\boldsymbol{r}_1)/\varepsilon_0$

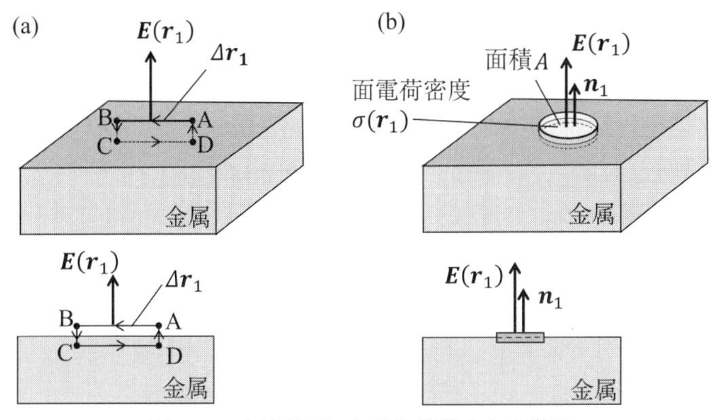

図 2.3　金属表面における線積分と面積分

であることがわかる。これは金属表面のすべての位置 $\boldsymbol{r}$ で成り立つ。電場をベクトルで表記すると，以下のようになる。

(4) 金属の表面 $\boldsymbol{r}$ における金属外側の電場 $\boldsymbol{E}(\boldsymbol{r})$ は，そこでの面電荷密度を $\sigma(\boldsymbol{r})$，金属表面の法線ベクトルを $\boldsymbol{n}(\boldsymbol{r})$ として

$$\boldsymbol{E}(\boldsymbol{r}) = \frac{\sigma(\boldsymbol{r})\boldsymbol{n}(\boldsymbol{r})}{\varepsilon_0} \tag{2.7}$$

となる。

一方，金属表面における金属側の電場ベクトルは 0 なので，電場ベクトルは金属表面を境に不連続になりうることがわかる。

最後に電位 $\phi(\boldsymbol{r})$ について考えよう。上記 (1) より金属の中は電場が 0 であるから，金属内で電場ベクトルを線積分したものも 0 である。すなわち式 (1.126) より，

(5) 金属内の電位 ϕ は位置によらず，すべて同じとなる。

上で議論したように，電場ベクトルは金属表面を境に不連続になることがあるが，そのとびは有限の大きさなので，電場ベクトルの線積分である電位は連続となる。すなわち，

(6) 電位は金属表面を境に連続である。

以上，(1) から (6) までが電場中の金属の状態を表すものである。

例題 **2.1**　図2.4のように2枚の面積が無限大の金属板が互いに平行に置かれている。2枚の金属板の間（距離dとする）には金属板に垂直方向に一定の電場$\boldsymbol{E}(\boldsymbol{r}) = \boldsymbol{E}_0 = (E_0, 0, 0)$が存在し，2枚の金属板の外側の電場は$\boldsymbol{E}(\boldsymbol{r}) = \boldsymbol{0}$であるとする。このとき，4つの表面の面電荷密度を求めよ。また，金属板に垂直方向にx軸をとり，図のように下側の金属板の上面の位置を$x = 0$としたときの，電場の大きさと静電ポテンシャルのx依存性を図示せよ。

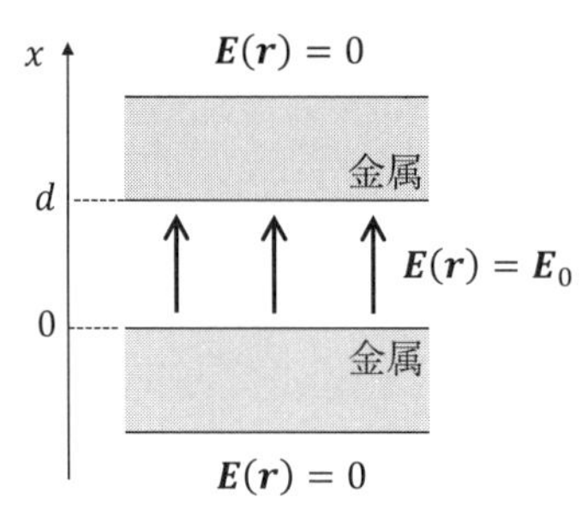

図 **2.4**　2枚の平行な金属板の間に電場がある場合

解答　式(2.7)より，金属板の外側の面電荷密度は0，金属板の内側については，下側の金属板の面電荷密度は$\sigma = \varepsilon_0 E_0$，上側の金属板の面電荷密度$\sigma = -\varepsilon_0 E_0$となる。また，電場の大きさは，金属板の間でのみ，すなわち$0 < x < d$でのみE_0，それ以外では0となる。静電ポテンシャルは例題1.19同様，$E = E_0$（定数）の積分となるので，$x < 0$で$\phi = 0$とすると，$0 \leq x < d$で$\phi = E_0 x$，$d \leq x$で$\phi = E_0 d$となる。グラフは図2.5の通りである。

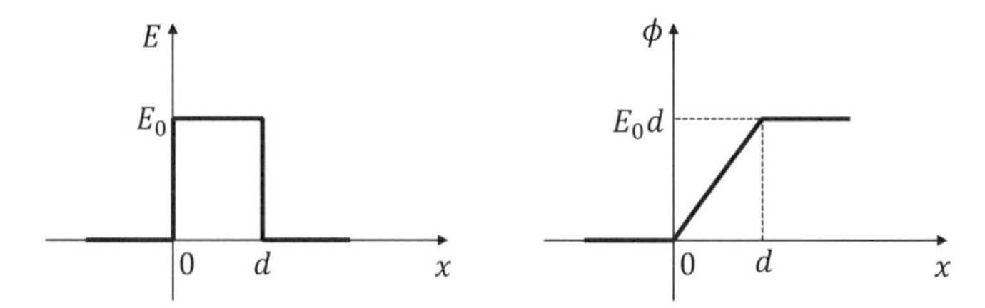

図 **2.5**　2枚の平行な金属板がある場合の電場と静電ポテンシャル

例題 **2.2**　例題1.14において，球面上で，z軸と角度θをなす位置での面電荷密度を，$\boldsymbol{E}(\boldsymbol{r}) = \boldsymbol{E}_2(\boldsymbol{r})$（図2.6左）と$\boldsymbol{E}(\boldsymbol{r}) = \boldsymbol{E}_1(\boldsymbol{r}) + \boldsymbol{E}_3(\boldsymbol{r})$の場合（図2.6

右）について，それぞれ求めよ。また，それぞれの場合において，金属球全体の持つ電荷を求めよ。

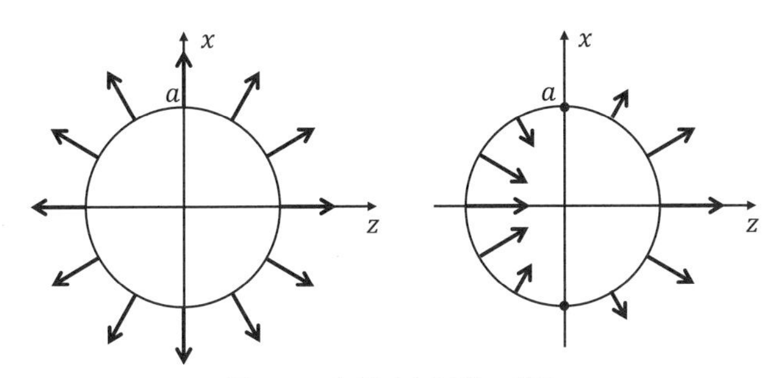

図 2.6　金属球と電場の様子

解答

$$\boldsymbol{E}_2(\boldsymbol{r}) = \frac{1}{4\pi\varepsilon_0}\frac{q\boldsymbol{r}}{|\boldsymbol{r}|^3} \tag{2.8}$$

については，半径 a の球面上では，電場ベクトルの大きさは $q/4\pi\varepsilon_0 a^2$ となり，また向きは球面に垂直になる。したがって式 (2.7) より，面電荷密度は $q/4\pi a^2$（球面の場所によらず一定）となる。球全体が持つ電荷はこれに球の表面積 $4\pi a^2$ を掛けたものだから，q になる。

次に $\boldsymbol{E}(\boldsymbol{r}) = \boldsymbol{E}_1(\boldsymbol{r}) + \boldsymbol{E}_3(\boldsymbol{r})$ については，例題 1.14 の結果より，球に垂直方向の電場は（球の外側を正として）$3E_0\cos\theta$ となる。したがって，式 (2.7) より面電荷密度は $3\varepsilon_0 E_0\cos\theta$ となる。これは θ と $\pi-\theta$ でちょうど正負が反転するから，すべての球面上で面電荷密度を積分すると 0 になる。すなわち球は電荷を持たない。

例題 1.14 では，一様電場中に金属球をおくという条件だけでは $\boldsymbol{E}_2(\boldsymbol{r})$ の q が求まらなかったが，例題 2.2 の結果より，「金属球全体が持つ電荷」を新たに条件として加えれば求まることになる。たとえば，「金属球は全体として電荷を持たない」という条件を加えれば，$q=0$，すなわち $\boldsymbol{E}_2(\boldsymbol{r}) = \boldsymbol{0}$ となり，$\boldsymbol{E}(\boldsymbol{r}) = \boldsymbol{E}_1(\boldsymbol{r}) + \boldsymbol{E}_3(\boldsymbol{r})$ が解となる。

例題 2.3　図 2.7 のように，金属の球殻の外側に電場が存在するとき，金属の球殻の内側の電場はどうなるか？

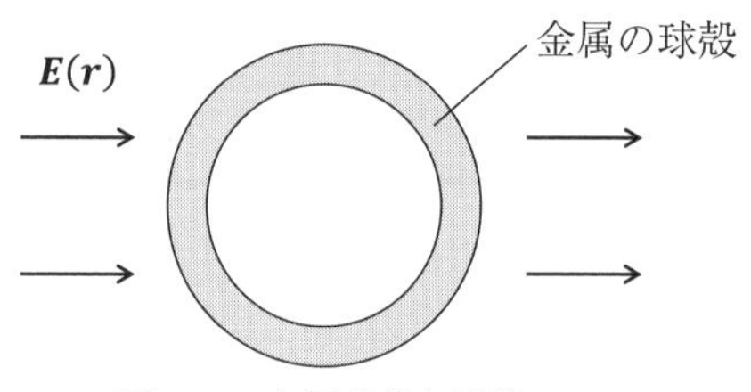

図 2.7　金属球殻と電場

解答　このとき，金属において電位は一定であり，したがって，金属の球殻の内側の表面でも電位は一定である。この境界条件のもとでは，1.4 節の「ポアソン方程式とラプラス方程式」で議論したように，球殻の外側の電場の状態が何であっても，球殻の内側には電場が発生しない。これを**静電遮蔽**といい，電場の影響を遮断する有用な方法である。

例題 2.4　図 2.8 のように，$x < 0$ はすべて金属であって，$x > 0$ は真空の状態を考える。このとき $\boldsymbol{r}' = (a, 0, 0)$ の位置に点電荷 q をおくと，上記 (1)-(6) を満たすような $x = 0$ の金属表面の面電荷密度はどのようになるか？　また，点電荷 q はどのような力を受けるか？

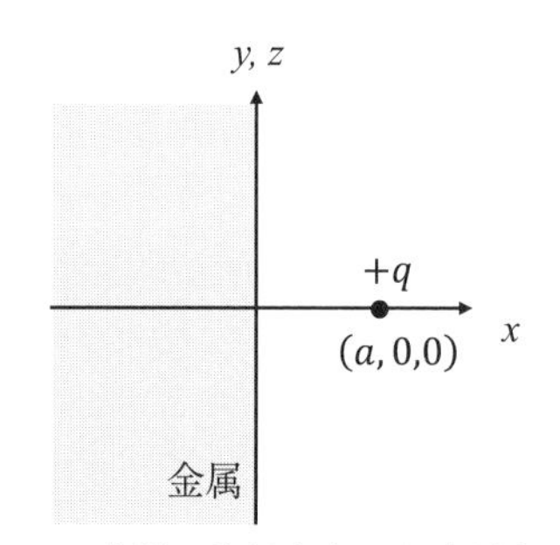

図 2.8　空間の片側を占めた金属と電荷

解答　最初から面電荷密度を考えるのは難しいので，まず $x > 0$ で上記の (3) を満たす電場，あるいは (5) を満たす静電ポテンシャルを考える。すると（発見的方法であるが），$x = 0$ の金属表面を境に $\boldsymbol{r}' = (a, 0, 0)$ と対称の位置，すなわち $-\boldsymbol{r}' = (-a, 0, 0)$ の位置に $-q$ の電荷をおくと，$x = 0$ の金属表面はどこでも q の電荷と $-q$ の電荷から等距離にあり，式 (1.144) で計算される静電

ポテンシャルは $x=0$ の金属表面上で常に0となることがわかる。あるいは，これは例題1.4(b) の状況と同じであり，そこでは $(0,b,0)$ の位置で電場が x 方向であることを計算で示したが，$(0,y,z)$ の位置でも同様に電場が x 方向，すなわち $x=0$ の金属表面に垂直方向であることを示すことができる。すなわち q と $-q$ の電荷がそれぞれ $\boldsymbol{r}$ の位置に作る電場を $\boldsymbol{E}_1(\boldsymbol{r}), \boldsymbol{E}_2(\boldsymbol{r})$ として，その重ね合わせを $\boldsymbol{E}(\boldsymbol{r})$ とすると，金属表面では

$$\begin{aligned}\boldsymbol{E}(0,y,z) &= \boldsymbol{E}_1(0,y,z)+\boldsymbol{E}_2(0,y,z)\\ &= \frac{q}{2\pi\varepsilon_0(a^2+y^2+z^2)^{3/2}}(-a,0,0)\end{aligned} \tag{2.9}$$

であり，(3) を満たしている（図2.9左）。

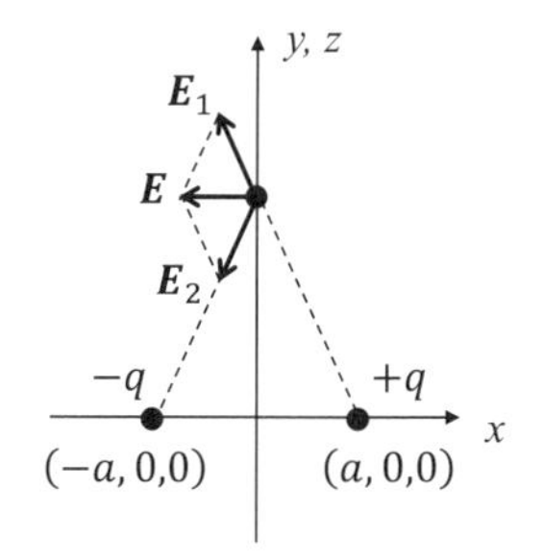

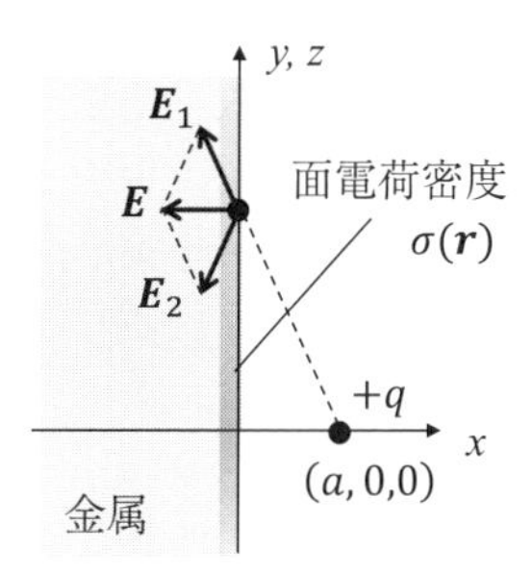

図 2.9

このとき，面電荷密度は上記の (4) を用いて求める。法線ベクトルは x 軸正の向き $\boldsymbol{n}=(1,0,0)$ であって，式 (2.9) の電場の向きと逆向きであるので，式 (2.7) より面電荷密度は負であって，

$$\sigma(0,y,z) = -\varepsilon_0|\boldsymbol{E}(0,y,z)| = -\frac{aq}{2\pi(a^2+y^2+z^2)^{3/2}} \tag{2.10}$$

となる（図2.9右）。

ここで，$-\boldsymbol{r}=(-a,0,0)$ の位置にある $-q$ というものはあくまで仮想的なものであり，実際に存在するのは式 (2.10) で面電荷密度が表される金属表面の電荷である，ということに注意しよう。金属中（$x<0$）は電場は0であり，すべて等電位である。言い換えれば，式 (2.9) は真空側（$x>0$）にしか当てはまらず，$x<0$ では $\boldsymbol{E}=\boldsymbol{0}$ である。なお，図2.9右の電場の矢印は金属側に描かれているように見えるが，実際は金属表面における真空側（$x>0$）の電場であることに留意しよう。

さらに，金属表面の面電荷密度 $\sigma(0,y,z)$ が位置 $\boldsymbol{r}$ につくる電場は，$\boldsymbol{E}(\boldsymbol{r})$ ではなく，$-q$ の仮想的な電荷がつくる $\boldsymbol{E}_2(\boldsymbol{r})$ である。言い換えれば，金属表面の電荷がつくる電場のみでは，金属表面の電場は金属表面に垂直にならず，$+q$ のつくる電場と合わせてはじめて垂直になり，(3) を満たすのである。

$\boldsymbol{r}'=(a,0,0)$ の位置にある点電荷 q が受ける力 $\boldsymbol{F}$ は，金属表面の電荷がつくる電場 $\boldsymbol{E}_2(\boldsymbol{r})$ からのものであり，これは $-\boldsymbol{r}=(-a,0,0)$ の位置にある仮想的な電荷 $-q$ が位置 $\boldsymbol{r}'=(a,0,0)$ につくる電場と等しい。よって

$$\boldsymbol{F}=\frac{q^2}{4\pi\varepsilon_0}\frac{1}{(2a)^2}(-1,0,0)=\frac{q^2}{16\pi\varepsilon_0 a^2}(-1,0,0) \tag{2.11}$$

となる。すなわち，点電荷は金属から引力を受けることになる。

以上のような手法を**鏡像法**という。

■　電気容量と静電場のエネルギー

2つの接触していない金属に，それぞれ Q と $-Q$ の電荷があるとする。前の小節の (5) により，それぞれの金属中はすべて等電位である。それを ϕ_1, ϕ_2 として，$V=\phi_1-\phi_2$ とおき，V を**電圧**，あるいは**電位差**とよぶ（体積と同じ記号になるので注意のこと）。このとき，電荷 Q は電圧 V に比例する。なぜなら，前の小節の (4) より電場は面電荷密度に比例するので，結果として電場は電荷 Q に比例し，また電位は電場の線積分であることから，電圧 V は電場に比例するからである。

以上の議論から，2つの金属の間に電圧 V を印加するとそれぞれの金属に V に比例した電荷 $Q,-Q$ が蓄積されることがわかる。これを**コンデンサー**という。また，2つの金属をそれぞれ**電極**という。電荷と電圧の間の比例定数を C として

$$Q=CV \tag{2.12}$$

が成り立つ。この C をコンデンサーの**電気容量**という。1 V の電圧で 1 C の電荷がたまるときの電気容量を 1 F（ファラド）と定義する。

例として，面積 S の 2 枚の金属板を間隔 d で平行においた平板コンデンサーを考えよう。例題 2.1 の結果は本来面積が無限大の場合にのみ成り立つが，近似的に今の場合でも成り立つとすると，2 枚の金属板（電極）の内側の電場が E_0 のとき，面電荷密度 $\varepsilon_0 E_0$ と $-\varepsilon_0 E_0$ が上下の金属の内側に発生する。

電極の面積が S であることから，それぞれの電極に蓄えられた電荷を Q, $-Q$ として，

$$Q = \varepsilon_0 E_0 S \tag{2.13}$$

となる。一方，電極間の電圧は，電場が上向きに E_0 であることと例題 1.15 の結果を用いて

$$V = \int_0^d E_0 dx = E_0 d \tag{2.14}$$

となる。以上を式 (2.12) に代入して，

$$C = \frac{\varepsilon_0 S}{d} \tag{2.15}$$

が得られる。

例題 2.5　図 2.10 のように，半径 a の球形の金属の外側に，同心球となる内径 b，外径 c の球殻の金属をおいてコンデンサーを構成する。このコンデンサーの電気容量を求めよ。また，金属表面の電荷の分布を求めよ。

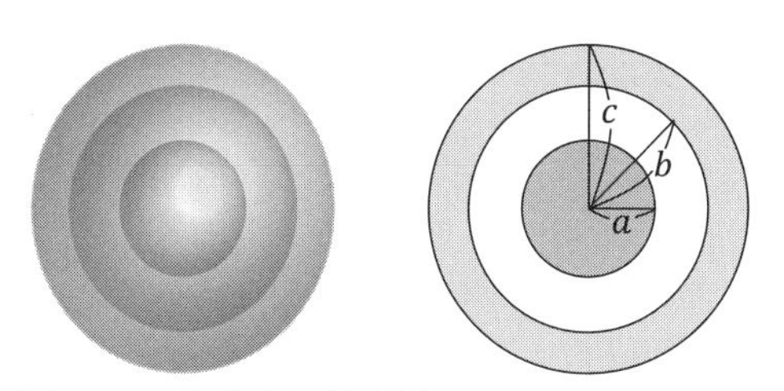

図 2.10　金属球と金属球殻によるコンデンサー

解答　図 2.11 のように，内側の電極（球）に $-Q$，外側の電極（球殻）に Q の電荷が蓄えられているとする。球の対称性から，電場は同心球の中心から球の表面に垂直な方向であり，また電場の大きさは中心からの距離 r のみに依存している。すなわち電場の大きさは $\boldsymbol{E}(r)$ と書くことができる。ここで半径 r $(a < r < b)$ の球を考えて，この球面に対して積分形のガウスの法則（式 (1.70)）を適用する。球面内の電荷は内側の電極に蓄えられた $-Q$ であり，電場の面積分は，電場の方向と球面の法線ベクトルが常に平行で，かつ電場の大きさは球面上で一定なので，例題 1.11 と同様に

$$E \times 4\pi r^2 = -Q/\varepsilon_0$$

$$E = -\frac{Q}{4\pi\varepsilon_0 r^2} \tag{2.16}$$

となる。負号は，電場が外側から内側に向かっていることを意味する。このとき，式 (1.126) によって電極間の電位差（外側を正とする）を求めるために，$-\boldsymbol{E}$ を同心球の中心から外側に向かう線にそって，$r=a$ から $r=b$ まで線積分すると，電場の方向は常に経路に対して平行なので，例題1.15 (1) と同様に通常の定積分で表すことができて

$$\begin{aligned} V &= \int_a^b \frac{Q}{4\pi\varepsilon_0 r^2} dr \\ &= \left[-\frac{Q}{4\pi\varepsilon_0 r}\right]_{r=a}^{r=b} \\ &= \frac{Q}{4\pi\varepsilon_0}\frac{b-a}{ab} \end{aligned} \tag{2.17}$$

となる。これを式 (2.12) に代入して，

$$C = \frac{4\pi\varepsilon_0 ab}{b-a} \tag{2.18}$$

となる。なお，式 (2.16) が原点にある電荷 Q のつくる電場と等しいことに気づけば，式 (2.17) は式 (1.139) から直接求めることができる。

このとき，内側の電極（球）の表面での電場の大きさは式 (2.16) より $-Q/4\pi\varepsilon_0 a^2$ であり，式 (2.7) より面電荷密度は $\sigma = -Q/4\pi a^2$（一定）となる。これが半径 a の球面上に分布しているから，電荷は $-Q/4\pi a^2 \times 4\pi a^2 = -Q$ となって，内側の球全体のもつ電荷に等しい。同様に式 (2.16), (2.7) より，外側の電極（球殻）の内側（半径 b の球面）には面電荷密度 $\sigma = Q/4\pi b^2$ の電荷が半径 b の球面上に分布しているから，電荷の総量は Q であり，これも球殻全

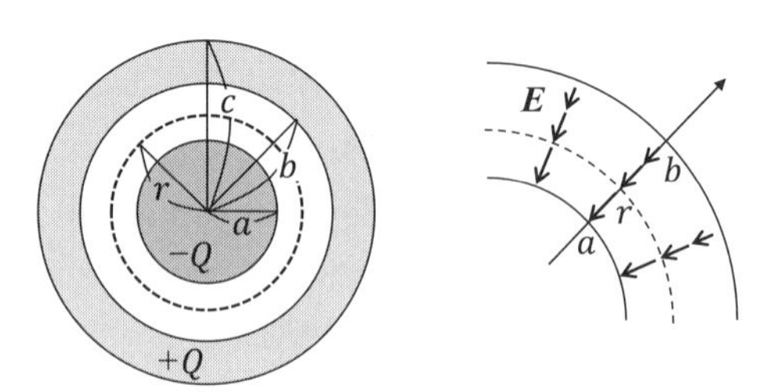

図 2.11　金属球-球殻コンデンサーとガウスの法則

体のもつ電荷に等しい。よって，外側の電極（球殻）の外側（半径 c の球面）には電荷は存在していない。

コンデンサーに蓄えられるエネルギーを見積もろう。たとえば図 2.12 で示した平板コンデンサーにおいて，電荷を少しずつ下の電極から上の電極へ移していくことを考える。いま，上の電極に q，下の電極に $-q$ の電荷が蓄えられているとして，これにさらに Δq の電荷を下の電極から上の電極に移す。このときの電極間の電場の大きさは，式 (2.13) より $E = q/\varepsilon_0 S$ で与えられ，向きは下向きである。この電場に逆らって電荷 Δq を動かすのに必要な力は式 (1.7) より $F = \Delta q E = q\Delta q/\varepsilon_0 S$ であり，電極間を移すのに必要な仕事は（距離が d なので）$Fd = \Delta q E d = qd\Delta q/\varepsilon_0 S$ となる。この作業を電荷 q が 0 の状態から Q の状態まで続けるのに必要な仕事は

$$\begin{aligned}\sum_i \frac{q_i d\Delta q}{\varepsilon_0 S} &= \int_0^Q \frac{qd}{\varepsilon_0 S} dq \\ &= \frac{Q^2 d}{2\varepsilon_0 S} \end{aligned} \tag{2.19}$$

となる。これがコンデンサーに蓄えられたエネルギー U であり，式 (2.15), (2.12) を用いると，

$$U = \frac{Q^2}{2C} = \frac{1}{2}QV = \frac{1}{2}CV^2 \tag{2.20}$$

と表すことができる。

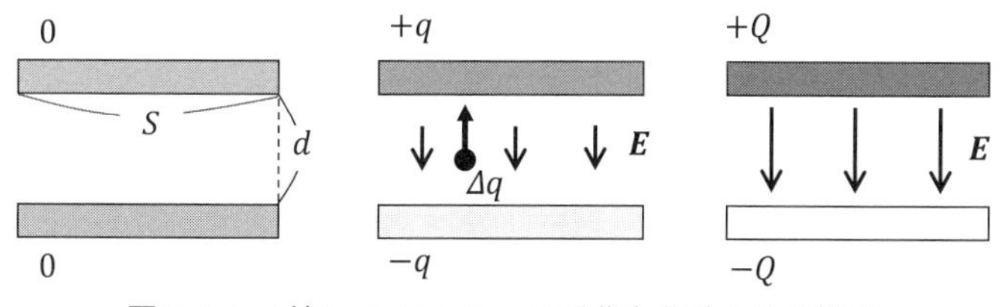

図 2.12　平板コンデンサーで電荷を移動させる様子

さて上の議論では，電荷を移動させるのに行われた仕事が「コンデンサーに蓄えられた」と考えた。これを「バネにつながった質点の位置エネルギー」とのアナロジーで考えてみよう。「バネを縮ませて（あるいは伸ばして）蓄えら

れたエネルギー」というのは，現実にはバネにつながった質点そのものではなく，質点に力を与えるバネ，より具体的にはバネを構成する金属の弾性エネルギーに蓄えられている。同じように考えると，コンデンサーに蓄えられたエネルギーは，コンデンサーや電荷ではなく，電荷に力を及ぼすもの，すなわち電場に蓄えられていると考えるのが自然である。そこで，式 (2.19) のエネルギーを電場で表してみよう。Q の電荷が平板コンデンサーに蓄えられた場合の電場の大きさは，式 (2.13) より

$$E = \frac{Q}{\varepsilon_0 S}$$

であるから，これを式 (2.19) に代入することにより，

$$U = \frac{1}{2}\varepsilon_0 E^2 Sd \tag{2.21}$$

が得られる。このエネルギーは，平板コンデンサーの 2 枚の電極間の体積 Sd に比例している。したがって，式 (2.21) のエネルギーを Sd で割った値

$$u = \frac{1}{2}\varepsilon_0 E^2 \tag{2.22}$$

を単位体積あたりの静電場のエネルギーと考えることができる。すなわち電場 E があると，そこには単位体積あたり式 (2.22) で表されるエネルギー u が蓄えられており，コンデンサーの持つエネルギー U は，u に電場の存在する空間の体積を掛けたもので表されるということである。

上記の例では，式 (2.22) で表される静電場のエネルギーは位置 $\boldsymbol{r}$ によらず一定であったが，そうでない場合は，位置に依存する $u = \frac{1}{2}\varepsilon_0|\boldsymbol{E}(\boldsymbol{r})|^2$ というスカラー場を体積積分をすれば全体のエネルギー U が求まる。すなわち

$$U = \int_{\mathrm{V}} \frac{1}{2}\varepsilon_0|\boldsymbol{E}(\boldsymbol{r})|^2 dV \tag{2.23}$$

である。

例題 2.6 例題 2.5 のコンデンサーについて，式 (2.23) を計算せよ。またその結果が，例題 2.5 の結果の電気容量 C を使って，$U = Q^2/2C$ と表されることを示せ。

解答　式 (2.16) より

$$\frac{1}{2}\varepsilon_0|\boldsymbol{E}(r)|^2 = \frac{Q^2}{32\pi^2\varepsilon_0 r^4} \tag{2.24}$$

となる。ただし，r は同心球の中心からの距離である。

ここで，球と球殻の間の空間を例題 1.10 と同じ方法で分割する。すると式 (1.50) を参考にして，式 (2.24) に $r^2\sin\theta$ を掛けて r, θ, φ で三重積分をすればよいことがわかる。すなわち

$$\boldsymbol{E}(\boldsymbol{r}) = \int_a^b dr \int_0^\pi d\theta \int_0^{2\pi} d\varphi \frac{Q^2}{32\pi^2\varepsilon_0 r^2}\sin\theta \tag{2.25}$$

を計算すればよい（r の積分範囲に注意せよ）。ここで φ の積分から 2π，また θ の積分から 2 が登場するので，合わせて 4π が掛かる。r の積分を実行すると

$$U = \frac{Q^2}{8\pi\varepsilon_0}\frac{b-a}{ab} \tag{2.26}$$

が得られる。式 (2.18) と比較して，これは $U = Q^2/2C$ と表される。

■ 電束密度

ベクトル場である電場 $\boldsymbol{E}(\boldsymbol{r})$ に真空の誘電率 ε_0 を掛けたもの，すなわち

$$\boldsymbol{D}(\boldsymbol{r}) = \varepsilon_0\boldsymbol{E}(\boldsymbol{r}) \tag{2.27}$$

というベクトル場を真空の**電束密度**という。

この電束密度を用いると，式 (1.70) の積分形のガウスの法則は

$$\oint_{\mathrm{S}} \boldsymbol{D}(\boldsymbol{r})\cdot d\boldsymbol{S} = Q \tag{2.28}$$

となり，式 (1.87) の微分形のガウスの法則は

$$\nabla\cdot\boldsymbol{D}(\boldsymbol{r}) = \rho(\boldsymbol{r}) \tag{2.29}$$

となる。また，式 (2.22) で与えられる単位体積あたりの静電場のエネルギーは，位置 $\boldsymbol{r}$ に対する依存性も考慮して

$$u(\boldsymbol{r}) = \frac{1}{2}\boldsymbol{D}(\boldsymbol{r})\cdot\boldsymbol{E}(\boldsymbol{r}) \tag{2.30}$$

となり，いずれも ε_0 を用いずに表記できることになる。

後の6.3節では，真空ではなく物質がある場合の電束密度を議論するが，このときは電束密度は電場に対して，ε_0 ではなく物質によってきまる**誘電率**とよばれる量を掛けたものになる。

なお，真空中では電束密度は電場に ε_0 を掛けたものだから，わざわざ別の量として扱う必要はないようにも思える。しかし，数学の上では，電束密度と電場を別の量として扱うのは本質的である。というのも，電束密度は式(2.28)のように面積分を行うものとして，一方電場は式(1.126)のように線積分を行うものとして，それぞれ別の量として定義されるべきであるからである。

2.2 定常電流

■ 電流と電流密度

2.1節では，金属が閉回路を構成しておらず，一時的には電流が流れるが，定常的には電流が流れない状態を考えた。この節では定常的に電流が流れる場合を考えよう。

2.1節のはじめに議論したように，金属では負の電荷を持つ流体（＝自由電子）が正の電荷を持つ動かない背景（＝周期的に並んだイオン）に対して流れる。流体や背景は，もとを正せば電子やイオンではあるが，そのような「粒々」を考える必要はなく，電荷は電荷密度として連続的に分布していると考えることができる。

いま導線中の電荷が動いているとする。導線のある断面Sに対して，Δt の間に Δq だけの電荷が断面Sを通過するとき，電流 I を

$$I = \frac{\Delta q}{\Delta t} \tag{2.31}$$

で定義する。電流はスカラー量であるが，断面Sに対して負の電荷を持つ流体（＝自由電子）が移動するのと逆向きを電流の向きと定義する。電流の単位はA（アンペア）であり，式(2.31)をもとに，1秒間に1 Cの電荷が通過するときの電流を1 Aと定義する。したがって，$\mathrm{A} = \mathrm{C\,s^{-1}}$ である。

この電流 I が静電場における電荷 Q に対応する量であるとしたとき，電荷密度 ρ に対応する量はどのようなものであろうか？　負の電荷を持つ流体は，位置 $\boldsymbol{r}$ で電荷密度 $\rho(\boldsymbol{r})$ を持ち，それが速度 $\boldsymbol{v}(\boldsymbol{r})$ で動いているとする（電荷の速度も位置に依存すると考える）。このとき，**電流密度**というベクトル場を

$$\boldsymbol{j}(\boldsymbol{r}) = \rho(\boldsymbol{r})\boldsymbol{v}(\boldsymbol{r}) \tag{2.32}$$

と定義する。電荷密度が負なので，電流密度の方向は電子の速度と反対方向になることに留意しよう。電荷密度の単位が C m^{-3}，速度の単位が m s^{-1} なので，電流密度の単位は A m^{-2} である。

このとき，電流 I は電流密度の面積分で表される。すなわち

$$I = \int_{\mathrm{S}} \boldsymbol{j}(\boldsymbol{r}) \cdot d\boldsymbol{S} \tag{2.33}$$

が断面 S を通過する電流となる。このことを証明しよう。

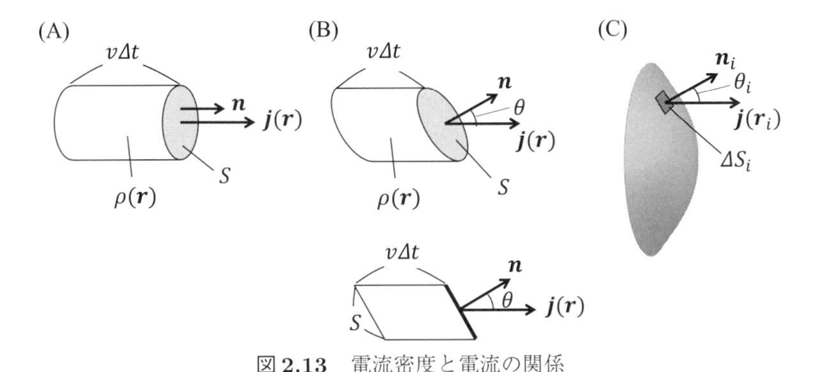

図 **2.13**　電流密度と電流の関係

(A) 電流密度が場所によらず一定であり，断面が平面でかつ電流密度に対して垂直である場合

このとき，面積分の定義（式 (1.56)）により，式 (2.33) の右辺は，電流密度の絶対値を j，断面の面積を S として jS となる。一方，式 (2.33) の左辺，すなわちこの断面を通過する電流を考えると，Δt の時間の間に電流は，$\boldsymbol{v}(\boldsymbol{r})$ の絶対値（場所によらない）を v として，$v\Delta t$ だけ進む。したがって，Δt の間に断面を通過する電荷は，S の底面に対して $v\Delta t$ の高さを持つ立体の体積に含まれる電荷となる（図 2.13(A)）。それは $\rho(\boldsymbol{r}) = \rho$（場所によらない）として，$\rho S v \Delta t$ となる。したがって式 (2.31) より電流は

$$I = \frac{\rho S v \Delta t}{\Delta t} = \rho v S = jS \tag{2.34}$$

となる。最後の等号には式 (2.32) を用いた。以上より，(A) の場合に，式 (2.33) が成り立つことが証明された。

(B) 電流密度が場所によらず一定であり，断面が平面であるが，電流密度に対して垂直ではない場合

断面の面積を S，法線ベクトルを $\boldsymbol{n}$ とする。また，$\boldsymbol{n}$ と $\boldsymbol{j}$ のなす角度を θ とする。このとき，式 (2.33) の右辺の面積分は

$$\begin{aligned}\int_{\mathrm{S}} \boldsymbol{j}(\boldsymbol{r}) \cdot d\boldsymbol{S} &= \boldsymbol{j} \cdot \boldsymbol{n} S \\ &= jS \cos\theta \end{aligned} \tag{2.35}$$

と表される。一方，Δt の間に断面 S を通過する電荷は，図 2.13(B) より，(A) の場合の結果に $\cos\theta$ を掛けたもの，すなわち $\rho S v \cos\theta \Delta t$ となる。したがって，電流は

$$I = jS\cos\theta \tag{2.36}$$

となる。したがって，式 (2.35) と (2.36) より

$$\int_{\mathrm{S}} \boldsymbol{j}(\boldsymbol{r}) \cdot d\boldsymbol{S} = \boldsymbol{j} \cdot \boldsymbol{n} S = jS\cos\theta = I \tag{2.37}$$

となる。すなわち，(B) の場合にも式 (2.33) が成り立つ。

(C) 場所に依存する電流密度で断面が曲面の場合

断面 S を微小長方形で分割して，i 番目の長方形の面積を ΔS_i，法線ベクトルを $\boldsymbol{n}_i$，そこでの電流密度を $\boldsymbol{j}(\boldsymbol{r}_i)$ とする。$\boldsymbol{r}_i$ は微小長方形の代表点の位置である（図 2.13(C)）。このとき，長方形を通過する電流 I_i について，(B) の結果が使える。すなわち式 (2.37) より

$$I_i = \boldsymbol{j}(\boldsymbol{r}_i) \cdot \boldsymbol{n}_i \Delta S_i \tag{2.38}$$

が成り立つ。断面 S を通過する電流はこれを全ての i について足したものであるから

$$I = \sum_i I_i = \sum_i \boldsymbol{j}(\boldsymbol{r}_i) \cdot \boldsymbol{n}_i \Delta S_i \tag{2.39}$$

ここで $\Delta S_i \to 0$ とすると，式 (1.56) より

$$I = \int_{\mathrm{S}} \boldsymbol{j}(\boldsymbol{r}) \cdot d\boldsymbol{S} \tag{2.40}$$

が得られる。

■　オームの法則

一般に，物質中の位置 $\boldsymbol{r}$ での電流密度 $\boldsymbol{j}(\boldsymbol{r})$ は，その位置での電場 $\boldsymbol{E}(\boldsymbol{r})$ に比例する。この比例定数を電気伝導度 σ として，

$$\boldsymbol{j}(\boldsymbol{r}) = \sigma \boldsymbol{E}(\boldsymbol{r}) \tag{2.41}$$

となる。電気伝導度 σ は物質中の位置によって異なる場合があるので，その場合は電気伝導度を $\sigma(\boldsymbol{r})$ と書いて，

$$\boldsymbol{j}(\boldsymbol{r}) = \sigma(\boldsymbol{r}) \boldsymbol{E}(\boldsymbol{r}) \tag{2.42}$$

が成り立つ。いずれの場合にも電気伝導度 σ あるいは $\sigma(\boldsymbol{r})$ は（$\boldsymbol{r}$ には依存するかもしれないが）電場 $\boldsymbol{E}(\boldsymbol{r})$ には依存しない。これを**オーム (Ohm) の法則**という。

電気伝導度 $\sigma(\boldsymbol{r})$ の逆数を電気抵抗率 $\rho(\boldsymbol{r})$ ということがある。すなわち

$$\rho(\boldsymbol{r}) = \frac{1}{\sigma(\boldsymbol{r})} \tag{2.43}$$

であり，

$$\boldsymbol{E}(\boldsymbol{r}) = \rho(\boldsymbol{r}) \boldsymbol{j}(\boldsymbol{r}) \tag{2.44}$$

が成り立つ。なお，ρ は電荷密度でも使われる文字なので，混同しないように注意が必要である。

例題 2.7　図 2.14 のように長さ L，断面積 S の直方体があり，その直方体の材料は，場所によらず一定の電気抵抗率 ρ を持つとする。このとき AB 方向に一様な電流 I を流した場合，直方体の端 A から端 B までの電位差 V を求めよ。

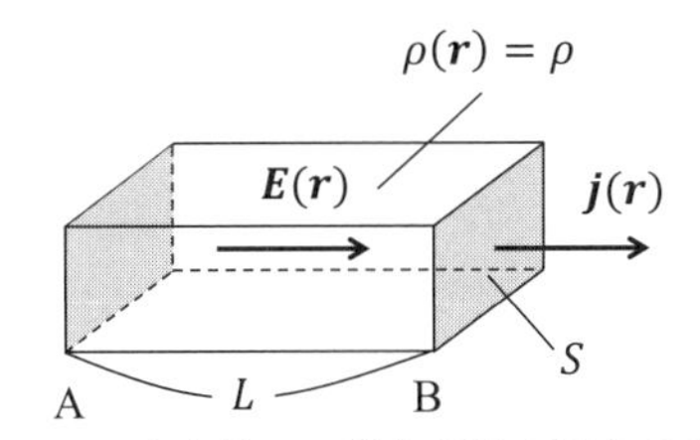

図 2.14　直方体に一様な電流が流れる場合

解答　電流密度 $\boldsymbol{j}$ と直方体の断面を流れる電流 I の関係は，電流密度の大き

さを j として，式 (2.34) より $I = jS$ である。一方，直方体の端 A から端 B までの電位差は式 (1.126) のようにベクトル場 $\boldsymbol{E}(\boldsymbol{r})$ の L 方向の線積分で表される。いま $\boldsymbol{j}$ は一様，すなわち場所によらず絶対値が一定で方向は常に L の方向なので，式 (2.44) より $\boldsymbol{E}(\boldsymbol{r})$ も $\boldsymbol{r}$ によらず一定で常に L 方向である。したがって例題 1.15 より，L 方向の線積分は，電場 $\boldsymbol{E}(\boldsymbol{r})$ の大きさを E として，

$$V = \int_{\mathrm{C}} \boldsymbol{E}(\boldsymbol{r}) \cdot d\boldsymbol{r} = \int_0^L E dx = EL \tag{2.45}$$

と表すことができる。

式 (2.34), (2.45) から j, E を求めて，式 (2.44) のオームの法則 $E = \rho j$ に代入することにより，

$$V = \frac{\rho L}{S} I \tag{2.46}$$

が得られる。

このとき抵抗 R を

$$R = \frac{\rho L}{S} \tag{2.47}$$

と定義すると

$$V = RI \tag{2.48}$$

（ただし R は I には依存しない）が成り立ち，これをオームの法則ともいう。I が 1 A のときに V が 1 V になる抵抗 R を 1 Ω（オーム）という。このとき，式 (2.47) より，抵抗率 ρ の単位は Ω m であり，式 (2.43) より電気伝導度 σ の単位は $\Omega^{-1}\mathrm{m}^{-1}$ である。

例題 2.7 において式 (2.48) をみたすような抵抗 R が比較的容易に求められたのは，直方体中を電流が一様に流れるからである。物質の形状が直方体や円柱のように電流が流れる方向に対して一様であれば同様の計算となるが，そうでない場合は，物体に印加される電圧 V と物体に流れる電流 I の比例係数である抵抗 R を求めるのは，以下に示すように簡単ではない。

■ 電荷保存則とキルヒホッフの法則

閉曲面 S とその中の領域 V を考えよう。式 (2.33) より，電流密度 $\boldsymbol{j}(\boldsymbol{r})$ を閉曲面 S で面積分した量

$$I = \oint_S \boldsymbol{j}(\boldsymbol{r}) \cdot d\boldsymbol{S} \tag{2.49}$$

は，閉曲面Sを通って外側に流れ出る電流であり，電流の定義である式(2.31)に従うと，時間 Δt の間に $I\Delta t$ の電荷が領域Vから流れ出ていることになる。一方，領域V内の電荷の総量は，式(1.37)より

$$Q = \int_V \rho(\boldsymbol{r}, t) dV$$

で表される。スカラー場である電荷密度 $\rho(\boldsymbol{r})$ は位置 $\boldsymbol{r}$ だけでなく，時刻 t にも依存するとした。

ここで，電荷の総量は全体で増えたり減ったりしない，すなわち電荷は保存することを思い出そう。したがって，閉曲面Sを通って流れ出た電荷の分だけ，領域Vの電荷は減っていなければならず，

$$\begin{aligned} -\Delta Q &= I\Delta t \\ \frac{dQ}{dt} + I &= 0 \end{aligned} \tag{2.50}$$

が成り立つ。これに式(2.49), (1.37)を代入して

$$\frac{d}{dt}\int_V \rho(\boldsymbol{r}, t) dV + \oint_S \boldsymbol{j}(\boldsymbol{r}) \cdot d\boldsymbol{S} = 0 \tag{2.51}$$

であることがわかる。これを（マクロな）**電荷保存則**という（図2.15）。

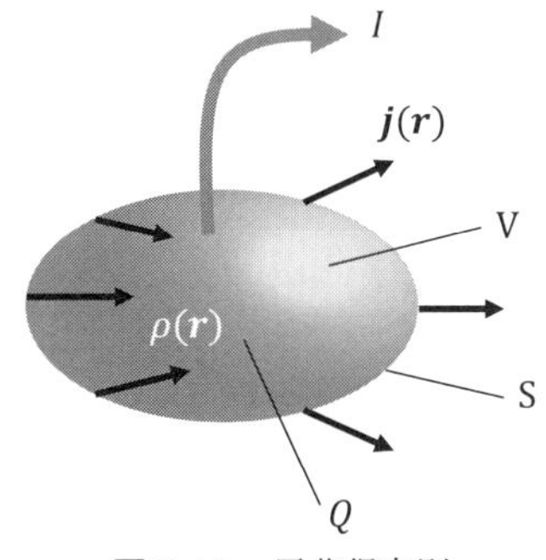

図2.15　電荷保存則

ここで，電荷が減少するような「時間に依存する」現象が起こっておらず，定常的な電流（これを定常電流という）のみが流れている状態を考えよう。こ

のとき，定義より $dQ/dt = 0$ なので，式 (2.50) に代入して，

$$I = \oint_{\mathrm{S}} \boldsymbol{j}(\boldsymbol{r}) \cdot d\boldsymbol{S} = 0 \tag{2.52}$$

が成り立つことがわかる。この I は領域 V から流れ出ている電流である。この式を用いると，たとえば，図 2.16(a) の電気回路において，V_1 のような領域をとると，領域に入る電流と領域から出ていく電流が同じ，すなわち導線上で電流が一定であることがわかる。また V_2 のような領域をとると，$I_1 = I_2 + I_3$ であることがわかる。同様に，図 2.16(b) のように回路の中のある点に n 本の導線がつながっているとき，それぞれの導線を流れる電流（つながった点から外側への向きを正とする）を I_j $(j = 1, \cdots, n)$ として

$$\sum_{j=1}^{n} I_j = 0 \tag{2.53}$$

が成り立つことになる。これを**キルヒホッフ** (Kirchihoff) **の第 1 法則**という。なお，キルヒホッフの第 1 法則は定常電流でしか成り立たず，たとえばコンデンサーが含まれているような回路では成り立たないことに注意しよう。

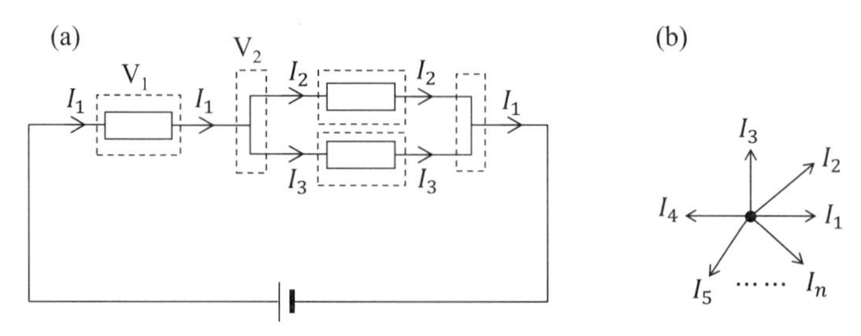

図 2.16　キルヒホッフの第 1 法則の例

式 (2.51) の左辺 2 項目に式 (1.95) のガウスの定理を適用しよう。すると

$$\int_{\mathrm{V}} \left\{ \frac{\partial \rho(\boldsymbol{r}, t)}{\partial t} + \nabla \cdot \boldsymbol{j}(\boldsymbol{r}) \right\} dV = 0 \tag{2.54}$$

が得られる（左辺第 1 項については，微分記号を体積積分の中に入れたため，偏微分になっている）。ここで，式 (2.54) の領域 V は任意にとれるので，式 (2.54) が成り立つためには，式の中の被積分関数そのものがあらゆる $\boldsymbol{r}$ で 0 でなければならないことがわかる。すなわち

$$\frac{\partial \rho(\boldsymbol{r}, t)}{\partial t} + \nabla \cdot \boldsymbol{j}(\boldsymbol{r}) = 0 \tag{2.55}$$

となる。これを（ミクロな）電荷保存則という。

この場合も，定常電流の場合は，定義により $\partial \rho / \partial t = 0$ であるので

$$\nabla \cdot \boldsymbol{j}(\boldsymbol{r}) = 0 \tag{2.56}$$

が成り立つことになる。

例題 2.8　図 2.17 のように，z 軸を中心とした半径 a と b（$a < b$），長さ L の円柱の側面の形をした 2 つの薄い金属板があり，その間に一様な電気抵抗率 ρ をもつ材料が埋まっている。この 2 つの金属板を電極として，内側の電極から外側の電極へ電流 I を流したとき，電極間の電位差 V と系の抵抗 $R = V/I$ を求めよ。

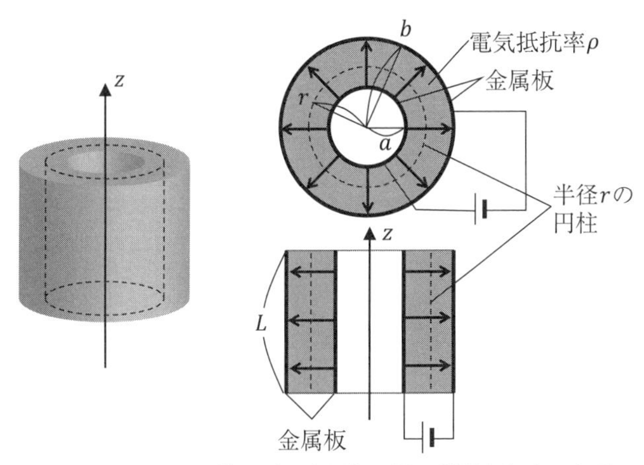

図 2.17　2 つの円柱側面の金属板の間に材料が埋まった系

解答　対称性から，内側の電極から外側の電極に向けて，図 2.17 に示すように放射状に電流密度ベクトルが存在している。z 軸からの距離が同じであれば，電流密度の大きさも同じである。このとき，z 軸を中心とした半径 r（$a < r < b$）の円柱に関して，電荷保存則（キルヒホッフの第 1 法則）を適用する。円柱の側面の電流密度ベクトルの面積分（式 (2.52)）は，円柱の側面の法線ベクトルと電流密度ベクトルが常に平行なので，電流密度ベクトルの絶対値

$(= j(r)$ とする）に円柱側面の面積を掛けたものに等しい（例題 1.11 の最後を参照)。キルヒホッフの第 1 法則により，これが導線を通して電極に流れ込む電流 I に等しくなるから

$$I = j(r) \times 2\pi r \times L$$
$$j(r) = \frac{I}{2\pi Lr} \tag{2.57}$$

となる。電場は式 (2.44) より $E(r) = \rho j(r)$ であり，2 つの電極間の電位差は電場方向に電場を線積分することにより得られるが，例題 1.15 (1) と同様にして

$$V = \int_a^b \rho \frac{I}{2\pi Lr} dr = \frac{I\rho}{2\pi L} \log \frac{b}{a} \tag{2.58}$$

となる。したがって，

$$R = \frac{V}{I} = \frac{\rho}{2\pi L} \log \frac{b}{a} \tag{2.59}$$

となる。

一般に，定常電流の回路は，図 2.18 のように（電池などの）電源と電気抵抗などから成り立っている。1.4 節で議論したように，電位はどの経路で測定しても同じ値となる。ただし，電池などの電源について 1.4 節で議論した話がそのまま成り立つかどうかは，これまでの議論ではよくわからないのであるが，ここでは成り立つと仮定する。すると，たとえば図 2.18 において，点 O から見た点 A の電位について，B 側の経路で見ると V，C 側の経路で見ると式 (2.48)

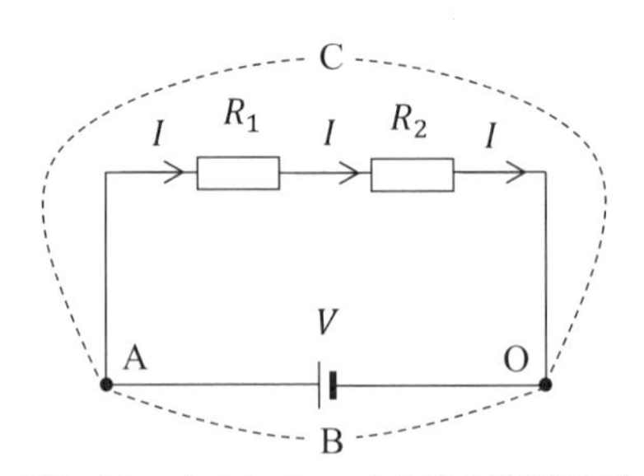

図 2.18　キルヒホッフの第 2 法則の例

を用いて $R_1I + R_2I$ となり，これが等しくなるので，$V = R_1I + R_2I$ が成り立つ。

このように，閉回路（一周する回路）において，2 つの経路でみた電位が同じであること，あるいは（同じことであるが）閉回路を一周すると電位差が 0 になることを，**キルヒホッフの第 2 法則**という。すなわち，閉回路の中に n 個の電源 V_j と m 個の抵抗 R_j があって，抵抗にはそれぞれ I_j が流れているとき，

$$\sum_{j=1}^{n} V_j = \sum_{j=1}^{m} R_j I_j \tag{2.60}$$

が成り立つ。

例題 2.9　図 2.19 のような回路をホイートストン（Wheatstone）ブリッジという。いま，中央の電流計が 0 を示した（電流計に電流が流れない）として，そのときの抵抗 R_1, R_2, R_3, R_4 の関係を求めよ。

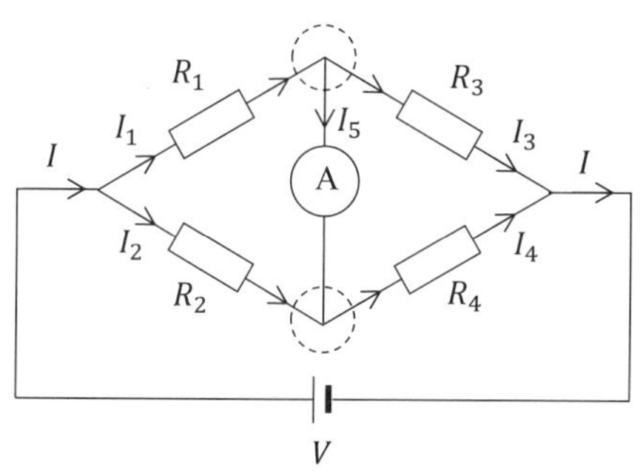

図 2.19　ホイートストンブリッジ

解答　図 2.19 のように電流 $I_1 \sim I_5$ をおくと，点線の円で囲んだところでキルヒホッフの第 1 法則を用いることにより，$I_1 = I_5 + I_3$，$I_2 + I_5 = I_4$ となる。電流計を流れる電流は 0，すなわち $I_5 = 0$ であることから，$I_3 = I_1$，$I_4 = I_2$ となる。

回路の左側の三角形でキルヒホッフの第 2 法則を用いると（電流計では導線がつながっていると考えて）$R_1I_1 = R_2I_2$，右側の三角形では $R_3I_1 = R_4I_2$ となるので，ここから I_1, I_2 を消去すると

$$\frac{R_1}{R_2} = \frac{R_3}{R_4} \tag{2.61}$$

が得られる。

■ ジュール熱

電気抵抗率 ρ の金属中で電場がする仕事について考えよう。いま，大きさ j の電流密度の定常電流が流れているとして，図 2.20 のように電流密度の方向に断面積 ΔS，長さ ΔL の微小円柱を考える。円柱を通過する電流は式 (2.34) より $j\Delta S$ であり，したがって時刻 t と $t+\Delta t$ の間に $j\Delta S\Delta t$ だけの電荷が左の面から入って，右の面から出ていくことになる。実際には円柱の中の電荷全体が距離 $v\Delta t$ だけ左から右に動くのであるが，時刻 t と $t+\Delta t$ の状況を比較すると，t で円柱の左端にあった $j\Delta S\Delta t$ だけの電荷が，$t+\Delta t$ では距離 ΔL だけ動いて円柱の右端に来たとみなすこともできる。これを電場 E によって動いたものとみると，電場がした仕事は（電荷に電場を掛けたものが力で，それにさらに距離を掛けたものが仕事になるので）$j\Delta S\Delta t \times E \times \Delta L$ となる。

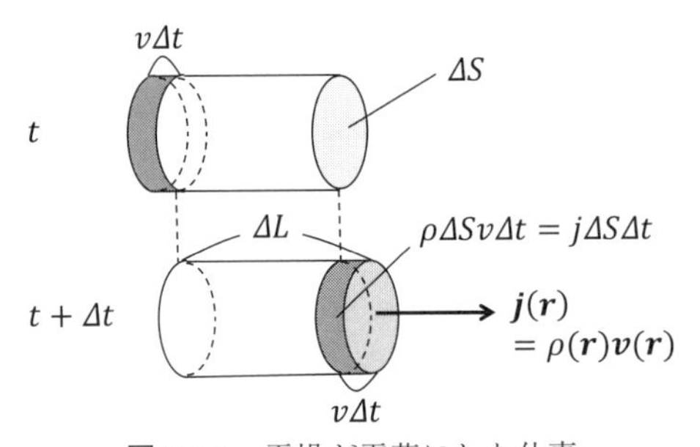

図 2.20 電場が電荷にした仕事

さて，この電場がした仕事はどうなったのであろうか？ 電荷は電場から力を受けるので，本来なら電荷は等加速度運動をするはずである。すなわち，電場がする仕事は電荷の運動エネルギーの増加をもたらすことが期待される。しかし，いまは定常電流を考えているので，電荷の速度は一定であり，加速していない。これは金属中の電子に対して加速を妨げるような抵抗力が働いていることを意味し，まさしくそれが電気抵抗の原因である。この点について詳細な議論はしないが，ここでは「電場があっても電荷の運動エネルギーは増加しない」ことを理解すればよい。すなわち，電場がする仕事はすべて（摩擦力や空気抵抗の場合のように）熱エネルギーとして放出されることになる。これを**ジュール (Joule) 熱**という。

結局，電場がした仕事 $j\Delta S\Delta t \times E \times \Delta L$ がすべてジュール熱になるので，単位体積あたりの発熱はこれを微小円柱の体積 $\Delta S\Delta L$ で割った $jE\Delta t$ となる。ここから，単位時間あたりのジュール熱 p を求めると

$$p = jE \tag{2.62}$$

となる。電流密度や電場はベクトル場であることを思い出して，$\boldsymbol{j}(\boldsymbol{r})$ と $\boldsymbol{E}(\boldsymbol{r})$ を用いると

$$\begin{aligned} p(\boldsymbol{r}) &= \boldsymbol{j}(\boldsymbol{r}) \cdot \boldsymbol{E}(\boldsymbol{r}) \\ &= \rho(\boldsymbol{r})|\boldsymbol{j}(\boldsymbol{r})|^2 = \sigma(\boldsymbol{r})|\boldsymbol{E}(\boldsymbol{r})|^2 \end{aligned} \tag{2.63}$$

と書くことができる。$p(\boldsymbol{r})$ は位置 $\boldsymbol{r}$ における単位体積・単位時間あたりのジュール熱（スカラー場）である。

例題2.7のように長さ L，断面積 S の直方体の L 方向に一様な電流 I を流した場合のジュール熱を考えよう。直方体の体積が SL だから，単位時間あたり直方体から発生するジュール熱 P は式(2.62)より $P = pSL = jESL$ となる。さらに，例題2.7の結果より $I = jS$，$V = EL$ なので，

$$P = IV = I^2R = \frac{V^2}{R} \tag{2.64}$$

となる。物質の形状が直方体でなくても，たとえば円柱のように電流が流れる方向に対して一様であれば，同様の結果となる。

一般に P を**電力**といい，単位は W（ワット）＝ V A ＝ J s^{-1} である。したがって，単位体積・単位時間あたりのジュール熱 p の単位は W m^{-3} である。

章末問題2

問題2.1 ともに z 軸を中心とした，半径が a と b（$a < b$），長さが L の，円柱の側面の形をした2つの金属板でコンデンサーを構成する。ただし $a < b \ll L$ とする。このコンデンサーの電気容量を求めよ。またコンデンサーに蓄えられたエネルギーを，式(2.23)で与えられた静電場のエネルギーを用いて計算せよ。

問題2.2 半径 a，長さ L の互いに平行な2本の円柱の形をした導線が，円柱の中心軸間の距離 d で配置されている。ただし $a \ll d \ll L$ とする。このとき，2本の導線が構成するコンデンサーの電気容量を求めよ。

問題 2.3 原点を中心とする半径 a の金属球に対して，$\boldsymbol{r}_b = (0, 0, b)$（ただし $b > a$）の位置に点電荷 q をおいた場合，金属表面にどのような面電荷密度が誘起されるかを，鏡像法を用いて解きたい。ただし金属球にはどのような面電荷密度でも誘起できるものとする（このような状況を，金属が接地（アース）されているという）。

(1) $\boldsymbol{r}_c = (0, 0, c)$（ただし $0 < c < a$）をとると，原点を中心とする半径 a の球の表面の任意の位置ベクトル $\boldsymbol{r}_s$ に対して，$|\boldsymbol{r}_s - \boldsymbol{r}_b|$ と $|\boldsymbol{r}_s - \boldsymbol{r}_c|$ の比が常に一定になるようにすることができる。このときの c の値を求めよ。また球の表面の任意の位置で実際にこれが成り立つことを，例題 1.10 の式 (1.47) のように $\boldsymbol{r}_s$ をとる（ただし $r = a$）ことによって示せ。

(2) $\boldsymbol{r}_b = (0, 0, b)$ の点電荷 q に加えて，$\boldsymbol{r}_c = (0, 0, c)$ に $-aq/b$ の電荷をもつ点電荷をおくと，球表面での電位がどこでも 0 になることを示せ。

(3) (2) のとき，球表面での電場が球表面に垂直になることを示せ。以上の結果を用いて，金属球表面の面電荷密度を求めよ。

問題 2.4 図のような抵抗 A, B, a, b（ただし $b = aB/A$），r, R, X の抵抗をつないだ回路に電流 I を流したところ，中央の電流計には電流が流れなかった。このとき，抵抗 X を R, A, B を用いて表せ。

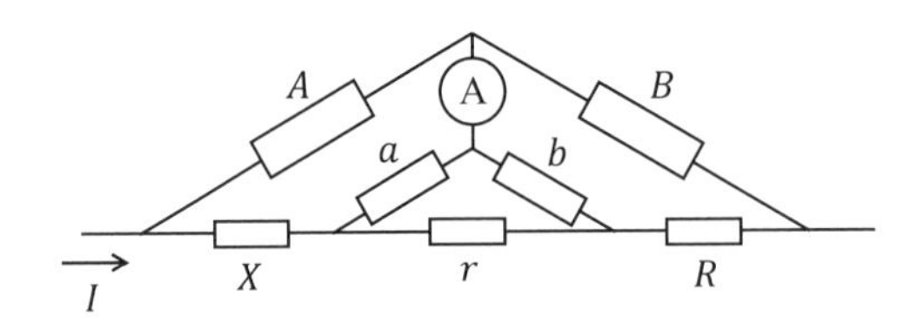

問題 2.5 例題 2.8 のジュール熱 P を計算し，I, V, R で表せ。

問題 2.6 電気伝導度 σ の物質中に半径 a の金属球が 2 つ，球の中心間の距離が d ($\gg a$) となるように埋め込まれているとする。球から球へ電流 I を流した場合，2 つの球の間の電位差 V を求めよ。

3

静磁場

第1章では，2つの「電荷」の間に働く力（静電気力）を議論した。このとき，1つ目の電荷がベクトル場である電場 $\boldsymbol{E}(\boldsymbol{r})$ をつくり，2つ目の電荷がこの電場 $\boldsymbol{E}(\boldsymbol{r})$ から力を受けると考えた。一方，2つの「電流」の間にも力が働く。具体的には，平行な2つの直線の導線にそれぞれ I_1, I_2 の電流が流れ，導線の間隔が d のとき，2つの導線の間には I_1 と I_2 に比例し d に反比例する力 F が働く，すなわち

$$F \propto \frac{I_1 I_2}{d} \tag{3.1}$$

となることが実験結果として知られている。力の方向は，2つの電流が平行なら引力であり，2つの電流が反平行なら斥力となる（図3.1）。

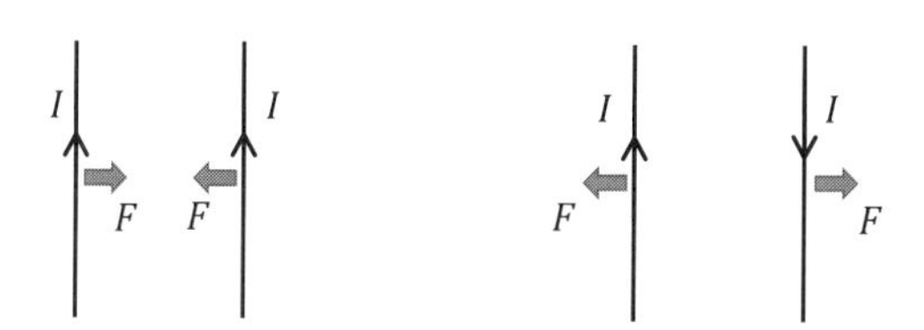

図3.1　平行な電流間に働く力

この力についても，1つ目の電流がベクトル場である磁束密度 $\boldsymbol{B}(\boldsymbol{r})$ をつくり，2つ目の電流がこの磁束密度 $\boldsymbol{B}(\boldsymbol{r})$ から力を受けると考える。電流がつくる磁束密度はビオ-サバールの法則にしたがい，電流が磁束密度から受ける力をローレンツ力という。この2つについて議論する。

電場の場合は，電荷がつくる電場の式（式(1.6)）と電荷が電場から受ける力（式(1.7)）を合わせるとクーロンの法則（式(1.1)）になるというのは自明であったが，磁束密度の場合，ビオ-サバールの法則とローレンツ力からもと

の式 (3.1) を導くのは若干面倒であり，以下のような議論が必要となる。

3.1 ビオ-サバールの法則

■ 外積

ビオ-サバールの法則を示す前に，ベクトルの外積について学んでおこう。いま，2つのベクトル $\boldsymbol{A} = (x, y, z)$，$\boldsymbol{B} = (X, Y, Z)$ があったとき，$\boldsymbol{A}$ と $\boldsymbol{B}$ の**外積**（あるいはベクトル積）としてベクトル $\boldsymbol{C} = \boldsymbol{A} \times \boldsymbol{B}$ を次のように定義する。ベクトル $\boldsymbol{C}$ の方向は，「$\boldsymbol{A}$ にも $\boldsymbol{B}$ にも垂直な方向」で，その向きは「$\boldsymbol{A}$ の向きから $\boldsymbol{B}$ の向きへ右ねじを回したときにねじが進む向き」とする。また，ベクトル $\boldsymbol{C}$ の絶対値は，「$\boldsymbol{A}$ と $\boldsymbol{B}$ がつくる平行四辺形の面積，すなわち $|\boldsymbol{A}||\boldsymbol{B}|\sin\theta$（ただし θ は $\boldsymbol{A}$ と $\boldsymbol{B}$ がなす角度）」に等しいとする（図 3.2(a)）。

あるいは，$\boldsymbol{A}$ と $\boldsymbol{B}$ の外積 $\boldsymbol{C}$ を，ベクトルの成分を用いて

$$\boldsymbol{C} = \boldsymbol{A} \times \boldsymbol{B} = (yZ - zY, zX - xZ, xY - yX) \tag{3.2}$$

として定義することもできる。なお，この計算を実際に行う場合は，図 3.2(b) に示すような手順で行うとよい。

「内積」は2つのベクトルから1つの数値（スカラー）が得られる演算であるのに対して，「外積」は2つのベクトルから「3つ目のベクトル」が得られる演算であることに留意しよう。

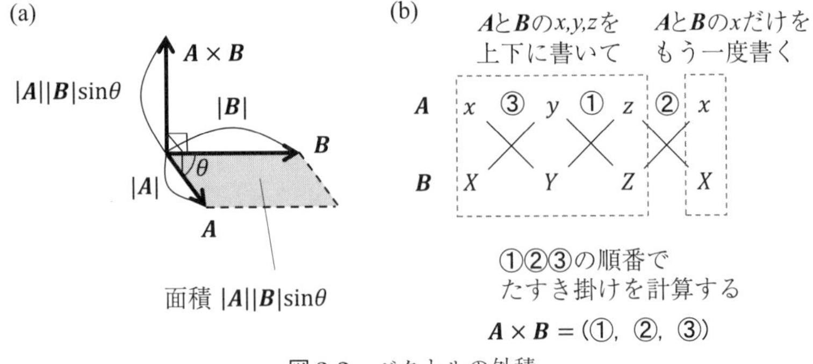

図 3.2 ベクトルの外積

例題 3.1　$\boldsymbol{A}$ と $\boldsymbol{B}$ がともに xy 平面上にあるとき，上記の 2 つの定義が等しくなることを示せ。

解答　$\boldsymbol{A} = (x, y, 0) = (r\cos\theta, r\sin\theta, 0)$，$\boldsymbol{B} = (x', y', 0) = (r'\cos\theta', r'\sin\theta', 0)$ とおく。ただし，r, $r' > 0$, $\theta' > \theta$ とする。このとき，「$\boldsymbol{A}$ にも $\boldsymbol{B}$ にも垂直な方向で，$\boldsymbol{A}$ の向きから $\boldsymbol{B}$ の向きへ右ねじを回したときにねじが進む向き」は z 軸正の向きである。また $\boldsymbol{A}$ と $\boldsymbol{B}$ の絶対値はそれぞれ r, r' であり，そのなす角度は $\theta' - \theta$ であるから，最初の定義によると，$\boldsymbol{A} \times \boldsymbol{B} = (0, 0, rr'\sin(\theta' - \theta))$ である。一方，2 つ目の定義で成分計算をすると

$$\begin{aligned}\boldsymbol{A} \times \boldsymbol{B} &= (0, 0, r\cos\theta \times r'\sin\theta' - r\sin\theta \times r'\cos\theta') \\ &= (0, 0, rr'\sin(\theta' - \theta))\end{aligned} \tag{3.3}$$

となる。最後の等号は，三角関数の和の公式を用いた。よって 2 つの定義は等しくなる。

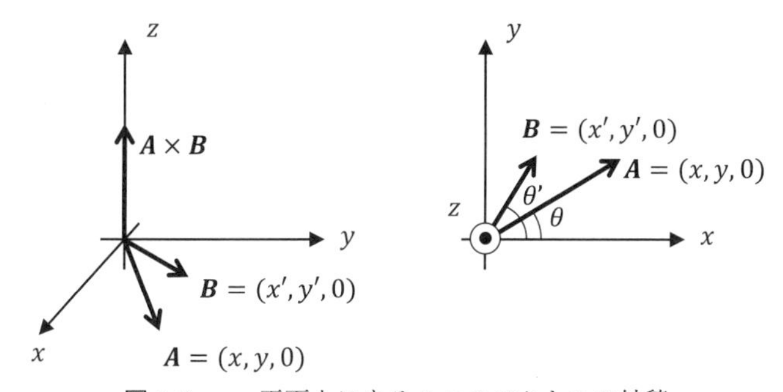

図 3.3　xy 平面上にある 2 つのベクトルの外積

■ ビオ-サバールの法則とローレンツ力

電流が位置 $\boldsymbol{r}$ につくる磁束密度 $\boldsymbol{B}(\boldsymbol{r})$ について考える。まず，電流 I が流れる導線のうち位置 $\boldsymbol{r}'$ から $\boldsymbol{r}' + \Delta\boldsymbol{r}'$ までの短い部分が $\boldsymbol{r}$ につくる磁束密度を考えることにしよう（図 3.4）。微小変位ベクトル $\Delta\boldsymbol{r}'$ の向きは，導線にそった方向で電流の流れる向きとする。このように，電流が流れる導線のうち微小部分だけを取り出したものを電流素片という。この電流素片が位置 $\boldsymbol{r}$ につくる磁束密度 $\Delta\boldsymbol{B}(\boldsymbol{r})$ は

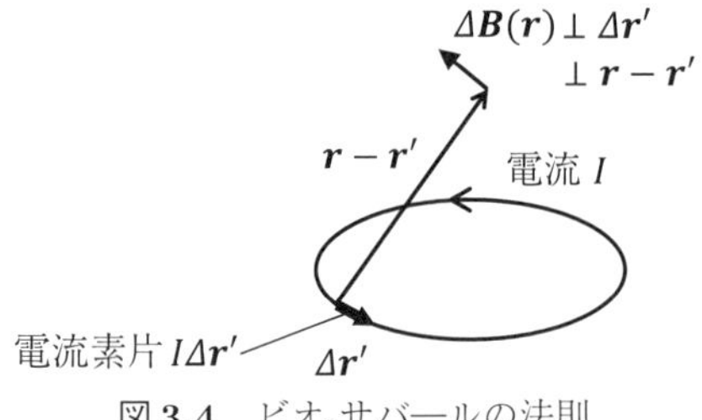

図 3.4　ビオ-サバールの法則

$$\Delta\boldsymbol{B}(\boldsymbol{r}) = \frac{\mu_0}{4\pi}\frac{I\Delta\boldsymbol{r}' \times (\boldsymbol{r}-\boldsymbol{r}')}{|\boldsymbol{r}-\boldsymbol{r}'|^3} \tag{3.4}$$

と表されることが知られている。I は導線を流れる電流であり，μ_0 は真空の透磁率とよばれる量である。$\times$ は掛け算ではなく式 (3.2) で定義される外積である。電場の場合と同様に，$\boldsymbol{r}'$ が電流の流れる位置で，$\boldsymbol{r}$ が磁束密度をはかる位置であることに留意しよう。式 (3.4) を**ビオ-サバール** (Biot-Savart) **の法則**という。

現実には電流素片だけでは電流が流れないので，電流素片がつくる磁束密度というものも仮想的なものである。電流が流れている閉回路全体が位置 $\boldsymbol{r}$ につくる磁束密度を計算するには，式 (3.4) で表される仮想的な磁束密度を，すべての電流素片について足し合わせる必要がある。すなわち 1.4 節で線積分を考えたときのように，導線の形状を表す曲線 C を微小線分に細かく分割し，i 番目の微小線分である $\boldsymbol{r}_i$ から $\boldsymbol{r}_i + \Delta\boldsymbol{r}_i$ までの電流素片が位置 $\boldsymbol{r}$ につくる磁束密度を $\Delta\boldsymbol{B}(\boldsymbol{r}_i)$ として，それをすべての i で足し合わせることによって，回路全体の電流がつくる磁束密度が得られる。この $|\Delta\boldsymbol{r}_i| \to 0$ の極限をとったものを以下のように積分の形で書く。

$$\begin{aligned}\boldsymbol{B}(\boldsymbol{r}) &= \lim_{|\Delta\boldsymbol{r}_i|\to 0}\sum_i \Delta\boldsymbol{B}(\boldsymbol{r}_i)\\ &= \lim_{|\Delta\boldsymbol{r}_i|\to 0}\sum_i \frac{\mu_0}{4\pi}\frac{I\Delta\boldsymbol{r}_i \times (\boldsymbol{r}-\boldsymbol{r}_i)}{|\boldsymbol{r}-\boldsymbol{r}_i|^3}\\ &= \oint_{\mathrm{C}} \frac{\mu_0}{4\pi}\frac{Id\boldsymbol{r}' \times (\boldsymbol{r}-\boldsymbol{r}')}{|\boldsymbol{r}-\boldsymbol{r}'|^3}\end{aligned} \tag{3.5}$$

これは 1.4 節の線積分に類似したものであるが，線積分の式 (1.113) と比較して，内積ではなく外積となっている点が異なっている。電流が流れる閉回路においては，導線にそった曲線Cも閉曲線になるので，積分記号に丸がついている。この積分の形をした式 (3.5) をビオ-サバールの法則ということもある。具体的な計算方法は以下の例題で示す。

式 (3.5) で求められる磁束密度 $\boldsymbol{B}(\boldsymbol{r})$ は，位置 $\boldsymbol{r}$ に依存するベクトルである。すなわち，電場と同様に磁束密度もベクトル場である。

次に，電流が磁束密度 $\boldsymbol{B}(\boldsymbol{r})$ からどのような力を受けるかを考える。上記とは別の電流 I' が流れる導線のうち，位置 $\boldsymbol{r}$ から $\boldsymbol{r}+\Delta\boldsymbol{r}$ までの短い部分，すなわち電流素片を考える（図 3.5）。この電流素片が磁束密度 $\boldsymbol{B}(\boldsymbol{r})$ から受ける力 $\Delta\boldsymbol{F}$ は

$$\Delta\boldsymbol{F} = I'\Delta\boldsymbol{r} \times \boldsymbol{B}(\boldsymbol{r}) \tag{3.6}$$

であることが知られている。これを**ローレンツ** (Lorentz) **力**という。

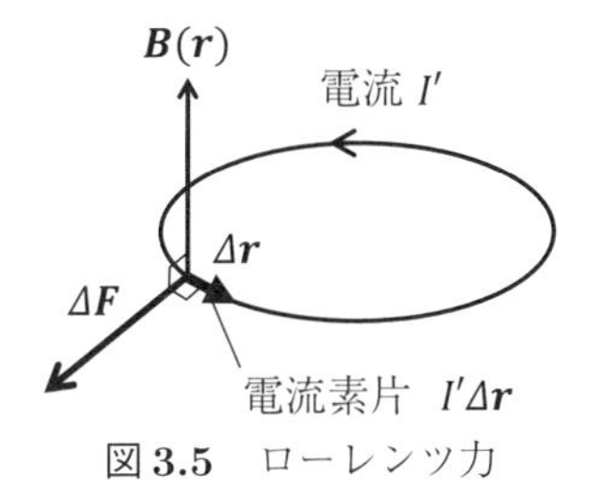

図 3.5　ローレンツ力

電流 I' が流れる閉回路全体が受ける力は，位置 $\boldsymbol{r}_i$ にある電流素片が受ける力を足し合わせたものであり，$|\boldsymbol{r}_i| \to 0$ の極限をとったものは式 (3.5) と同様に

$$\begin{aligned}\boldsymbol{F} &= \lim_{|\boldsymbol{r}_i|\to 0} \sum_i I'\Delta\boldsymbol{r}_i \times \boldsymbol{B}(\boldsymbol{r}_i) \\ &= \oint_{\mathrm{C}'} I' d\boldsymbol{r} \times \boldsymbol{B}(\boldsymbol{r})\end{aligned} \tag{3.7}$$

と積分の形で表される。C′ は力を受ける側の導線の形を表す閉曲線である。

また，速度 $\boldsymbol{v}$ で動く電荷 q が位置 $\boldsymbol{r}$ にいるときに磁束密度 $\boldsymbol{B}(\boldsymbol{r})$ から受ける力は

$$\boldsymbol{F} = q\boldsymbol{v} \times \boldsymbol{B}(\boldsymbol{r}) \tag{3.8}$$

となる。これもローレンツ力という。

磁束密度の単位はT（テスラ）であり，式(3.8)において，力$\boldsymbol{F}$を$1\ \mathrm{N} = 1\ \mathrm{kg\ m\ s^{-2}}$，電荷$q$を$1\ \mathrm{C}$，速度$\boldsymbol{v}$の大きさを$1\ \mathrm{m\ s^{-1}}$としたときの磁束密度が1 Tになる。すなわち，$\mathrm{T} = \mathrm{kg\ C^{-1}\ s^{-1}}$である。また式(3.4), (3.5)に登場する真空の透磁率μ_0は$1.256637062 \times 10^{-6}\ \mathrm{kg\ m\ C^{-2}}$である。以前はこの数字は厳密に$4\pi \times 10^{-7}$に等しかったが，現在の定義では実験的不確かさを含む(巻末付録Iを参照)。

例題 3.2　z軸上にある長さ無限大の直線の導線を，z軸負から正に向けて電流Iが流れているとき，$\boldsymbol{r} = (x, y, z)$における磁束密度を求めよ。

解答　図3.6(a)に示すように導線を示す直線C上の点は$\boldsymbol{r}' = (0, 0, z')$と表され，微小変位は$\Delta\boldsymbol{r}' = (0, 0, \Delta z')$となる。$\boldsymbol{r} = (x, y, z)$は磁束密度をはかる位置，すなわちベクトル場としての磁束密度$\boldsymbol{B}(\boldsymbol{r})$の独立変数である。このとき$\boldsymbol{r} - \boldsymbol{r}' = (x, y, z - z')$なので

$$\Delta\boldsymbol{r}' \times (\boldsymbol{r} - \boldsymbol{r}') = (-y\Delta z', x\Delta z', 0)$$
$$|\boldsymbol{r} - \boldsymbol{r}'|^3 = \{x^2 + y^2 + (z - z')^2\}^{3/2} \tag{3.9}$$

となり，この$\boldsymbol{r}'$から$\boldsymbol{r}' + \Delta\boldsymbol{r}'$までの電流素片が位置$\boldsymbol{r} = (x, y, z)$につくる磁束密度は，式(3.4)より

$$\Delta\boldsymbol{B}(x, y, z) = \frac{\mu_0 I}{4\pi} \frac{(-y\Delta z', x\Delta z', 0)}{\{x^2 + y^2 + (z - z')^2\}^{3/2}} \tag{3.10}$$

となる。導線全体からの磁束密度は，z軸上の直線を$\Delta z'$ごとに区切った電流素片のつくる磁束密度をすべて足したもの，すなわち

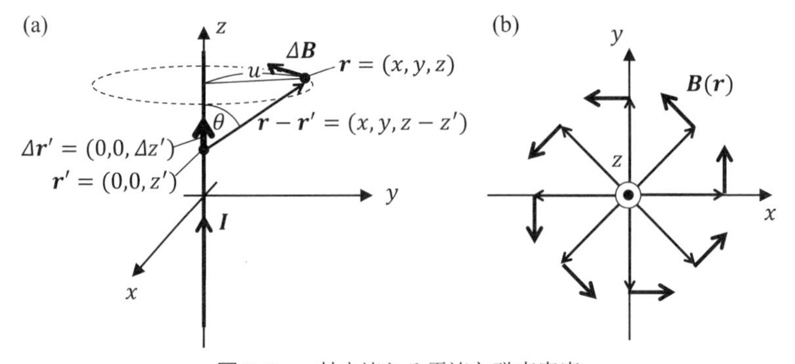

図 3.6　z軸を流れる電流と磁束密度

$$\boldsymbol{B}(x,y,z)=\frac{\mu_0 I}{4\pi}\sum_i \frac{(-y\Delta z', x\Delta z', 0)}{\{x^2+y^2+(z-z_i')^2\}^{3/2}} \tag{3.11}$$

となる（$\Delta z'$ は i によらないことに留意せよ）。この $\Delta z' \to 0$ の極限をとると

$$\boldsymbol{B}(x,y,z)=\frac{\mu_0 I}{4\pi}\int_{-\infty}^{\infty} \frac{(-y, x, 0)}{\{x^2+y^2+(z-z')^2\}^{3/2}}dz' \tag{3.12}$$

という積分となる。これはベクトルの形をしているが，成分ごとにみると，通常の1変数の積分となっている。

式(3.12)で計算される磁束密度ベクトル $\boldsymbol{B}(\boldsymbol{r})$ は，図3.6(b)に示すように $(-y,x,0)$ 方向である（積分の計算はこのベクトルの定数倍の部分にしか現れないことに留意せよ）。このベクトルは xy 平面上にあり，$\boldsymbol{r}=(x,y,z)$ を xy 平面に射影したベクトル $(x,y,0)$ に垂直方向である。向きは，電流の向きに対して右ねじを進行の向きに置いた場合の右ねじの回転の向きである。

式(3.12)の磁束密度のベクトルをそのまま計算してもよいが，上の議論で向きがわかったので，ここではベクトルの絶対値 $|\boldsymbol{B}(\boldsymbol{r})|$ を計算することにしよう。式(3.12)の絶対値をとると

$$|\boldsymbol{B}(x,y,z)|=\frac{\mu_0 I}{4\pi}\int_{-\infty}^{\infty} \frac{\sqrt{x^2+y^2}}{\{x^2+y^2+(z-z')^2\}^{3/2}}dz' \tag{3.13}$$

となる。この積分を計算するために

$$u=\sqrt{x^2+y^2} \tag{3.14}$$

$$u\cot\theta = z-z' \tag{3.15}$$

とおく（ただし，$0<\theta<\pi$）。積分計算の観点から言うと，式(3.14)は単なる定数の置き換えであり，式(3.15)が z' から θ への積分変数の変換となっている。図3.6からわかるように，u は $\boldsymbol{r}$ と z 軸との距離を表し，θ は $\boldsymbol{r}'$ と $\boldsymbol{r}$ を結ぶ直線と z 軸のなす角度である。

この置き換えによって

$$x^2+y^2+(z-z')^2=u^2\left(1+\cot^2\theta\right)=\frac{u^2}{\sin^2\theta} \tag{3.16}$$

となり，$0<\theta<\pi$ という条件から $\sin\theta>0$ なので

$$\left\{x^2+y^2+(z-z')^2\right\}^{3/2}=\left(\frac{u}{\sin\theta}\right)^3 \tag{3.17}$$

となる。さらに式 (3.15) より

$$dz' = -\frac{d(u\cot\theta)}{d\theta}d\theta = \frac{u}{\sin^2\theta}d\theta \tag{3.18}$$

となる。図 3.6 より，$z = -\infty$ から $z = \infty$ の範囲に対応する θ の範囲は 0 から π までとなるので，

$$\begin{aligned} |\boldsymbol{B}(\boldsymbol{r})| &= \frac{\mu_0 I}{4\pi}\int_0^{\pi} \frac{u}{\left(\frac{u}{\sin\theta}\right)^3} \times \frac{u}{\sin^2\theta}d\theta \\ &= \frac{\mu_0 I}{4\pi}\frac{1}{u}\int_0^{\pi} \sin\theta d\theta \\ &= \frac{\mu_0 I}{4\pi u}\left[-\cos\theta\right]_0^{\pi} = \frac{\mu_0 I}{2\pi u} \end{aligned} \tag{3.19}$$

が得られる。u は $\boldsymbol{r}$ と z 軸との距離を表すので，直線電流においては，電流から u だけ離れたところでは，電流に対して右ねじの回転の向きに，式 (3.19) で表される大きさの磁束密度が存在することになる。ベクトル場 $\boldsymbol{B}(\boldsymbol{r})$ を成分表示する場合は，式 (3.19), (3.14) に $(-y, x, 0)$ の向きの単位ベクトル $(-y, x, 0)/\sqrt{x^2+y^2}$ を掛けることによって

$$\boldsymbol{B}(x, y, z) = \frac{\mu_0 I}{2\pi}\frac{(-y, x, 0)}{x^2+y^2} \tag{3.20}$$

となる。

例題 3.3　z 軸に平行で，互いに d だけ離れた 2 本の平行な導線に，電流 I_1, I_2 がともに z 軸負から正に向かって流れている場合，導線間に働く力を求めよ。

解答　図 3.7 に示すように，1 本目の導線の位置を $(0, 0, z)$，2 本目の導線の位置を $(d, 0, z')$ とする。d は定数で，z, z' は $-\infty$ から ∞ まで変化する変数である。例題 3.2 の結果より，1 本目の導線を流れる電流が 2 本目の導線の位置につくる磁束密度の大きさは，式 (3.19) より $\mu_0 I_1/2\pi d$ であり，方向は $(d, 0, 0)$ に垂直で，かつ電流 I_1 の向きに対して右ねじが回る向きなので，$(0, 1, 0)$ の向きである。すなわち

$$\boldsymbol{B} = \frac{\mu_0 I_1}{2\pi d}(0, 1, 0) \tag{3.21}$$

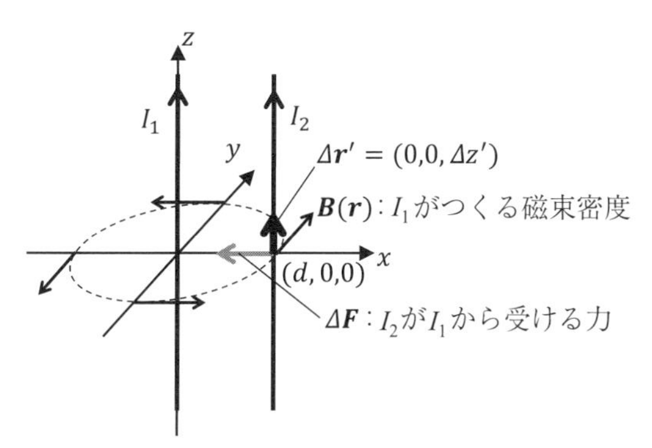

図 3.7 2 本の平行な導線を流れる電流と力

である。これは z' によらない。この磁束密度から 2 本目の導線が受ける力を式 (3.6) より求めよう。$\boldsymbol{r}' = (d, 0, z')$ なので，$\Delta\boldsymbol{r}' = (0, 0, \Delta z')$ である。よって

$$\begin{aligned}\Delta\boldsymbol{F} &= I_2\Delta\boldsymbol{r}\times\boldsymbol{B}(\boldsymbol{r})\\ &= I_2(0,0,\Delta z')\times\frac{\mu_0 I_1}{2\pi d}(0,1,0)\\ &= \frac{\mu_0 I_1 I_2}{2\pi d}\left(-\Delta z', 0, 0\right)\end{aligned} \tag{3.22}$$

となる。これは 2 本目の導線のうち，長さ $\Delta z'$ の電流素片が受ける力である。長さ L の部分が受ける力を求めるのであれば，$\Delta z'$ の部分を z' に関する 0 から L の積分に置き換えればよい。ベクトル $\boldsymbol{F}$ の x 成分 $(= F_x)$ についての結果は

$$F_x = -\int_0^L \frac{\mu_0 I_1 I_2}{2\pi d}dz' = -\frac{\mu_0 I_1 I_2 L}{2\pi d} \tag{3.23}$$

となる。これは I_1, I_2 に比例して，距離 d に反比例をしており，向きは x 軸負の方向，すなわち引力である。これは式 (3.1) の結果を再現している。

例題 3.4 xy 平面上にある原点を中心とした半径 a の円のコイルに電流 I が z 軸正の方向から見て反時計回りに流れているとき，z 軸上の位置 $\boldsymbol{r} = (0, 0, z)$ における磁束密度を求めよ。また，$z = 0$ のときの値と $z \gg a$ のときの値を書け。

解答 例題1.16と同じように円上の$\boldsymbol{r}' = (x', y', z')$を

$$
\begin{aligned}
x' &= a\cos\varphi \\
y' &= a\sin\varphi \\
z' &= 0
\end{aligned}
\tag{3.24}
$$

とおく（図3.8）。例題1.16と同じく$\Delta\boldsymbol{r}' = a\Delta\varphi(-\sin\varphi, \cos\varphi, 0)$である。また$\boldsymbol{r} - \boldsymbol{r}' = (-a\cos\varphi, -a\sin\varphi, z)$なので

$$
\begin{aligned}
\Delta\boldsymbol{r}' \times (\boldsymbol{r} - \boldsymbol{r}') &= \Delta\varphi(za\cos\varphi, za\sin\varphi, a^2) \\
\left|\boldsymbol{r} - \boldsymbol{r}'\right|^3 &= \left(a^2 + z^2\right)^{3/2}
\end{aligned}
\tag{3.25}
$$

と表される。したがって，$\boldsymbol{r}'$から$\boldsymbol{r}' + \Delta\boldsymbol{r}'$の電流素片が位置$\boldsymbol{r} = (0, 0, z)$につくる磁束密度は，式(3.4)より

$$
\Delta\boldsymbol{B}(0,0,z) = \frac{\mu_0 I}{4\pi}\frac{\Delta\varphi(za\cos\varphi, za\sin\varphi, a^2)}{(a^2+z^2)^{3/2}}
\tag{3.26}
$$

となる。次に，例題1.13と同じように，円弧を角度$\Delta\varphi$ごとに分割してそれらの電流素片がつくる磁束密度をすべて足すことによって，φについての積分にすることができる。それは

$$
\boldsymbol{B}(0,0,z) = \int_0^{2\pi} \frac{\mu_0 I}{4\pi}\frac{(za\cos\varphi, za\sin\varphi, a^2)}{(a^2+z^2)^{3/2}}d\varphi
\tag{3.27}
$$

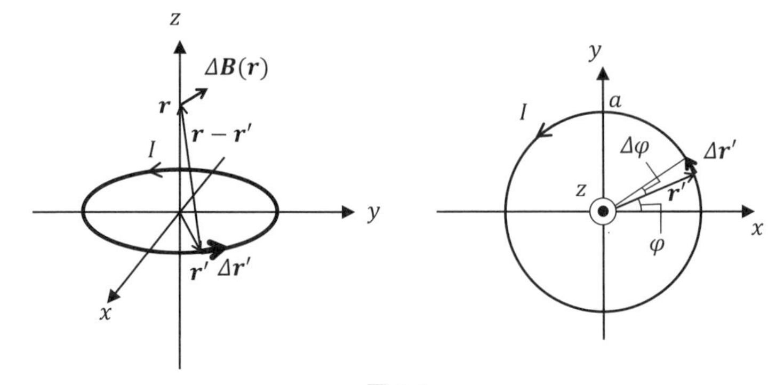

図3.8

で与えられる。この $\boldsymbol{B}(\boldsymbol{r})$ のうち，x 成分，y 成分は，$\cos\varphi$ や $\sin\varphi$ の 0 から 2π までの積分により 0 になる。すなわち $\boldsymbol{B}(\boldsymbol{r})$ は常に z 軸に平行であり，その大きさ ($= B_z(\boldsymbol{r})$) は

$$B_z(0,0,z) = \frac{\mu_0 I}{4\pi}\frac{a^2}{(a^2+z^2)^{3/2}} \times 2\pi = \frac{\mu_0 I}{2}\frac{a^2}{(a^2+z^2)^{3/2}} \tag{3.28}$$

となる。$z = 0$ のときは $\mu_0 I/2a$，$z \gg a$ のときは $\mu_0 I a^2/2z^3$ になる。

例題 3.4 の結果のうち，$z \gg a$ の結果は，磁束密度が z 軸方向で大きさが距離の 3 乗に反比例することを意味する。これは例題 1.5 (4) で計算した電気双極子がつくる電場についての，$(0,0,\pm\alpha)$ の結果に類似している（例題 1.5 の α が例題 3.4 の z に対応する）。ただし，例題 3.4 では z 軸上の磁束密度しか計算しなかったので，それ以外の場所での磁束密度についてはどうなっているかはわからない。その点について議論するために，以下の例題を考えよう。

例題 3.5 図 3.9 のように，$(\pm a/2, \pm a/2, 0)$ の 4 点を結ぶ正方形の辺上を z 軸正の方向から見て反時計回りに電流 I が流れている。この電流が位置 $\boldsymbol{r} = (x, y, z)$ につくる磁束密度を求めよ。ただし $|\boldsymbol{r}| \gg a$ とする。

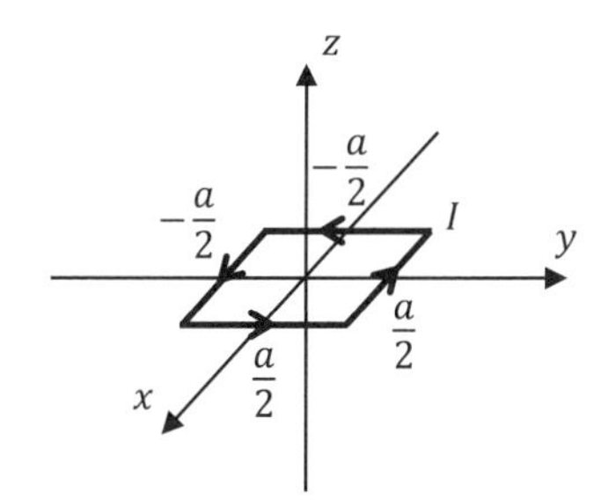

図 3.9 正方形の辺上を流れる電流

解答 以下では $r^2 = x^2 + y^2 + z^2$ を適宜用いる。まず $(a/2, -a/2, 0)$ から $(a/2, a/2, 0)$ までの電流素片がつくる磁束密度を式 (3.4) によって求める。電流素片の位置は辺の中点 $\boldsymbol{r}' = (a/2, 0, 0)$ とする。$\Delta\boldsymbol{r}' = (0, a, 0)$，

$\boldsymbol{r}-\boldsymbol{r}'=(x-a/2,y,z)$ であるから，

$$\begin{aligned}\Delta\boldsymbol{r}'\times(\boldsymbol{r}-\boldsymbol{r}') &= \left(az,0,-a\left(x-\frac{a}{2}\right)\right)\\ |\boldsymbol{r}-\boldsymbol{r}'|^{-3} &= \left\{\left(x-\frac{a}{2}\right)^2+y^2+z^2\right\}^{-3/2}\\ &\simeq r^{-3}\left(1+\frac{3ax}{2r^2}\right)\end{aligned}\tag{3.29}$$

となる。最後の近似式は，$r\gg a$ の条件と，$x\ll 1$ のときに成り立つ近似式 $(1+x)^n\simeq 1+nx$ を用いた（例題 1.5 を参照のこと）。同様の計算を残りの 3 辺についても行い，4 辺がつくる磁束密度を計算する。このとき，$\mu_0 I/4\pi r^3$ の係数を除いたものについて計算を行うと

$$\begin{aligned}&\left(az,0,-a\left(x-\frac{a}{2}\right)\right)\left(1+\frac{3ax}{2r^2}\right)\\ &+\left(-az,0,a\left(x+\frac{a}{2}\right)\right)\left(1-\frac{3ax}{2r^2}\right)\\ &+\left(0,az,-a\left(y-\frac{a}{2}\right)\right)\left(1+\frac{3ay}{2r^2}\right)\\ &+\left(0,-az,a\left(y+\frac{a}{2}\right)\right)\left(1-\frac{3ay}{2r^2}\right)\\ &=\frac{a^2}{r^2}\left(3zx,3yz,2z^2-x^2-y^2\right)\end{aligned}\tag{3.30}$$

となるので，結果として

$$\boldsymbol{B}(x,y,z)=\frac{\mu_0 I a^2}{4\pi}\frac{(3zx,3yz,2z^2-x^2-y^2)}{(x^2+y^2+z^2)^{5/2}}\tag{3.31}$$

となる。

例題 3.6 一般に，質点系（質点が複数あるもの）において，位置 $\boldsymbol{r}_i$ にある質点が力 $\boldsymbol{F}_i$ を受けるとき，$\boldsymbol{F}=\sum_i \boldsymbol{F}_i$ を合力，$\boldsymbol{N}=\sum_i \boldsymbol{r}_i\times\boldsymbol{F}_i$ を力のモーメントという。ただし，$\times$ は外積である。

(1) 例題 1.5 で議論した z 軸方向を向く電気双極子を，図 3.10 (a) に示すように zx 平面内で電気双極子から角度 α をなす方向で一定の大きさの電場 $\boldsymbol{E}(\boldsymbol{r}) = E(\sin\alpha, 0, \cos\alpha)$ 中に置くとする。このとき，電気双極子が受ける力の合力 $\boldsymbol{F}$ と力のモーメント $\boldsymbol{N}$ を求めよ。また力のモーメント $\boldsymbol{N}$ を電場のベクトル $\boldsymbol{E}$ と電気双極子のベクトル $\boldsymbol{p} = (0, 0, p)$（ただし $p = qd$）で表せ。

(2) 例題 3.4 で議論した xy 平面上の半径 a の円のコイルに電流 I を流したものを，図 3.10 (b) に示すように，zx 平面内で z 軸から角度 α をなす方向で一定の大きさの磁束密度 $\boldsymbol{B}(\boldsymbol{r}) = B(\sin\alpha, 0, \cos\alpha)$ 中に置くとする。このときコイルが受ける力の合力 $\boldsymbol{F}$ と力のモーメント $\boldsymbol{N}$ を求めよ。

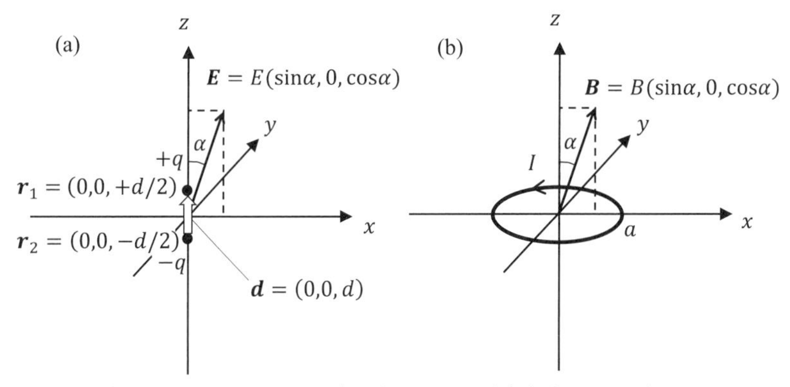

図 3.10　(a) 電場中の電気双極子，(b) 磁束密度中の円形電流

解答　(1) $+q$ の電荷が受ける力は $\boldsymbol{F}_1 = qE(\sin\alpha, 0, \cos\alpha)$ であり，位置は $\boldsymbol{r}_1 = (0, 0, d/2)$ である。$-q$ の電荷が受ける力は $\boldsymbol{F}_2 = -qE(\sin\alpha, 0, \cos\alpha)$ であり，位置は $\boldsymbol{r}_2 = (0, 0, -d/2)$ である。したがって，合力は

$$\boldsymbol{F} = \boldsymbol{F}_1 + \boldsymbol{F}_2 = (0, 0, 0) \tag{3.32}$$

であり，力のモーメントは

$$\begin{aligned}\boldsymbol{N} &= \left(0, 0, \frac{d}{2}\right) \times qE\,(\sin\alpha, 0, \cos\alpha) \\ &\quad + \left(0, 0, -\frac{d}{2}\right) \times (-qE)\,(\sin\alpha, 0, \cos\alpha) \\ &= (0, qdE\sin\alpha, 0) = (0, pE\sin\alpha, 0)\end{aligned} \tag{3.33}$$

（ただし，$p = qd$）となる。すなわち力のモーメントは y 軸正の向きである。これは

$$\boldsymbol{N} = \boldsymbol{p} \times \boldsymbol{E} \tag{3.34}$$

と表すことができる。

(2) 例題 3.4 と同様に座標をとって電流素片を考えると，この電流素片が磁束密度から受ける力は，式 (3.6) より

$$\begin{aligned}\Delta\boldsymbol{F} &= I\Delta\boldsymbol{r} \times \boldsymbol{B} \\ &= Ia\Delta\varphi(-\sin\varphi, \cos\varphi, 0) \times B(\sin\alpha, 0, \cos\alpha) \\ &= IaB\Delta\varphi(\cos\alpha\cos\varphi, \cos\alpha\sin\varphi, -\sin\alpha\cos\varphi)\end{aligned} \tag{3.35}$$

となる。これをすべての電流素片について足すと，φ についての積分で表すことができて

$$\boldsymbol{F} = IaB\int_0^{2\pi} d\varphi(\cos\alpha\cos\varphi, \cos\alpha\sin\varphi, -\sin\alpha\cos\varphi) \tag{3.36}$$

であるが，$\boldsymbol{F}$ のすべての成分で φ の積分は 0 になるので

$$\boldsymbol{F} = (0, 0, 0) \tag{3.37}$$

である。すなわち合力は 0 である。一方，電流素片が磁束密度から受ける力のモーメントは

$$\begin{aligned}\Delta\boldsymbol{N} &= \boldsymbol{r} \times \Delta\boldsymbol{F} \\ &= a(\cos\varphi, \sin\varphi, 0) \times IaB\Delta\varphi(\cos\alpha\cos\varphi, \cos\alpha\sin\varphi, -\sin\alpha\cos\varphi) \\ &= Ia^2B\Delta\varphi(-\sin\alpha\sin\varphi\cos\varphi, \sin\alpha\cos^2\varphi, 0)\end{aligned} \tag{3.38}$$

をすべての電流素片で足し合わせたものであり，これも φ の積分で表される。$\sin\varphi\cos\varphi = \sin(2\varphi)/2$, $\cos^2\varphi = (1 + \cos(2\varphi))/2$ を用いると

$$\begin{aligned}\boldsymbol{N} &= \int_0^{2\pi} d\varphi Ia^2B(-\sin\alpha\sin\varphi\cos\varphi, \sin\alpha\cos^2\varphi, 0) \\ &= (0, I\pi a^2B\sin\alpha, 0)\end{aligned} \tag{3.39}$$

となる。したがって，力のモーメントは (1) の場合と同様に，y 軸正の向きである。

■ 磁気双極子

例題 3.4, 3.5, 3.6 の結果を振りかえろう。例題 3.4 の $z \gg a$ の結果は，例題 1.5 (4) の $(0, 0, \pm\alpha)$ の結果と類似している。例題 3.5 の結果（式 (3.31)）も式 (1.19) と似た形をしている。例題 3.4 では円形，例題 3.5 では正方形の導線を流れる電流を考察したが，閉曲線が十分小さい場合はその形によらず以下が成り立つ。

ある平面上にある面積 S の微小なコイルに電流 I が流れているとき，それがつくる磁束密度は，その平面に垂直な電気双極子がつくる電場と似た形をしている。これを**磁気双極子**という。具体的には，平面に垂直で，電流が流れる向きを右ねじの向きにとった場合のねじの進行の向きの絶対値 1 のベクトル（規格化された法線ベクトル）を $\boldsymbol{n}$ として，磁気双極子 $\boldsymbol{m}$ を，

$$\boldsymbol{m} = \mu_0 IS\boldsymbol{n} \tag{3.40}$$

と表し（図 3.11），それが位置 $\boldsymbol{r}$ につくる磁束密度は

$$\boldsymbol{B}(\boldsymbol{r}) = \frac{1}{4\pi}\left\{\frac{3(\boldsymbol{r}\cdot\boldsymbol{m})\boldsymbol{r}}{|\boldsymbol{r}|^5} - \frac{\boldsymbol{m}}{|\boldsymbol{r}|^3}\right\} \tag{3.41}$$

となる。特に $\boldsymbol{m} = (0, 0, m)$ のときは

$$\boldsymbol{B}(x, y, z) = \frac{m}{4\pi}\frac{(3zx, 3yz, 2z^2 - x^2 - y^2)}{(x^2 + y^2 + z^2)^{5/2}} \tag{3.42}$$

で表される。例題 3.5 のような 1 辺 a の正方形なら，$m = |\boldsymbol{m}| = \mu_0 IS = \mu_0 Ia^2$ となり，これを式 (3.42) に代入すると，式 (3.31) と同じ式が得られる。例題 3.4 においては，$m = \mu_0 I\pi a^2$ である。

さらに磁気双極子は，自らがつくる磁束密度の形だけでなく，一様な磁束密度から受ける力のモーメント $\boldsymbol{N}$ についても，電気双極子と似た形をしている。すなわち，例題 3.6 (1) にあるように，電気双極子が一様な電場から受ける力のモーメントは $\boldsymbol{N} = \boldsymbol{p} \times \boldsymbol{E}$ である。一方，例題 3.6 (2) にあるように，磁気双極子が磁束密度から受ける力のモーメントは，式 (3.39) に式 (3.40) を用いると

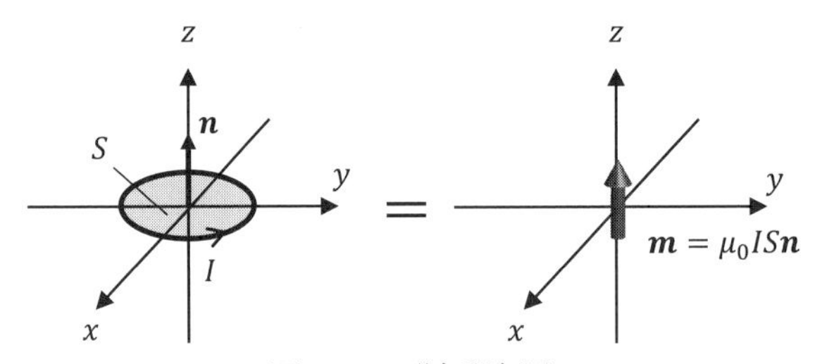

図 3.11　磁気双極子

$(S = \pi a^2,\ \boldsymbol{n} = (0, 0, 1)$ だから)

$$\boldsymbol{N} = \frac{1}{\mu_0}\boldsymbol{m} \times \boldsymbol{B} \tag{3.43}$$

と表されることがわかり，これも電気双極子が電場から受ける力のモーメントを表す式 (3.34) と似た形をしている。

以上，2 つの観点から，式 (3.40) で表される磁気双極子 $\boldsymbol{m}$ は，$\boldsymbol{p} = q\boldsymbol{d}$ で表される電気双極子と同じ振る舞いを示すことがわかった。

電気双極子と磁気双極子の類似点について，さらに考えてみよう。

$$\boldsymbol{H}(\boldsymbol{r}) = \frac{1}{\mu_0}\boldsymbol{B}(\boldsymbol{r}) \tag{3.44}$$

とおくと，磁気双極子 $\boldsymbol{m}$ が受ける力のモーメントを表す式 (3.43) について，

$$\boldsymbol{N} = \boldsymbol{m} \times \boldsymbol{H} \tag{3.45}$$

となって，式 (3.34) において，$\boldsymbol{p}$ を $\boldsymbol{m}$ に，$\boldsymbol{E}$ を $\boldsymbol{H}$ に，それぞれ置き換えたものになる。さらに磁気双極子 $\boldsymbol{m}$ がつくる磁束密度を示す式 (3.41) についても，

$$\boldsymbol{H}(\boldsymbol{r}) = \frac{1}{4\pi\mu_0}\left\{\frac{3(\boldsymbol{r}\cdot\boldsymbol{m})\boldsymbol{r}}{|\boldsymbol{r}|^5} - \frac{\boldsymbol{m}}{|\boldsymbol{r}|^3}\right\} \tag{3.46}$$

となって，式 (1.18) において，$\boldsymbol{E}$ を $\boldsymbol{H}$ に，$\boldsymbol{p}$ を $\boldsymbol{m}$ に，ε_0 を μ_0 に，それぞれ置き換えたものになる。以上の議論から，電気双極子にとっての電場 $\boldsymbol{E}(\boldsymbol{r})$ に対応するものは，磁気双極子にとっては磁束密度 $\boldsymbol{B}(\boldsymbol{r})$ そのものではなく，式 (3.44) で与えられる $\boldsymbol{H}(\boldsymbol{r})$ であることがわかる。この $\boldsymbol{H}(\boldsymbol{r})$ を**磁場**という。

■　電流密度を用いたビオ-サバールの法則

ビオ-サバールの法則（式 (3.5)）を電流ではなく電流密度を用いて表すとど

うなるであろうか？ 式 (3.5) における $|\Delta \boldsymbol{r}_i| \to 0$ の極限をとる前の式，

$$\boldsymbol{B}(\boldsymbol{r}) = \sum_i \frac{\mu_0}{4\pi} \frac{I\Delta \boldsymbol{r}_i \times (\boldsymbol{r} - \boldsymbol{r}_i)}{|\boldsymbol{r} - \boldsymbol{r}_i|^3} \tag{3.47}$$

について，電流素片として，導線を電流方向に対して垂直に輪切りにするだけでなく，輪切りの断面をさらに細かく分割したものを考える。すなわち，導線の輪切りと輪切りの断面をさらに分割した長方形でつくられる微小直方体が電流素片となる（図 3.12）。この電流素片に流れる電流は，式 (2.38) により電流密度を用いて

$$I_{\alpha,\beta} = \boldsymbol{j}(\boldsymbol{r}_{\alpha,\beta}) \cdot \boldsymbol{n}_{\alpha,\beta} \Delta S_{\alpha,\beta} \tag{3.48}$$

と与えられる。α は導線を電流方向に対して垂直に細かく分割した際の輪切りの番号であり，β は輪切りの断面をさらに分割した微小長方形の番号である。電流素片の位置などは α だけでなく β にも依存するので，$\boldsymbol{r}_{\alpha,\beta}$ のような表記を用いた。$\boldsymbol{n}_{\alpha,\beta}$ は微小直方体のうち導線に垂直な輪切りによる断面の法線ベクトルであり，$\Delta S_{\alpha,\beta}$ はその断面の面積である（図 3.12）。

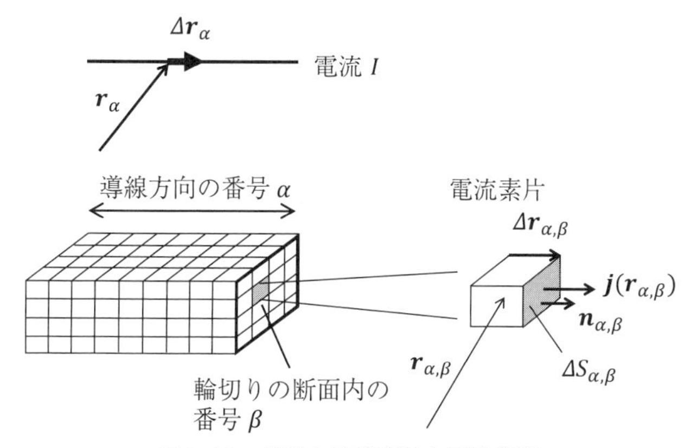

図 3.12 電流と電流素片と電流密度

ここで，電流密度は常に導線に平行であるとする。輪切りの断面は導線に垂直なので $\boldsymbol{n}$ も導線に平行になる。すなわち $\Delta \boldsymbol{r}_{\alpha,\beta} \parallel \boldsymbol{j}(\boldsymbol{r}_{\alpha,\beta}) \parallel \boldsymbol{n}_{\alpha,\beta}$ が常に成り立つ。このとき，$|\boldsymbol{j}(\boldsymbol{r}_{\alpha,\beta})| = j(\boldsymbol{r}_{\alpha,\beta})$ とおいて，式 (3.48) より

$$I_{\alpha,\beta} = j(\boldsymbol{r}_{\alpha,\beta}) \Delta S_{\alpha,\beta} \tag{3.49}$$

となる。この結果と $\Delta \boldsymbol{r}_{\alpha,\beta} \parallel \boldsymbol{j}(\boldsymbol{r}_{\alpha,\beta})$ より，電流素片は

$$I_{\alpha,\beta}\Delta \boldsymbol{r}_{\alpha,\beta} = \boldsymbol{j}(\boldsymbol{r}_{\alpha,\beta})\Delta S_{\alpha,\beta}\Delta r_{\alpha,\beta} \tag{3.50}$$

と表すことができる。ただし，$\Delta r_{\alpha,\beta} = |\Delta \boldsymbol{r}_{\alpha,\beta}|$ である。磁束密度は，この電流素片がつくるものを α, β で足すことによって得られる。すなわち式 (3.47) の i を (α, β) に置き換えたものに，式 (3.50) を代入することによって

$$\boldsymbol{B}(\boldsymbol{r}) = \sum_{\alpha,\beta} \frac{\mu_0}{4\pi} \boldsymbol{j}(\boldsymbol{r}_{\alpha,\beta})\Delta S_{\alpha,\beta}\Delta r_{\alpha,\beta} \times \frac{\boldsymbol{r} - \boldsymbol{r}_{\alpha,\beta}}{|\boldsymbol{r} - \boldsymbol{r}_{\alpha,\beta}|^3} \tag{3.51}$$

となる。

ここで (α, β) をまとめて i で表すことにする。図 3.12 より $\Delta S_i \Delta r_i$ は微小直方体の体積であり，これを ΔV_i で表すと，

$$\boldsymbol{B}(\boldsymbol{r}) = \sum_{i} \frac{\mu_0}{4\pi} \boldsymbol{j}(\boldsymbol{r}_i)\Delta V_i \times \frac{\boldsymbol{r} - \boldsymbol{r}_i}{|\boldsymbol{r} - \boldsymbol{r}_i|^3} \tag{3.52}$$

となる。これは式 (1.25) より $\Delta V_i \to 0$ で体積積分となるので，磁束密度は

$$\boldsymbol{B}(\boldsymbol{r}) = \int_{\mathrm{V}} \frac{\mu_0}{4\pi} \frac{\boldsymbol{j}(\boldsymbol{r}') \times (\boldsymbol{r} - \boldsymbol{r}')}{|\boldsymbol{r} - \boldsymbol{r}'|^3} dV' \tag{3.53}$$

と表されることがわかった。積分範囲 V は，電流密度が存在するすべての部分である。

3.2 アンペールの法則

■ 積分形のアンペールの法則

静電場においては，電荷が電場をつくるというクーロンの法則から，より抽象化されたガウスの法則が導かれた。それでは磁場においては，電流が磁束密度をつくるというビオ-サバールの法則からどのような法則が導かれるであろうか？

式 (3.20) で表されるような z 軸上の直線電流がつくる磁束密度について，原点を中心とする xy 平面上の半径 a の円上において，式 (1.113) で定義される線積分を実行してみよう（図 3.13）。円上での磁束密度 $\boldsymbol{B}(\boldsymbol{r})$ の大きさは，式 (3.19) より $\mu_0 I/2\pi a$ で一定であり，方向は円の接線方向である。一方，線積分

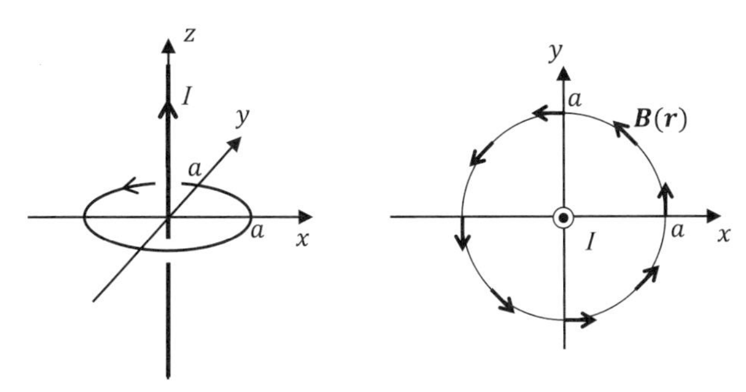

図 3.13 直線電流のまわりの円上での磁束密度の線積分

の $\Delta\boldsymbol{r}$ の方向も円の接線方向なので，$\Delta\boldsymbol{r} \parallel \boldsymbol{B}(\boldsymbol{r})$ が常に成り立つ。これは例題 1.16 と同じ状況であり，線積分の結果は例題 1.16 と同様，$\boldsymbol{B}(\boldsymbol{r})$ の円周上での絶対値に円周の長さを掛けたもの，すなわち

$$\frac{\mu_0 I}{2\pi a} \times 2\pi a = \mu_0 I \tag{3.54}$$

になる。この線積分の値は，円の半径 a によらない。

この結果を念頭に，一般の閉曲線 I に流れる電流 I がつくる磁束密度について，一般の閉曲線 C で線積分を行いたい。たとえば図 3.14(a) のような状況を考えよう。電流が流れる閉曲線 I_1 も，線積分を行う閉曲線 C_1 も適当に描いたものであるが，このとき線積分は 0 になる。すなわち，閉曲線 I_1 を流れる電流 I がつくる磁束密度を $\boldsymbol{B}_1$ として，

$$\oint_{\mathrm{C}_1} \boldsymbol{B}_1 \cdot d\boldsymbol{r} = 0 \tag{3.55}$$

が成り立つ（$(\boldsymbol{r})$ の記述を省略したが，$\boldsymbol{B}_1$ は $\boldsymbol{r}$ に依存することに留意せよ）。これを示してみよう。

閉曲線 I_1 がつくる図形を図 3.14(b) のように多数の小さな正方形に区分しよう。この一つひとつの小さな正方形をコイルとみなす。すると，閉曲線 I_1 を流れる電流 I は，多数の小さな正方形のコイルに同じ向きに流れる電流 I と同等である。なぜなら，多数のコイルの電流を足し合わせると，正方形の辺と辺が接する部分は，電流が必ず反対向きに流れるため打ち消し合い，結果として一番外側の閉曲線 I_1 に流れる電流しか残らないからである。したがって，閉曲線 I_1 を流れる電流 I がつくる磁束密度も，電流 I が流れる多数の小さな正方形のコイルのつくる磁束密度と同じである。

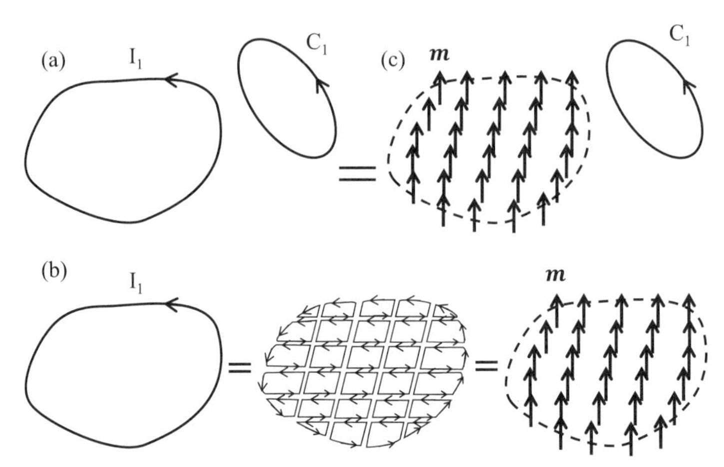

図 3.14　閉曲線上の電流のつくる磁束密度の閉曲線上での線積分

ところで，3.1 節で議論したように，十分小さなコイルを流れる電流がつくる磁束密度は磁気双極子がつくる磁束密度と考えることができる。この磁束密度は，電気双極子がつくる電場と同じ形をしている。

一方，式 (1.176) で示されるように，あらゆる電場ベクトルは任意の閉曲線上で線積分すると 0 になる。これは電気双極子がつくる電場についても成り立つはずである。すなわち電気双極子がつくる電場を任意の閉曲線で線積分すると 0 になる。したがってそれと同じ形をしている磁気双極子がつくる磁束密度についても，任意の閉曲線で積分すると 0 になるはずである。これを全ての磁気双極子で足し合わせても，やはり任意の閉曲線上での線積分は 0 になる（図 3.14(c)）。

よって閉曲線 I_1 を流れる電流 I がつくる磁束密度についても，任意の閉曲線（ここでは C_1）上で線積分すると 0 になる。こうして式 (3.55) が示された。

ところが，本節の最初で見たように，直線電流 I がつくる磁束密度について，直線まわりの円周上で線積分すると，0 ではなく $\mu_0 I$ になる。これはどうしてであろうか？　直線は閉曲線ではないように思えるが，図 3.15 左に示すように無限に遠いところで $z = +\infty$ から $z = -\infty$ へ戻ってきていると考えればよい。すると，電流が流れる閉曲線 I_{linear} と線積分を行う閉曲線 C_{circ} が「絡んでいる」ことがわかる。これが図 3.14(a) との違いである。

3.1 節で議論したように，小さなコイルを流れる電流がつくる磁束密度が磁気双極子のそれとみなすことができるのは，コイルの大きさに比べて磁束密度

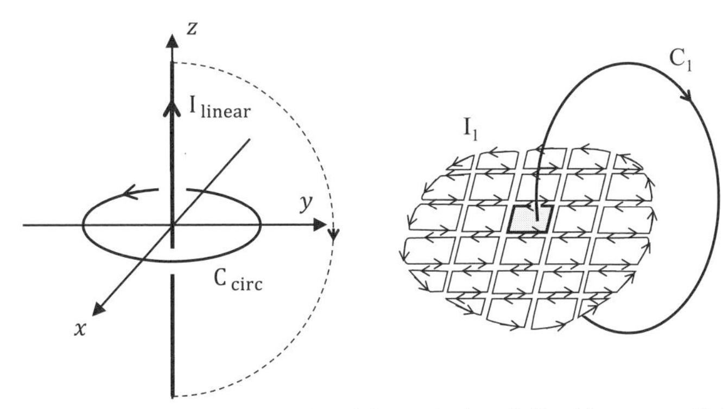

図 3.15　電流が流れる閉曲線と線積分を行う閉曲線が絡んでいる場合

を測定する位置がコイルから十分遠い場合のみである。閉曲線 I_1 と閉曲線 C_1 が絡んでさえいなければ，閉曲線 I_1 が囲む図形を十分多数の正方形に分割して一つひとつの正方形を十分小さくすればこの条件を満たすことができる。一方，閉曲線 I_1 と閉曲線 C_1 が絡んでいると，どんなに頑張っても積分経路である閉曲線 C_1 が貫通する微小正方形（コイル）ができてしまう（図 3.15 右）。この微小正方形コイルについては，決して磁気双極子とみなすことができない。これが線積分が 0 にならない理由である。

さて，そうすると閉曲線 I_1 と閉曲線 C_1 が絡んでいると，線積分はいくつになるのであろうか？　実は図 3.16 左のように 1 回絡んでいるのであれば，どのような場合にでも線積分は，図 3.16 の右のような直線電流まわりの円周での線積分（式 (3.54)）と同じく，$\mu_0 I$ になる。これについて考えよう。

まず，電流 I が流れる閉曲線 I_1 は任意の形であるが，線積分を行う閉曲線 C_1 は円 $\mathrm{C}_{\mathrm{circ}}$ である場合を考えよう。このとき，閉曲線が円 $\mathrm{C}_{\mathrm{circ}}$ の中心を通

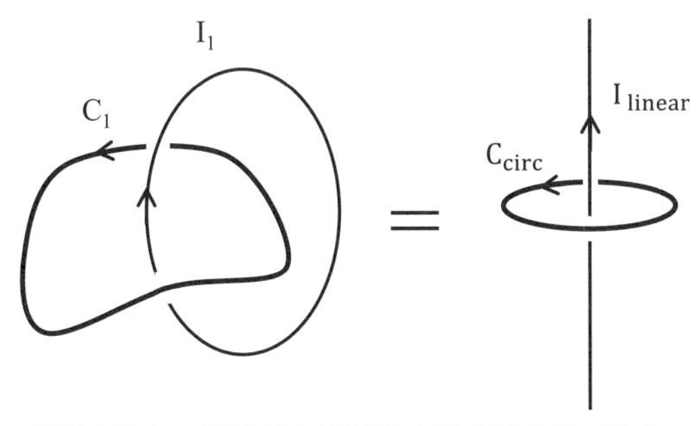

図 3.16　電流が流れる閉曲線と線積分を行う閉曲線が絡んでいる場合

る円に垂直な直線 $\mathrm{I}_{\mathrm{linear}}$ であれば，最初の議論により線積分は $\mu_0 I$ になる。閉曲線 I_1 と直線 $\mathrm{I}_{\mathrm{linear}}$ との差は，図 3.17 (a) に示すように，新たに閉曲線 I_2, I_3, $\mathrm{I}_4, \cdots$ をつくって電流 I を流すことによって埋めることができる（重なった部分は常に反対向きに電流を流すことに留意せよ）。すなわち，閉曲線 I_n に流れる電流 I がつくる磁束密度を $\boldsymbol{B}_n$ などとして，

$$\boldsymbol{B}_{\mathrm{linear}} = \boldsymbol{B}_1 + \boldsymbol{B}_2 + \boldsymbol{B}_3 + \cdots = \sum_i \boldsymbol{B}_i \tag{3.56}$$

となる。これらについて閉曲線 $\mathrm{C}_{\mathrm{circ}}$ で線積分すると

$$\oint_{\mathrm{C}_{\mathrm{circ}}} \boldsymbol{B}_{\mathrm{linear}} \cdot d\boldsymbol{r} = \sum_i \oint_{\mathrm{C}_{\mathrm{circ}}} \boldsymbol{B}_i \cdot d\boldsymbol{r} \tag{3.57}$$

となる。式 (3.54) により，左辺は $\mu_0 I$ になる。一方右辺については，図 3.17 (a) からわかるように $i = 1$ 以外は閉曲線 I_i と閉曲線 $\mathrm{C}_{\mathrm{circ}}$ は絡んでいないので，式 (3.55) のように $i = 1$ 以外の閉曲線上での線積分は 0 になる。結局，式 (3.57) の右辺は，閉曲線 I_1 がつくる磁束密度 $\boldsymbol{B}_1$ しか残らず，

$$\oint_{\mathrm{C}_{\mathrm{circ}}} \boldsymbol{B}_1 \cdot d\boldsymbol{r} = \mu_0 I \tag{3.58}$$

となる。

次に，線積分を行う閉曲線 C_1 が円 $\mathrm{C}_{\mathrm{circ}}$ でない場合を考える。これもまた，図 3.17 (b) に示すように，新たに閉曲線 C_2, C_3, $\mathrm{C}_4, \cdots$ をつくって足し合わせることにより，$\mathrm{C}_{\mathrm{circ}}$ との違いを埋めることができる。（重なった部分は常に反対向きの経路になるように留意せよ。）すなわち

$$\oint_{\mathrm{C}_{\mathrm{circ}}} \boldsymbol{B}_1 \cdot d\boldsymbol{r} = \sum_j \oint_{\mathrm{C}_j} \boldsymbol{B}_1 \cdot d\boldsymbol{r} \tag{3.59}$$

となる。左辺は式 (3.58) より $\mu_0 I$ である。一方右辺については，図 3.17 (b) からわかるように $j = 1$（C_1）以外は閉曲線 I_1 と閉曲線 C_j は絡んでいないので，$j = 1$ 以外の C_j での線積分は 0 になる。結局，式 (3.59) の右辺は，閉曲線 C_1 しか残らず

$$\oint_{\mathrm{C}_1} \boldsymbol{B}_1 \cdot d\boldsymbol{r} = \mu_0 I \tag{3.60}$$

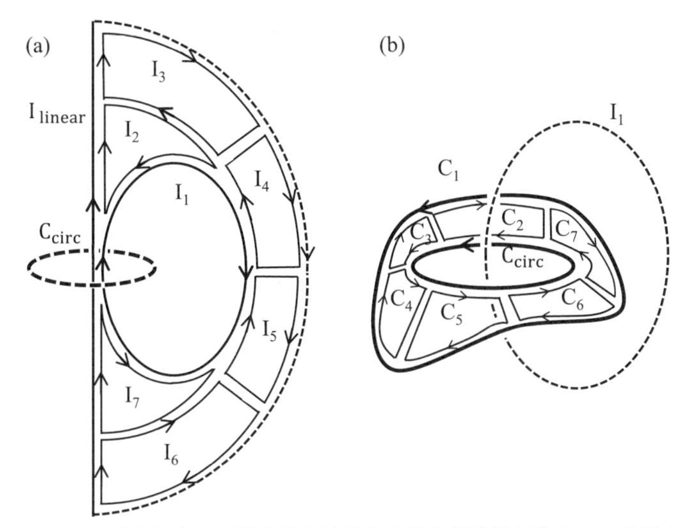

図 3.17 電流が流れる閉曲線と線積分を行う閉曲線が絡んでいる場合

であることがわかる。I_1 と C_1 は任意の閉曲線だから，余計な文字を除いて，

$$\oint_{C} \boldsymbol{B}(\boldsymbol{r}) \cdot d\boldsymbol{r} = \mu_0 I \tag{3.61}$$

と書くことができる。電流 I が流れる閉曲線Iと，線積分を行う閉曲線Cが1回ではなく n 回絡んでいる場合は，n 倍した電流 nI が流れていると考えて，

$$\oint_{C} \boldsymbol{B}(\boldsymbol{r}) \cdot d\boldsymbol{r} = n\mu_0 I \tag{3.62}$$

となる。これらを（積分形の）**アンペール** (Ampére) **の法則**という。

なお，電流を流れる導線の形と積分経路の形が同じであっても，電流 I の向きと積分経路Cの向きによって，絡み方にも2つの向きが存在する。図3.16と同じ向きに電流 I と積分経路Cが絡んでいるとき，線積分は正の値となる。これは図3.13で示した直線電流まわりの円周上での線積分の結果からわかる。

例題 3.7 中空の円筒の表面に導線をらせん状に巻きつけたものをソレノイドコイル（略してソレノイド）という。今，半径 a の z 軸に走る円筒のまわりに単位長さあたり n 本の巻き数を持つソレノイド（長さ無限大）があるとする（図3.18(a)）。このとき以下の3つを仮定する。(i) 磁束密度は常に z 軸の方向である。(ii) 位置 $\boldsymbol{r}$ における磁束密度の大きさは，$\boldsymbol{r}$ の z 軸からの距離 r のみに

依存する。(iii) 無限遠 ($r=\infty$) では磁束密度は 0 である。このとき，磁束密度 $\boldsymbol{B}(\boldsymbol{r})$ の大きさを求めよ。

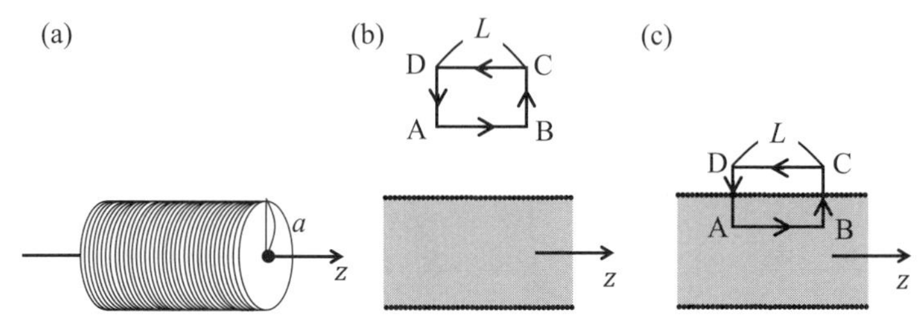

図 3.18 ソレノイドコイルにおける磁束密度の線積分

解答 まず，図 3.18(b) のような，ソレノイドの外にある長方形を線積分の経路とする。AB と CD は z 軸に平行であり，BC と DA は z 軸に垂直である。また，$\mathrm{AB}=\mathrm{CD}=L$ とする。このとき，長方形内を通る電流はないから，式 (3.62) より

$$\oint_{\mathrm{C}} \boldsymbol{B}(\boldsymbol{r})\cdot d\boldsymbol{r}=0 \tag{3.63}$$

である。また，左辺は

$$\oint_{\mathrm{C}} \boldsymbol{B}(\boldsymbol{r})\cdot d\boldsymbol{r}=\int_{\mathrm{A}}^{\mathrm{B}}+\int_{\mathrm{B}}^{\mathrm{C}}+\int_{\mathrm{C}}^{\mathrm{D}}+\int_{\mathrm{D}}^{\mathrm{A}} \tag{3.64}$$

であるが（右辺の $\boldsymbol{B}(\boldsymbol{r})\cdot d\boldsymbol{r}$ は省略した），仮定 (i) により，右辺 2 項目と 4 項目は（$\mathbf{B}\perp\Delta\boldsymbol{r}$ だから）0 となる。また仮定 (ii) より，AB 間と CD 間において，それぞれ磁束密度の大きさは一定であるから，それぞれを B_{AB}, B_{CD} とおく。すると AB と CD での線積分は磁束密度と距離 L の掛け算になるから

$$B_{\mathrm{AB}}L+B_{\mathrm{CD}}L=0 \tag{3.65}$$

が得られる。

ここで，CD をソレノイドから離して無限遠まで持っていくと，仮定 (iii) より $B_{\mathrm{CD}}=0$ となる。したがって，

$$B_{\mathrm{AB}}=0 \tag{3.66}$$

である。これはABがソレノイドの外にある限り必ず成り立つから，ソレノイドの外の磁束密度は常に0であることがわかった。

次に図3.18(c)のような，ソレノイドの外と中を通る長さLの長方形を線積分の経路とする。このとき，ソレノイドは$n \times L$回長方形と絡むから，式(3.62)より

$$\oint_{\mathrm{C}} \boldsymbol{B}(\boldsymbol{r}) \cdot d\boldsymbol{r} = nL\mu_0 I \tag{3.67}$$

となる。左辺は上記と同じく$B_{\mathrm{AB}}L + B_{\mathrm{CD}}L$となるが，上での議論によりソレノイドの外にある$B_{\mathrm{CD}}$は0であるから，

$$\begin{aligned} B_{\mathrm{AB}}L &= nL\mu_0 I \\ B_{\mathrm{AB}} &= n\mu_0 I \end{aligned} \tag{3.68}$$

となる。これはABがソレノイドの中にあれば常に成り立つので，ソレノイドの中の磁束密度はどこでも$n\mu_0 I$となる。

積分形のアンペールの法則（式(3.61)）について，右辺の電流Iを式(2.33)を用いて電流密度$\boldsymbol{j}(\boldsymbol{r})$で書くと

$$\oint_{\mathrm{C}} \boldsymbol{B}(\boldsymbol{r}) \cdot d\boldsymbol{r} = \mu_0 \int_{\mathrm{S}} \boldsymbol{j}(\boldsymbol{r}) \cdot d\boldsymbol{S} \tag{3.69}$$

が得られる。右辺の面積分の積分範囲は，本来なら電流が流れている部分に限るべきであるように思えるが，ここでは閉曲線Cが囲む部分の面Sとなっている（図3.19）。Sの中で電流が流れていない部分については，結局電流密度$\boldsymbol{j}(\boldsymbol{r})$も0になるので，面積分の範囲を大きくとっても問題はないのである。

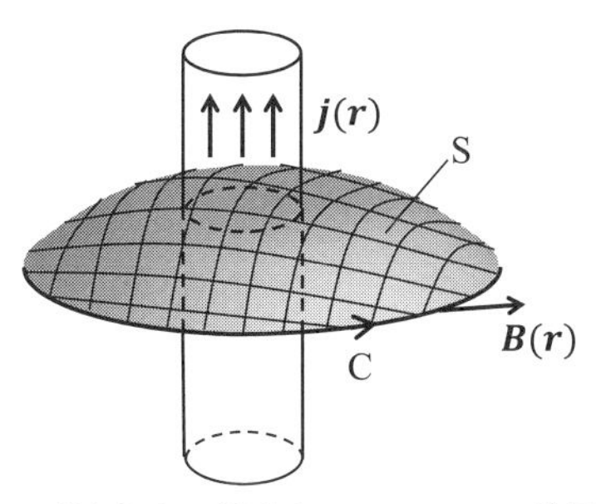

図3.19 電流密度の積分とアンペールの法則

例題 3.8 z 軸を中心の軸とした半径 a の円柱（長さ無限大）の導線に均一な電流密度 j が z 軸に平行に，z 軸負の方から正の方に流れているとする。このとき，位置 $\boldsymbol{r}$ での磁束密度は，(a) xy 平面に平行で $\boldsymbol{r}$ から z 軸への垂線に垂直であり，(b) その大きさは $\boldsymbol{r}$ の z 軸からの距離 r にのみ依存する，と仮定する。このときの $B(r) = |\boldsymbol{B}(\boldsymbol{r})|$ を求めよ。

解答 z 軸を中心とした xy 平面に平行な半径 r の円周を C とする（図 3.20）。このとき，式 (3.69) の左辺，すなわち経路 C 上における $\boldsymbol{B}(\boldsymbol{r})$ の線積分は，$\boldsymbol{B}(\boldsymbol{r})$ が常に $\Delta\boldsymbol{r}$ に平行で，かつ大きさも一定なので，例題 1.16 のように $B(r) \times 2\pi r$ になる。一方，式 (3.69) の右辺，すなわち円周が C となる円 S に関する $\boldsymbol{j}(\boldsymbol{r})$ の面積分は，円の面が電流密度に垂直なので，式 (2.34) より，$r < a$ なら $j \times \pi r^2$ となり，$r \geq a$ なら（円柱より外側には電流は流れないので）$j \times \pi a^2$ となる。したがって式 (3.69) より，$r < a$（導線の内側）では

$$B(r) \times 2\pi r = \mu_0 j \times \pi r^2$$

$$B(r) = \frac{\mu_0 j r}{2} \tag{3.70}$$

$r \geq a$（導線の外側）では

$$B(r) \times 2\pi r = \mu_0 j \times \pi a^2$$

$$B(r) = \frac{\mu_0 j a^2}{2r} \tag{3.71}$$

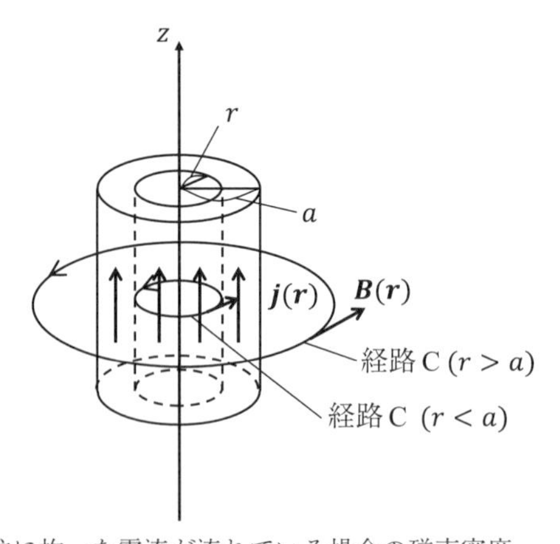

図 3.20 円柱に均一な電流が流れている場合の磁束密度

となる。

■ 積分形から微分形のアンペールの法則へ

アンペールの法則の微分形を求めよう。その準備として，ベクトル場の **rotation**（回転）という演算を定義しておく。これは，ベクトル場 $\boldsymbol{A}(\boldsymbol{r})$ に対して，式 (1.86) で定義した演算子 ∇（ナブラ）

$$\nabla = \left(\frac{\partial}{\partial x}, \frac{\partial}{\partial y}, \frac{\partial}{\partial z}\right)$$

を用いて，

$$\nabla \times \boldsymbol{A}(\boldsymbol{r}) = \left(\frac{\partial A_z}{\partial y} - \frac{\partial A_y}{\partial z}, \frac{\partial A_x}{\partial z} - \frac{\partial A_z}{\partial x}, \frac{\partial A_y}{\partial x} - \frac{\partial A_x}{\partial y}\right) \tag{3.72}$$

という新しいベクトル場をつくる演算である。すなわち rotation とは，あるベクトル場から別のベクトル場をつくる演算のことである。$\nabla \times \boldsymbol{A}(\boldsymbol{r})$ を $\mathrm{rot}\boldsymbol{A}(\boldsymbol{r})$ と記述することもある。

これを念頭に，磁束密度 $\boldsymbol{B}(\boldsymbol{r})$ について，図 3.21 に示すような，xy 平面に平行で，x から $x + \Delta x$, y から $y + \Delta y$ の微小長方形において，アンペールの法則を考える。すなわち式 (3.69) において，閉曲線 C が微小長方形の 4 つの辺，面 S が微小長方形の面である場合について考えよう。

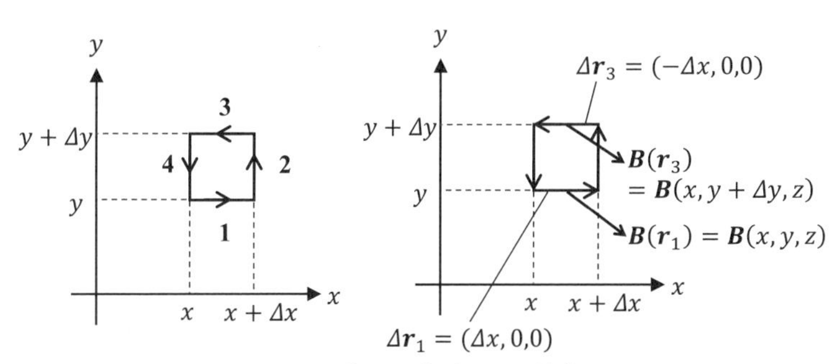

図 3.21　微小長方形上での線積分

式 (3.69) の左辺の線積分については，長方形は微小なので，4 つの辺でそれぞれ $\boldsymbol{B}(\boldsymbol{r})\cdot\Delta\boldsymbol{r}$ を計算し，それらを足し合わせればよい。4 つの辺に対して，図 3.21 左のように番号をつけよう。1 番目の辺については，$\boldsymbol{B}(\boldsymbol{r})$ の $\boldsymbol{r}$ は (x, y, z),

$\Delta\boldsymbol{r}$ は $(\Delta x, 0, 0)$ となる。この $\boldsymbol{B}(\boldsymbol{r})$ と $\Delta\boldsymbol{r}$ の内積をとると，$\boldsymbol{B} = (B_x, B_y, B_z)$ として，$B_x(x, y, z)\Delta x$ になる。一方，その向かいにある 3 番目の辺については，$\boldsymbol{r}$ は $(x, y + \Delta y, z)$ であり，$\Delta\boldsymbol{r}$ は $(-\Delta x, 0, 0)$ となるので，内積をとると $-B_x(x, y + \Delta y, z)\Delta x$ である。(いずれの辺についても，辺上で動く $\boldsymbol{r}$ の x 座標については，x で代表させていることに留意しよう。) 2 番目の辺については，$\boldsymbol{r}$ は $(x + \Delta x, y, z)$，$\Delta\boldsymbol{r}$ は $(0, \Delta y, 0)$ であり，内積は $B_y(x + \Delta x, y, z)\Delta y$ である。その向かいにある 4 番目の辺については，$\boldsymbol{r}$ は (x, y, z) であり，$\Delta\boldsymbol{r}$ は $(0, -\Delta y, 0)$ となるので，内積は $-B_y(x, y, z)\Delta y$ となる。(こちらも $\boldsymbol{r}$ の y 座標については，y で代表させている。) したがって，4 辺について $\boldsymbol{B}(\boldsymbol{r}) \cdot \Delta\boldsymbol{r}$ を足し合わせると

$$
\begin{aligned}
\oint_{\mathrm{C}} \boldsymbol{B}(\boldsymbol{r}) \cdot d\boldsymbol{r} &= \sum_{4\,辺} \boldsymbol{B}(\boldsymbol{r}_i) \cdot \Delta\boldsymbol{r}_i \\
&= B_x(x, y, z)\Delta x - B_x(x, y + \Delta y, z)\Delta x \\
&\quad + B_y(x + \Delta x, y, z)\Delta y - B_y(x, y, z)\Delta y \\
&= -\frac{\partial B_x(\boldsymbol{r})}{\partial y}\Delta y\Delta x + \frac{\partial B_y(\boldsymbol{r})}{\partial x}\Delta x\Delta y \\
&= \left\{\frac{\partial B_y(\boldsymbol{r})}{\partial x} - \frac{\partial B_x(\boldsymbol{r})}{\partial y}\right\}\Delta x\Delta y
\end{aligned}
\tag{3.73}
$$

となる。式 (3.73) の 3 つ目の等号には式 (1.80) を用いた。ここで，式 (3.73) の最後の式の中括弧の中は，式 (3.72) で定義した $\nabla \times \boldsymbol{B}(\boldsymbol{r})$ の z 成分に等しいことがわかる。

式 (3.69) の右辺の面積分についても，長方形は微小なので，1 つの面についてのみ計算すればよい。微小長方形の法線ベクトルは z 軸方向なので $\boldsymbol{n} = (0, 0, 1)$ であり，微小長方形の面積は $\Delta S = \Delta x\Delta y$ である。よって，$\boldsymbol{j} = (j_x, j_y, j_z)$ とおいて，面積分は

$$
\mu_0 \int_{\mathrm{S}} \boldsymbol{j}(\boldsymbol{r}) \cdot d\boldsymbol{S} = \mu_0 \boldsymbol{j}(\boldsymbol{r}_1) \cdot \boldsymbol{n}_1 \Delta S_1 = \mu_0 j_z(\boldsymbol{r})\Delta x\Delta y
\tag{3.74}
$$

となる。したがって，式 (3.69), (3.73), (3.74) より

$$
\begin{aligned}
(\nabla \times \boldsymbol{B}(\boldsymbol{r}))_z \Delta x\Delta y &= \mu_0 j_z(\boldsymbol{r})\Delta x\Delta y \\
(\nabla \times \boldsymbol{B}(\boldsymbol{r}))_z &= \mu_0 j_z(\boldsymbol{r})
\end{aligned}
\tag{3.75}
$$

が得られた。

今，xy 平面上の微小長方形についてアンペールの法則を考えることによって，式 (3.75) が得られた。同じことを yz 平面，zx 平面上の微小長方形について行うと

$$
\begin{aligned}
(\nabla \times \boldsymbol{B}(\boldsymbol{r}))_x &= \mu_0 j_x(\boldsymbol{r}) \\
(\nabla \times \boldsymbol{B}(\boldsymbol{r}))_y &= \mu_0 j_y(\boldsymbol{r})
\end{aligned}
\tag{3.76}
$$

が得られる。したがって，3 つの式を合わせて

$$
\nabla \times \boldsymbol{B}(\boldsymbol{r}) = \mu_0 \boldsymbol{j}(\boldsymbol{r}) \tag{3.77}
$$

となる。これを微分形のアンペールの法則という。

例題 3.9　例題 3.8 で得られた磁束密度について，微分形のアンペールの法則が成り立っていることを確認せよ。

解答　例題 3.8 において，$\boldsymbol{r} = (x, y, z)$ の z 軸からの距離 r は $r = \sqrt{x^2 + y^2}$ である。またベクトル $\boldsymbol{B}(x, y, z)$ は z 軸を中心として $\boldsymbol{r} = (x, y, z)$ を通る円の接線方向，すなわち $(-y, x, 0)$ 方向なので，$\boldsymbol{B}(x, y, z)$ を求めるには $B(\boldsymbol{r})$ に $(-y, x, 0)$ 方向の単位ベクトル，すなわち $(-y, x, 0)/\sqrt{x^2 + y^2}$ を掛ければよい。したがって，$r < a$（導線の内側）では

$$
\boldsymbol{B}(\boldsymbol{r}) = \frac{\mu_0 j}{2}\sqrt{x^2 + y^2} \times \frac{(-y, x, 0)}{\sqrt{x^2 + y^2}} = \frac{\mu_0 j}{2}(-y, x, 0) \tag{3.78}
$$

であり，

$$
\nabla \times \boldsymbol{B}(\boldsymbol{r}) = \frac{\mu_0 j}{2}\left(-\frac{\partial x}{\partial z}, -\frac{\partial y}{\partial z}, \frac{\partial x}{\partial x} + \frac{\partial y}{\partial y}\right) = \mu_0 j(0, 0, 1) \tag{3.79}
$$

となる。また $r \geq a$（導線の外側）では

$$
\boldsymbol{B}(\boldsymbol{r}) = \frac{\mu_0 j a^2}{2\sqrt{x^2 + y^2}} \times \frac{(-y, x, 0)}{\sqrt{x^2 + y^2}} = \frac{\mu_0 j a^2}{2}\frac{(-y, x, 0)}{x^2 + y^2} \tag{3.80}
$$

であり，

$$
\nabla \times \boldsymbol{B}(\boldsymbol{r}) = \frac{\mu_0 j a^2}{2}\left(-\frac{\partial}{\partial z}\frac{x}{x^2 + y^2}, -\frac{\partial}{\partial z}\frac{y}{x^2 + y^2}, \frac{\partial}{\partial x}\frac{x}{x^2 + y^2} + \frac{\partial}{\partial y}\frac{y}{x^2 + y^2}\right)
$$

$$= \frac{\mu_0 j a^2}{2}\left(0, 0, \frac{y^2 - x^2}{(x^2+y^2)^2} + \frac{x^2 - y^2}{(x^2+y^2)^2}\right) = (0,0,0) \tag{3.81}$$

となる。これはどちらの領域でも $\mu_0 \boldsymbol{j}(\boldsymbol{r})$ に等しい。

■ 微分形から積分形のアンペールの法則へ

微分形のアンペールの法則から積分形に戻すこともやっておこう。式 (3.77) の両辺を曲面 S で面積分する。

$$\int_{\mathrm{S}} \nabla \times \boldsymbol{B}(\boldsymbol{r}) \cdot d\boldsymbol{S} = \mu_0 \int_{\mathrm{S}} \boldsymbol{j}(\boldsymbol{r}) \cdot d\boldsymbol{S} \tag{3.82}$$

式 (3.82) の左辺は，式 (1.56) の面積分の定義により，曲面 S を微小長方形に区分けして

$$\int_{\mathrm{S}} \nabla \times \boldsymbol{B}(\boldsymbol{r}) \cdot d\boldsymbol{S} = \lim_{\Delta S_i \to 0} \sum_i \nabla \times \boldsymbol{B}(\boldsymbol{r}_i) \cdot \boldsymbol{n}_i \Delta S_i \tag{3.83}$$

となる。

ところで，式 (3.73) より，$\boldsymbol{B}(\boldsymbol{r})$ の $\boldsymbol{r}_i$ にある xy 平面に平行な微小長方形の 4 辺での線積分は $\nabla \times \boldsymbol{B}(\boldsymbol{r}_i)$ の z 成分に $\Delta S_i = \Delta x \Delta y$ を掛けたものになる。すなわち

$$\sum_{4\,辺} \boldsymbol{B}(\boldsymbol{r}_\mu) \cdot \Delta \boldsymbol{r}_\mu = \left(\nabla \times \boldsymbol{B}(\boldsymbol{r}_i)\right)_z \Delta S_i \tag{3.84}$$

である。これは，yz 平面上，zx 平面上の微小長方形でも成り立つが，さらに一般の法線ベクトル $\boldsymbol{n}_i$ を持つ微小長方形について，

$$\sum_{4\,辺} \boldsymbol{B}(\boldsymbol{r}_\mu) \cdot \Delta \boldsymbol{r}_\mu = \nabla \times \boldsymbol{B}(\boldsymbol{r}_i) \cdot \boldsymbol{n}_i \Delta S_i \tag{3.85}$$

が成り立つ (証明は巻末付録 III)。式 (3.85) の右辺は式 (3.83) 右辺の $\sum$ の中と同じである。したがって，式 (3.85) の右辺を曲面 S を区分けしたすべての長方形 i で足した式 (3.83) の右辺は，「$\boldsymbol{B}(\boldsymbol{r})$ の微小長方形の 4 辺での線積分を曲面 S 内のすべての微小長方形で足したもの」になる。すなわち

$$\sum_i \nabla \times \boldsymbol{B}(\boldsymbol{r}_i) \cdot \boldsymbol{n}_i \Delta S_i = \sum_\mu \boldsymbol{B}(\boldsymbol{r}_\mu) \cdot \Delta \boldsymbol{r}_\mu \tag{3.86}$$

であり，$\sum_\mu$ は「すべての微小長方形のもつすべての辺 μ」で足す。たとえば，曲面Sを N 個の微小長方形に分割するのであれば，左辺の $\sum$ は N 個の i の和となり，右辺の $\sum$ は $4N$ 個の μ の和となる。

ここで図3.22をみるとわかるように，隣り合った微小長方形の互いに接する辺の線積分への寄与は，$\boldsymbol{B}(\boldsymbol{r})$ が同じであるが，$\Delta\boldsymbol{r}$ が互いに反対方向を向くので，その寄与はキャンセルすることがわかる。結果として，「$\boldsymbol{B}(\boldsymbol{r})$ の微小長方形での線積分をすべての微小長方形で足し合わせたもの」のうち，キャンセルしないのは，他の微小長方形の辺と接することのない辺，すなわち曲面Sの周囲に現れる辺のみであることがわかる（図3.22右下）。すなわち

$$\sum_{\mu} \boldsymbol{B}(\boldsymbol{r}_\mu) \cdot \Delta\boldsymbol{r}_\mu = \sum_{\text{Sの周囲}} \boldsymbol{B}(\boldsymbol{r}_\mu) \cdot \Delta\boldsymbol{r}_\mu \tag{3.87}$$

となる。$|\Delta\boldsymbol{r}_\mu| \to 0$ の極限をとると，式(1.113)より，これはSの周囲（これをCとする）での線積分である。したがって，式(3.83), (3.86), (3.87)，および式(1.113)より

$$\begin{aligned}\int_{\mathrm{S}} \nabla \times \boldsymbol{B}(\boldsymbol{r}) \cdot d\boldsymbol{S} &= \lim_{\Delta S_i \to 0} \sum_{\text{Sの周囲}} \boldsymbol{B}(\boldsymbol{r}_\mu) \cdot \Delta\boldsymbol{r}_\mu \\ &= \oint_{\mathrm{C}} \boldsymbol{B}(\boldsymbol{r}) \cdot d\boldsymbol{r} \end{aligned} \tag{3.88}$$

が得られた。

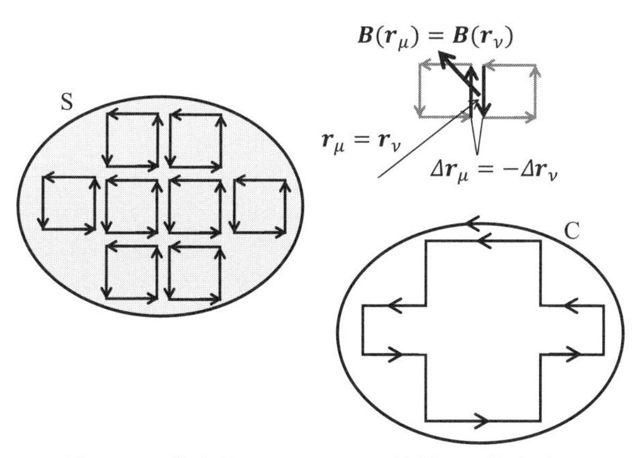

図3.22　微分形のアンペールの法則から積分形へ

式 (3.88) と式 (3.82) を合わせて，

$$\oint_{\mathrm{C}} \boldsymbol{B}(\boldsymbol{r}) \cdot d\boldsymbol{r} = \mu_0 \int_{\mathrm{S}} \boldsymbol{j}(\boldsymbol{r}) \cdot d\boldsymbol{S}$$

が得られる。これは式 (3.69) と同じである。

なお，式 (3.88) は，任意のベクトル場 $\boldsymbol{B}(\boldsymbol{r})$ で成り立つ数学の定理であり，**ストークス** (Stokes) **の定理**とよばれる。ストークスの定理を認めれば，微分形のアンペールの法則と積分形のアンペールの法則が同値であることはすぐに導出できる。

■　ベクトル場の回転

式 (3.73) からわかるように，あるベクトル場の rotation の z 成分に xy 平面上の微小長方形の面積を掛けたものは，そのベクトル場そのものを xy 平面上の微小長方形のまわりで線積分したものである。ところで，式 (1.113) の線積分の定義からわかるように，ベクトル場の閉曲線上での線積分はベクトル場の閉曲線への射影に対応する。したがって閉曲線上での線積分が 0 にならないということは，ベクトル場を流れと考えた場合，流れが（閉曲線がつくる面に垂直な軸まわりに）「渦を巻いている」ことを意味する（例題 1.16 参照）。ということは，rotation の x, y, z 成分も，流れとしてのベクトル場の x, y, z 軸まわりの渦の大きさを表していることになる。

1 章の最後で，電場ベクトル $\boldsymbol{E}(\boldsymbol{r})$ を任意の閉曲線上で線積分したものは 0 になることをみた（式 (1.176)）。これに式 (3.88) のストークスの定理を用いることにより，任意の曲面 S で

$$\int_{\mathrm{S}} \nabla \times \boldsymbol{E}(\boldsymbol{r}) \cdot d\boldsymbol{S} = 0 \tag{3.89}$$

となる。これが成り立つためには，あらゆる位置 $\boldsymbol{r}$ で

$$\nabla \times \boldsymbol{E}(\boldsymbol{r}) = \boldsymbol{0} \tag{3.90}$$

でなければならない。このように，あらゆる位置で rotation が $\boldsymbol{0}$ になるベクトル場を渦なしの場という。静電場 $\boldsymbol{E}(\boldsymbol{r})$ は渦なしの場である。

例題 **3.10** 原点に電荷 q がある場合の電場，すなわち式 (1.8) で与えられる $\boldsymbol{E}(\boldsymbol{r})$ の rotation が，位置 $\boldsymbol{r}$ によらず $\boldsymbol{0}$ であることを示せ。

解答 式 (1.8) は x, y, z について対称なので，例として rotation の z 成分を計算する。このとき

$$\begin{aligned}\{\nabla\times\boldsymbol{E}(\boldsymbol{r})\}_z &= \frac{q}{4\pi\varepsilon_0}\left\{\frac{\partial}{\partial x}\left(\frac{y}{(x^2+y^2+z^2)^{3/2}}\right)-\frac{\partial}{\partial y}\left(\frac{x}{(x^2+y^2+z^2)^{3/2}}\right)\right\}\\ &= \frac{q}{4\pi\varepsilon_0}\left\{-\frac{3}{2}\frac{2xy}{(x^2+y^2+z^2)^{5/2}}+\frac{3}{2}\frac{2xy}{(x^2+y^2+z^2)^{5/2}}\right\}\\ &= 0 \end{aligned} \tag{3.91}$$

が成り立つ。x 成分，y 成分も同様に 0 となる。

3.3 単独磁極を持つ粒子の非存在

ここまでは定常電流が磁束密度をつくる様子を見てきたが，電場をつくるものとして電荷をもった粒子が存在するように，磁束密度をつくるものとして磁荷をもった粒子を考えることが可能だろうか？ 可能ならば，正の電荷から湧き出した電場が負の電荷へと吸い込まれるように，正の磁荷から湧き出した磁束密度が負の磁荷へと吸い込まれる。例題 3.4 と 3.5 で見たように，円形や正方形の閉じた定常電流がつくる磁束密度は，電気双極子がつくる電場 (例題 1.5) と同じ形のベクトル場となる。図 3.11 の円電流の場合，電流の上側に正の磁荷，下側に負の磁荷をもつ磁気双極子とみなすことができる。棒磁石のまわりの磁束密度も磁気双極子がつくるベクトル場のようになり，棒磁石の N 極側に正の磁荷，S 極側に負の磁荷をもつ磁気双極子と考えればよい。このとき，磁束密度は N 極側の正の磁荷から湧き出し，S 極側の負の磁荷へと吸い込まれる。しかし，定常電流の場合でも永久磁石の場合でも，正の磁荷または負の磁荷の一方が単独で存在することはなく，絶対値が等しく符号が逆の磁荷が必ず対となって存在する。現時点では正あるいは負の片方の符号の磁荷だけをもつ粒子は発見されておらず，磁束密度をつくるものとしては，電流（電荷をもつ粒子の流れ）と永久磁石（磁気双極子）のみ考えれば十分である。つまり，正または負の磁荷を持つ単独磁極（モノポール）の粒子は発見されておらず，か

つ，永久磁石などの磁気双極子の磁束密度は閉じた定常電流によって記述することが可能であるため，電磁気学において磁荷という概念を導入することは必須ではない。そこで，本書では磁荷を用いることなく静磁場の記述を進めていく。一方で，異なる符号をもつ磁荷の対である磁気双極子によって円電流がつくる磁束密度を説明したように，磁荷を用いて静磁場を記述することも可能である。ただし，絶対値が等しく符号が逆の磁荷が必ず対になっているので，ある閉曲面Sの内部では正の磁荷と負の磁荷が打ち消し合ってしまう。したがって，磁荷という概念を導入するかどうかに関係なく，単独磁極を持つ粒子が発見されていないという実験事実から，磁束密度 $\boldsymbol{B}(\boldsymbol{r})$ には湧き出しや吸い込みはなく，ある閉曲面Sを貫く磁束は必ずゼロである。つまり，閉曲面S について磁束密度の法線成分を積分すると次式のようにゼロとなる。

$$\oint_{\mathrm{S}} \boldsymbol{B}(\boldsymbol{r}) \cdot d\boldsymbol{S} = 0 \tag{3.92}$$

閉曲面Sで囲まれた領域Vについてガウスの定理（式(1.95)）を適用することによって，

$$\int_{\mathrm{V}} \nabla \cdot \boldsymbol{B}(\boldsymbol{r}) dV = \oint_{\mathrm{S}} \boldsymbol{B}(\boldsymbol{r}) \cdot d\boldsymbol{S} = 0 \tag{3.93}$$

となり，任意の領域Vでこれが成立するためには

$$\nabla \cdot \boldsymbol{B}(\boldsymbol{r}) = 0 \tag{3.94}$$

でなければならない。磁束密度 $\boldsymbol{B}(\boldsymbol{r})$ の divergence はゼロとなり，これは単独磁極を持つ粒子が存在しないことに対応する偏微分方程式である。

3.4 ベクトルポテンシャル

静電場の場合，電場 $\boldsymbol{E}(\boldsymbol{r})$ は静電ポテンシャル $\phi(\boldsymbol{r})$ の gradient に負符号をつけて表現することができる。静磁場の場合，磁束密度 $\boldsymbol{B}(\boldsymbol{r})$ にとって，電場の静電ポテンシャルに対応するものがあるだろうか？ 電場をある経路にそって線積分すると静電ポテンシャルが得られたように，以下のように磁束密度を積分することで得られるベクトル場を $\boldsymbol{A}(\boldsymbol{r})$ と定義する。

$$\boldsymbol{A}(\boldsymbol{r}) = \int_{\mathrm{V}} \frac{\boldsymbol{B}(\boldsymbol{r}') \times (\boldsymbol{r} - \boldsymbol{r}')}{4\pi|\boldsymbol{r} - \boldsymbol{r}'|^3} dV' \tag{3.95}$$

$\boldsymbol{A}(\boldsymbol{r})$ の rotation を計算してみよう。rotation と積分の順序を入れ替えて巻末付録IVの公式 (10) と $\nabla\cdot\boldsymbol{B}(\boldsymbol{r})=0$ であることを使うと以下のようになる。

$$\nabla\times\boldsymbol{A}(\boldsymbol{r})=\int_{\mathrm{V}}\nabla\times\frac{\boldsymbol{B}(\boldsymbol{r}')\times(\boldsymbol{r}-\boldsymbol{r}')}{4\pi|\boldsymbol{r}-\boldsymbol{r}'|^3}dV'=\int_{\mathrm{V}}\boldsymbol{B}(\boldsymbol{r}')\left(\nabla\cdot\frac{\boldsymbol{r}-\boldsymbol{r}'}{4\pi|\boldsymbol{r}-\boldsymbol{r}'|^3}\right)dV'$$

この計算の詳細は章末問題 3.6 および 3.7 で扱う。さらに，デルタ関数 $\delta(\boldsymbol{r})$ の性質（式 (1.172) と式 (1.170)）を用いることで

$$\int_{\mathrm{V}}\boldsymbol{B}(\boldsymbol{r}')\left(\nabla\cdot\frac{\boldsymbol{r}-\boldsymbol{r}'}{4\pi|\boldsymbol{r}-\boldsymbol{r}'|^3}\right)dV'=\int_{\mathrm{V}}\boldsymbol{B}(\boldsymbol{r}')\delta(\boldsymbol{r}-\boldsymbol{r}')dV'=\boldsymbol{B}(\boldsymbol{r})$$

となって，磁束密度が得られることがわかる。$\boldsymbol{A}(\boldsymbol{r})$ は**ベクトルポテンシャル**とよばれ，以下のように磁束密度 $\boldsymbol{B}(\boldsymbol{r})$ はベクトルポテンシャルの rotation で表現される。

$$\boldsymbol{B}(\boldsymbol{r})=\nabla\times\boldsymbol{A}(\boldsymbol{r}) \tag{3.96}$$

特殊な位置 $\boldsymbol{r}$ を除き磁束密度 $\boldsymbol{B}(\boldsymbol{r})$ の各成分は $\boldsymbol{r}$ について滑らかに変化する関数になっている。このとき，ベクトルポテンシャル $\boldsymbol{A}(\boldsymbol{r})$ に rotation の演算を行い，さらに divergence の演算を行うと必ずゼロとなることがわかる（例題 3.11）。つまり，磁束密度 $\boldsymbol{B}(\boldsymbol{r})$ がベクトルポテンシャル $\boldsymbol{A}(\boldsymbol{r})$ の rotation となっていることは，式 (3.94) を自然に与えてくれるのである。

例題 3.11 ベクトルポテンシャル $\boldsymbol{A}(\boldsymbol{r})$ に rotation の演算を行い，さらに divergence の演算を行うとゼロとなることを示せ。

解答 ベクトルポテンシャル $\boldsymbol{A}(\boldsymbol{r})=(A_x(x,y,z),A_y(x,y,z),A_z(x,y,z))$ に rotation の演算を行うと，

$$\nabla\times\boldsymbol{A}(\boldsymbol{r})=\left(\frac{\partial A_z}{\partial y}-\frac{\partial A_y}{\partial z},\frac{\partial A_x}{\partial z}-\frac{\partial A_z}{\partial x},\frac{\partial A_y}{\partial x}-\frac{\partial A_x}{\partial y}\right) \tag{3.97}$$

となり，さらに divergence の演算を行うと以下のようになる。

$$\begin{aligned}\nabla\cdot(\nabla\times\boldsymbol{A}(\boldsymbol{r}))&=\frac{\partial}{\partial x}\left(\frac{\partial A_z}{\partial y}-\frac{\partial A_y}{\partial z}\right)+\frac{\partial}{\partial y}\left(\frac{\partial A_x}{\partial z}-\frac{\partial A_z}{\partial x}\right)\\&\quad+\frac{\partial}{\partial z}\left(\frac{\partial A_y}{\partial x}-\frac{\partial A_x}{\partial y}\right)\end{aligned}$$

$$= \frac{\partial^2 A_z}{\partial x \partial y} - \frac{\partial^2 A_y}{\partial x \partial z} + \frac{\partial^2 A_x}{\partial y \partial z} - \frac{\partial^2 A_z}{\partial y \partial x} + \frac{\partial^2 A_y}{\partial z \partial x} - \frac{\partial^2 A_x}{\partial z \partial x}$$

$$= 0 \tag{3.98}$$

ここで，式(3.97)で与えらえる磁束密度の各成分がx, y, zについて滑らかな関数であれば，その偏導関数$\partial^2 A_z/\partial x\partial y$などは$x$, y, zの連続関数となって$\partial^2 A_z/\partial x\partial y = \partial^2 A_z/\partial y\partial x$などが成り立つことを用いている。

■ クーロンゲージ

連続な2階の偏導関数を持つスカラー場$\chi(\boldsymbol{r})$にgradientの演算を行い，さらにrotationの演算を行うと$\mathbf{0}$となる（例題3.12）。つまり，以下の式に示す通り，ベクトルポテンシャルに任意のスカラー場$\chi(\boldsymbol{r})$のgradientを加えたものも，rotationの演算を行うと同じ磁束密度を与える。

$$\nabla \times (\boldsymbol{A}(\boldsymbol{r}) + \nabla\chi(\boldsymbol{r})) = \nabla \times \boldsymbol{A}(\boldsymbol{r}) = \boldsymbol{B}(\boldsymbol{r}) \tag{3.99}$$

ベクトルポテンシャル$\boldsymbol{A}(\boldsymbol{r})$には$\nabla\chi(\boldsymbol{r})$の任意性があり，$\nabla\chi(\boldsymbol{r})$の分だけベクトルポテンシャルを変化させても磁束密度$\boldsymbol{B}(\boldsymbol{r})$が変わらないことを**ゲージ不変性**とよぶ。ベクトルポテンシャルの形を決めるには，さらに条件を課して特定する必要があるが，最も広く使われている条件は以下の**クーロンゲージ**の条件である。

$$\nabla \cdot \boldsymbol{A}(\boldsymbol{r}) = 0 \tag{3.100}$$

アンペールの法則$\nabla \times \boldsymbol{B}(\boldsymbol{r}) = \mu_0 \boldsymbol{j}(\boldsymbol{r})$に$\boldsymbol{B}(\boldsymbol{r}) = \nabla \times \boldsymbol{A}(\boldsymbol{r})$を代入すると，

$$\nabla \times (\nabla \times \boldsymbol{A}(\boldsymbol{r})) = \mu_0 \boldsymbol{j}(\boldsymbol{r}) \tag{3.101}$$

となる。例題3.13の公式より，$\nabla \times (\nabla \times \boldsymbol{A}(\boldsymbol{r})) = -\nabla^2 \boldsymbol{A}(\boldsymbol{r}) + \nabla(\nabla \cdot \boldsymbol{A}(\boldsymbol{r}))$と変形できる。クーロンゲージの場合には第2項が消えるため，

$$\nabla^2 \boldsymbol{A}(\boldsymbol{r}) = -\mu_0 \boldsymbol{j}(\boldsymbol{r}) \tag{3.102}$$

となり，ポアソン方程式と同じ形となる。静電ポテンシャルが式(1.145)になることと同様に，電流密度$\boldsymbol{j}(\boldsymbol{r})$が与えられると，式(1.173)によってクーロンゲージを満たすベクトルポテンシャルは以下のように計算することができる。

$$\boldsymbol{A}(\boldsymbol{r}) = \frac{\mu_0}{4\pi} \int_{\mathrm{V}} \frac{\boldsymbol{j}(\boldsymbol{r}')}{|\boldsymbol{r} - \boldsymbol{r}'|} dV' \tag{3.103}$$

例題 3.12 連続な2階の偏導関数を持つスカラー場 $\chi(\boldsymbol{r})$ に gradient の演算を行い，さらに rotation の演算を行うと $\boldsymbol{0}$ となることを示せ。

解答 スカラー関数 $\chi(\boldsymbol{r})$ に gradient の演算を行うと，

$$\nabla\chi(\boldsymbol{r}) = \left(\frac{\partial\chi}{\partial x}, \frac{\partial\chi}{\partial y}, \frac{\partial\chi}{\partial z}\right) \tag{3.104}$$

となる。さらに，rotation の演算を行うと，

$$\begin{aligned}\nabla\times(\nabla\chi(\boldsymbol{r})) &= \left(\frac{\partial}{\partial y}\frac{\partial\chi}{\partial z} - \frac{\partial}{\partial z}\frac{\partial\chi}{\partial y}, \frac{\partial}{\partial z}\frac{\partial\chi}{\partial x} - \frac{\partial}{\partial x}\frac{\partial\chi}{\partial z}, \frac{\partial}{\partial x}\frac{\partial\chi}{\partial y} - \frac{\partial}{\partial y}\frac{\partial\chi}{\partial x}\right)\\ &= \left(\frac{\partial^2\chi}{\partial y\partial z} - \frac{\partial^2\chi}{\partial z\partial y}, \frac{\partial^2\chi}{\partial z\partial x} - \frac{\partial^2\chi}{\partial x\partial z}, \frac{\partial^2\chi}{\partial x\partial y} - \frac{\partial^2\chi}{\partial y\partial x}\right)\\ &= (0,0,0)\end{aligned} \tag{3.105}$$

式 (1.128) のように静電場 $\boldsymbol{E}(\boldsymbol{r})$ はスカラーである静電ポテンシャル $\phi(\boldsymbol{r})$ の gradient に負符号をつけて与えられることから，静電場 $\boldsymbol{E}(\boldsymbol{r})$ の rotation が $\boldsymbol{0}$ になるという式 (3.90) が自然に得られる。

例題 3.13 連続な2階の偏導関数を持つベクトル場 $\boldsymbol{A}(\boldsymbol{r})$ に rotation の演算を行い，さらに rotation の演算を行うと $-\nabla^2\boldsymbol{A}(\boldsymbol{r}) + \nabla(\nabla\cdot\boldsymbol{A}(\boldsymbol{r}))$ となることを示せ。

解答 $\nabla\times(\nabla\times\boldsymbol{A}(\boldsymbol{r}))$ の x 成分は

$$\frac{\partial}{\partial y}\left(\frac{\partial A_y}{\partial x} - \frac{\partial A_x}{\partial y}\right) - \frac{\partial}{\partial z}\left(\frac{\partial A_x}{\partial z} - \frac{\partial A_z}{\partial x}\right) = \frac{\partial^2 A_y}{\partial x\partial y} + \frac{\partial^2 A_z}{\partial x\partial z} - \frac{\partial^2 A_x}{\partial^2 y} - \frac{\partial^2 A_x}{\partial^2 z}$$

一方，$-\nabla^2\boldsymbol{A}(\boldsymbol{r}) + \nabla(\nabla\cdot\boldsymbol{A}(\boldsymbol{r}))$ の x 成分は

$$\begin{aligned}&-\frac{\partial^2 A_x}{\partial^2 x} - \frac{\partial^2 A_x}{\partial^2 y} - \frac{\partial^2 A_x}{\partial^2 z} + \frac{\partial}{\partial x}\left(\frac{\partial A_x}{\partial x} + \frac{\partial A_y}{\partial y} + \frac{\partial A_z}{\partial z}\right)\\ &= -\frac{\partial^2 A_x}{\partial^2 y} - \frac{\partial^2 A_x}{\partial^2 z} + \frac{\partial^2 A_y}{\partial x\partial y} + \frac{\partial^2 A_z}{\partial x\partial z}\end{aligned}$$

よって，両辺の x 成分は等しい。y 成分，z 成分についても同様に示すことができる。

例題3.11，例題3.12，例題3.13，章末問題3.6で扱ったものを含むベクトル解析の公式は巻末付録IVにまとめてある。

3.5 静磁場中の荷電粒子の運動

■ サイクロトロン運動

磁場中を電荷 q をもつ粒子が速度 $\boldsymbol{v}(\boldsymbol{r})$ で運動しているとき，式(3.8)のローレンツ力を受ける。ローレンツ力の向きは磁束密度と速度の向きに垂直であるため，z 軸方向に一様な磁束密度 $\boldsymbol{B}(x,y,z)=(0,0,B)$ がある空間では，図3.23のように荷電粒子は z 軸に垂直な平面内で等速円運動を行うことが可能である。等速円運動の半径を R，荷電粒子の質量を m，速さを v とすると，遠心力とローレンツ力がつり合う条件は $mv^2/R=|q|vB$ であり，円運動の半径は以下の式で与えられる。

$$R=\frac{mv}{|q|B} \tag{3.106}$$

磁束密度が強いほど半径が小さくなることがわかる。磁束密度からのローレンツ力による荷電粒子の等速円運動は**サイクロトロン運動**とよばれる。

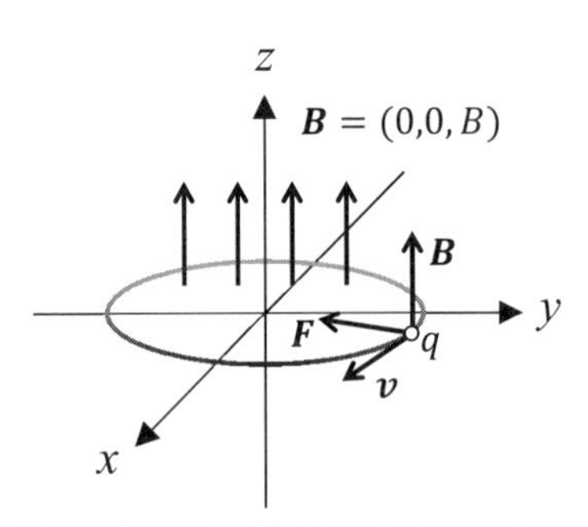

図3.23 一様な磁束密度の下での荷電粒子のサイクロトロン運動（$q>0$ の場合）

例題3.14 z 軸方向に一様な磁束密度 $(0,0,B)$，x 軸方向に一様な電場 $(E,0,0)$ がある空間に初速度ゼロで質量 m，電荷 q をもつ粒子を原点に置

いた。このとき，荷電粒子の運動の様子を考察せよ。

解答　時刻 t の速度を (v_x, v_y, v_z) とすると，運動方程式は以下で与えられる。

$$m\frac{dv_x}{dt} = qE + qv_yB \tag{3.107}$$

$$m\frac{dv_y}{dt} = -qv_xB \tag{3.108}$$

$$m\frac{dv_z}{dt} = 0 \tag{3.109}$$

式 (3.108) の両辺を時間微分して右辺に式 (3.107) を用いて dv_x/dt を消去すると

$$m\frac{d^2v_y}{dt^2} = -qB\frac{qE + qv_yB}{m} \tag{3.110}$$

となり，解は

$$v_y = \frac{E}{B}\cos\left(\frac{qB}{m}t\right) - \frac{E}{B} \tag{3.111}$$

である。これを式 (3.108) に代入すると，

$$v_x = \frac{E}{B}\sin\left(\frac{qB}{m}t\right) \tag{3.112}$$

が得られる。また，式 (3.109) と初速度がゼロであることから，$v_z = 0$ である。磁束密度と電場に垂直な y 軸方向に速度 $-E/B$ でドリフトしながら xy 面内で円運動を行うことがわかる。これらの式の両辺を時間積分して出発点が原点であること用いると，時刻 t の位置 (x, y, z) は以下となる。

$$(x, y, z) = \left(\frac{mE}{qB^2}\left(1 - \cos\left(\frac{qB}{m}t\right)\right), \frac{mE}{qB^2}\sin\left(\frac{qB}{m}t\right) - \frac{E}{B}t, 0\right) \tag{3.113}$$

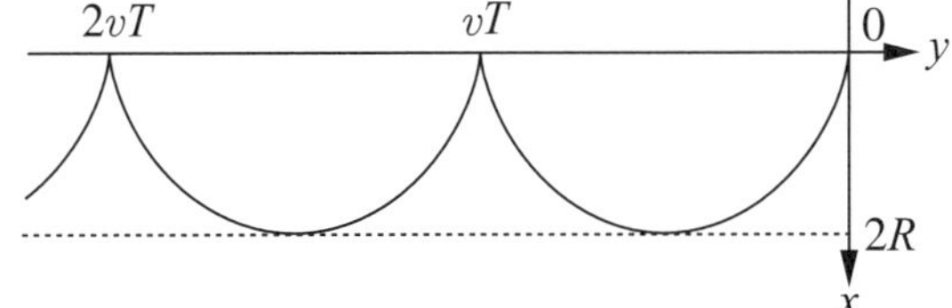

図 3.24　直交する磁束密度と電場による荷電粒子の運動（$q > 0$ の場合）

この運動の軌跡は軌道半径 $R = mE/(|q|B^2)$，周期 $T = 2\pi\sqrt{m/|q|B}$，ドリフトの速度 $v = -E/B$ として，図3.24のようなサイクロイド曲線となる。

コラム3：ベクトルポテンシャルと静電ポテンシャル

静電ポテンシャル $\phi(\boldsymbol{r})$ とベクトルポテンシャル $\boldsymbol{A}(\boldsymbol{r})$ にはいくつかの共通点がある。まず，∇ を適切に演算することでそれぞれ電場 $\boldsymbol{E}(\boldsymbol{r})$，磁束密度 $\boldsymbol{B}(\boldsymbol{r})$ となる。また，クーロンゲージの場合には，電流密度 $\boldsymbol{j}(\boldsymbol{r})$ とベクトルポテンシャル $\boldsymbol{A}(\boldsymbol{r})$ はポアソン方程式を満たし，電荷密度 $\rho(\boldsymbol{r})$ と電場 $\boldsymbol{E}(\boldsymbol{r})$ の関係と同じである。一方，静電ポテンシャル $\phi(\boldsymbol{r})$ の中で $\boldsymbol{r}$ にある電荷 q の粒子は $q\phi(\boldsymbol{r})$ の位置エネルギーを持つとしてよいが，ベクトルポテンシャルの場合には電流素片に向きがあるため位置エネルギーと関連づけることは難しい。それでも，ある程度の類推は成り立つ。たとえば，z 軸の正の向きに流れる直線電流 I が $\boldsymbol{r}=(x,\ y,\ z)$ の位置につくるベクトルポテンシャル $\boldsymbol{A}(\boldsymbol{r})$ は z 軸までの距離 $\sqrt{x^2+y^2}$ に依存し，$\boldsymbol{A}(\boldsymbol{r}) = \boldsymbol{0}$ となる z 軸からの距離を r_0 とすると $\boldsymbol{A}(\boldsymbol{r}) = (0, 0, \mu_0 I/(2\pi)\log(\sqrt{x^2+y^2}/r_0))$ となる。z 軸方向を向いた電流素片 $\Delta I'\boldsymbol{e}_z$ に限定すれば，ローレンツ力は必ず $\boldsymbol{r}$ から z 軸への垂線の方向にはたらくので，$\Delta I'$ の符号まで含めて位置エネルギーは $-\Delta I'\boldsymbol{e}_z \cdot \boldsymbol{A}(\boldsymbol{r}) = -\mu_0 \Delta I'\, I/(2\pi)\log(\sqrt{x^2+y^2}/r_0)$ で与えられる。これは，z 軸上に一定の線電荷密度 λ がある場合の静電ポテンシャル $\phi(\boldsymbol{r}) = \lambda/(2\pi\varepsilon_0)\log(\sqrt{x^2+y^2}/r_0)$（$\boldsymbol{E}(\boldsymbol{r}) = -\nabla\phi(\boldsymbol{r})$ は章末問題1.5の電場を与える）と $\boldsymbol{r}$ での電荷 q の粒子の位置エネルギー $q\phi(\boldsymbol{r}) = q\lambda/(2\pi\varepsilon_0)\log(\sqrt{x^2+y^2}/r_0)$ の関係に対応している。

章末問題3

問題3.1　例題3.7のソレノイドコイルは，例題3.4の円形のコイルが積み重なったものと考えることができる。例題3.4の結果を用いて，z 軸の周りの半径 a のソレノイドコイルが $z = -L/2$ から $z = L/2$ まで長さ L であるときの，ソレノイドコイルの中心軸（z 軸）上での磁束密度を計算せよ。またこの結果が $L \to \infty$ で，式(3.68)に一致することを確かめよ。

問題3.2　例題3.4の円形のコイルは，例題3.6で示したように，コイルが小さい場合は，z 軸方向の磁気双極子とみなすことができる。一方，第1章の章末問題1.3で示したように，z 軸に向いた2つの電気双極子を，z 軸方向に同じ方向に重ねたものの間には引力が働く。したがって，例題3.4のような円形のコイルを平行に2つ重ねたものの間にも引力が働くことが予想される。これを定性的に説明せよ。

問題 3.3 B を定数として，ベクトルポテンシャル $\boldsymbol{A}(\boldsymbol{r}) = (-By/2, Bx/2, 0)$，$\boldsymbol{A}(\boldsymbol{r}) = (0, Bx, 0)$，$\boldsymbol{A}(\boldsymbol{r}) = (-By, 0, 0)$ は，いずれも磁束密度 $\boldsymbol{B}(\boldsymbol{r}) = (0, 0, B)$ を与えることを示せ。

問題 3.4 ベクトルポテンシャル $\boldsymbol{A}(\boldsymbol{r}) = (0, 0, \mu_0 I/(2\pi)\log(\sqrt{x^2+y^2}/r_0))$ は，z 軸の正の向きに流れる直線電流 I による磁束密度を与えることを示せ。$\boldsymbol{A}(\boldsymbol{r}) = \boldsymbol{0}$ となる z 軸からの距離を r_0 とする。

問題 3.5 z 軸にそって $\boldsymbol{B}(\boldsymbol{r}) = (0, 0, B\delta(x)\delta(y))$ という磁束密度がつくられているものとする。式(3.95)を用いてベクトルポテンシャルを求めよ。

問題 3.6 ベクトル場 $\boldsymbol{E}(\boldsymbol{r})$ および $\boldsymbol{B}(\boldsymbol{r})$ に対して以下の等式が成り立つことを示せ。

$$\begin{aligned}\nabla \times (\boldsymbol{E}(\boldsymbol{r}) \times \boldsymbol{B}(\boldsymbol{r})) &= (\boldsymbol{B}(\boldsymbol{r}) \cdot \nabla)\boldsymbol{E}(\boldsymbol{r}) - (\boldsymbol{E}(\boldsymbol{r}) \cdot \nabla)\boldsymbol{B}(\boldsymbol{r}) \\ &\quad - \boldsymbol{B}(\boldsymbol{r})(\nabla \cdot \boldsymbol{E}(\boldsymbol{r})) + \boldsymbol{E}(\boldsymbol{r})(\nabla \cdot \boldsymbol{B}(\boldsymbol{r}))\end{aligned}$$

問題 3.7 $\nabla \cdot \boldsymbol{B}(\boldsymbol{r}) = 0$ であることと問題3.6で示した公式を用いて，

$$\int_{\mathrm{V}} \nabla \times \frac{\boldsymbol{B}(\boldsymbol{r}') \times (\boldsymbol{r} - \boldsymbol{r}')}{4\pi|\boldsymbol{r} - \boldsymbol{r}'|^3} dV' = \int_{\mathrm{V}} \boldsymbol{B}(\boldsymbol{r}') \left(\nabla \cdot \frac{\boldsymbol{r} - \boldsymbol{r}'}{4\pi|\boldsymbol{r} - \boldsymbol{r}'|^3}\right) dV'$$

となることを示せ。

問題 3.8 x 軸方向に一様な電場 $(E, 0, 0)$，z 軸方向に一様な磁束密度 $(0, 0, B)$ がある空間に y 軸方向に速度 $(0, v, 0)$ で質量 m，電荷 q をもつ粒子を入射した。この荷電粒子が等速度直線運動をするための条件を求めよ。

4

電磁誘導

4.1　ファラデーの電磁誘導の法則

■　時間変動する電場・磁場

第1章から第3章までは，静止した電荷が静電場をつくり，定常電流（途切れることなく一定速度で流れる電荷）が静磁場をつくることを見てきた。また，電荷は電場からクーロン力を受け，電流は磁束密度からローレンツ力を受ける。電荷をもつ物体がクーロン力を受けて運動すると，電荷の位置が時間とともに変化するために電荷がつくる電場は時間変動する。同様に，ローレンツ力によって電流の位置や向きが時間とともに変化すると，その電流がつくる磁束密度は時間変動する。運動する電荷が時間変動する電場と磁束密度を同時につくることから，時間変動を伴う場合には，電場と磁束密度を切り離して記述することができないと予想される。時間変動する電場と磁束密度は，位置 $\boldsymbol{r}$ に加えて時間 t の関数として $\boldsymbol{E}(\boldsymbol{r},t)$ および $\boldsymbol{B}(\boldsymbol{r},t)$ と表すことができる。本章では，時間変動する磁束密度から電場が生じる電磁誘導について考える。

■　ファラデーの電磁誘導の法則（積分形）

図4.1(a)のように円形の回路に電源をつないで定常電流 I を流すと回路を貫くように静磁場がつくられ，回路で囲まれた面Sについて磁束密度 $\boldsymbol{B}(\boldsymbol{r})$ の法線成分を面積分すると，以下のように回路を貫く磁束 Φ が得られる。

$$\Phi = \int_{\mathrm{S}} \boldsymbol{B}(\boldsymbol{r}) \cdot d\boldsymbol{S} \tag{4.1}$$

では，図4.1(b)のように電流が流れていない回路に外部から磁束密度を印加するとどうなるだろうか？　磁束密度が時間変動せず回路が静止している場合に

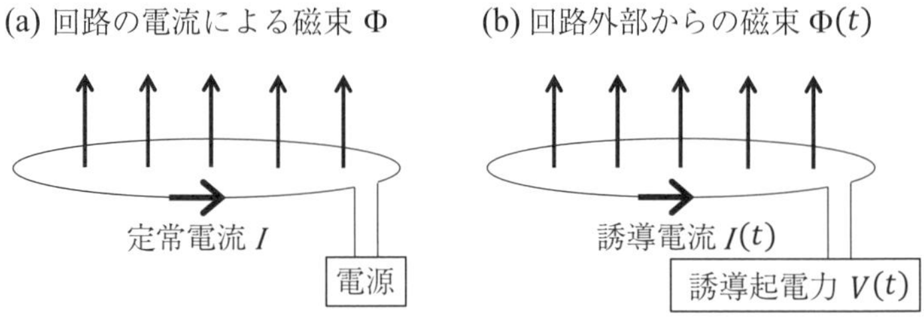

図 4.1 (a) 円形の定常電流による磁束，(b) 時間変動する磁束による誘導電流

は特に何も生じない。しかし，磁束密度が時間変動して，回路を貫く磁束 $\Phi(t)$ が時間とともに変化する場合には，回路に誘導起電力 $V(t)$ が生じる。これが**電磁誘導**とよばれる現象である。時間変動する場合でも，式 (4.1) と同様に回路を貫く磁束は以下のようになる。

$$\Phi(t) = \int_{\mathrm{S}} \boldsymbol{B}(\boldsymbol{r}, t) \cdot d\boldsymbol{S} \tag{4.2}$$

電磁誘導による誘導起電力の大きさが回路を貫く磁束の時間変化率 $d\Phi(t)/dt$ になることがファラデー (Faraday) によって発見され，**ファラデーの電磁誘導の法則**とよばれる（ファラデーの電気分解の法則と混同する心配がない場合には，単にファラデーの法則とよぶ場合もある）。回路が閉じていると，誘導起電力によって回路に誘導電流が生じる。誘導起電力の向きが磁束の変化を打ち消すような磁場をつくる誘導電流を生じる向きであることがレンツ (Lenz) によって発見され，レンツの法則とよばれる。この両者をあわせてファラデー-レンツの法則とよぶ場合もあれば，単にファラデーの電磁誘導の法則とよぶ場合もある。誘導起電力を $V(t)$ とすると，この法則は以下の式で与えられる。

$$V(t) = -\frac{d\Phi(t)}{dt} \tag{4.3}$$

$\Phi(t)$ は回路を貫く全ての磁束なので，回路に誘導電流が流れる場合，外部から印加した磁束密度だけでなく誘導電流がつくる磁束密度も考慮しなければならない。磁束 $\Phi(t)$ が時間とともに増加する場合には $V(t)$ は負となり，誘導電流がつくる磁束密度は磁束の増加を打ち消す向きである。一方，磁束 $\Phi(t)$ が時間とともに減少する場合には $V(t)$ は正になり，誘導電流がつくる磁束密度は磁束を増加させる向きである。

具体的な問題に式 (4.3) を適用する際には，$\Phi(t)$ と $V(t)$ の正の向きがどのように定義されているか注意する必要がある。まず，回路を貫く磁束について正の向きを定義する。図4.1では上向きを正の向きとしている。$V(t)$の正の向きは，磁束$\Phi(t)$の正の向きに磁場をつくる誘導電流の向きとして定義される。つまり，誘導電流および誘導起電力の正の向きは，図4.1(b)の回路の矢印の向きになる。たとえば，図4.1(b)で上向きに回路を貫く磁束が増加する場合は$V(t)$は負なので，図4.1(b)の回路の矢印とは逆向きに電流を流すような誘導起電力が生じる。

例題4.1　時間変動する磁束密度$\boldsymbol{B}(\boldsymbol{r},t) = (0, 0, B_0 \cos\omega t)$のある空間で，$xy$面内に面積$S$で抵抗$R$の回路がある。この回路に生じる誘導電流を求めよ。$z$軸の正の向きに磁場をつくる電流の向きを正として，誘導電流がつくる磁束密度は無視してよいものとする。

解答　時刻tにおいて回路を貫く磁束は$B_0 S \cos\omega t$である。回路に生じる誘導起電力$V(t)$は

$$V(t) = -\frac{d}{dt} B_0 S \cos\omega t = \omega B_0 S \sin\omega t \tag{4.4}$$

となり，この起電力による誘導電流$I(t)$は

$$I(t) = \frac{V(t)}{R} = \frac{\omega B_0 S}{R} \sin\omega t \tag{4.5}$$

となる。

■　電磁誘導による発電機

図4.2のように，永久磁石による一様な磁場中にあるソレノイドコイル（以下，単にコイルとよぶ）を考えよう。コイルのまわりで，外力によって永久磁石を一定の角振動数ωで回転させることにより，コイルの位置での磁場の向きを回転させる。永久磁石による一様な磁束密度をB，コイルの断面積をS，巻き数をNとして，コイルを貫く磁束は

$$\Phi(t) = NBS \cos\omega t \tag{4.6}$$

となるので，電磁誘導によって以下のような交流電圧がコイルの両端に生じる。

$$V(t) = -\frac{d\Phi(t)}{dt} = \omega NBS \sin\omega t \tag{4.7}$$

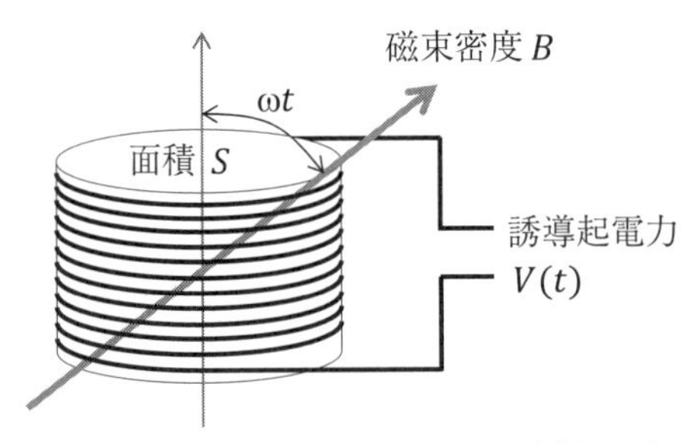

図 4.2 回転する磁束密度による誘導起電力

コイルのまわりで磁場を回転させることで誘導起電力を得る方法は，様々な発電施設や発電機で広く用いられている。

■ ファラデーの電磁誘導の法則（微分形）

回路を貫く磁束 $\Phi(t)$ は，磁束密度を $\boldsymbol{B}(\boldsymbol{r},t)$ とすると，図 4.3(a) のように回路で囲まれた面 S について $\boldsymbol{B}(\boldsymbol{r},t)$ の法線成分を面積分することで得られ，以下の式で与えられる。

$$\Phi(t) = \int_{\mathrm{S}} \boldsymbol{B}(\boldsymbol{r},t) \cdot d\boldsymbol{S} \tag{4.8}$$

一方，図 4.3(b) のように回路に沿った経路 C について電場 $\boldsymbol{E}(\boldsymbol{r},t)$ を線積分すると起電力となることから，誘導起電力 $V(t)$ は以下の式で与えられる。

$$V(t) = \oint_{\mathrm{C}} \boldsymbol{E}(\boldsymbol{r},t) \cdot d\boldsymbol{r} \tag{4.9}$$

上記の 2 つの式を使うことで，式 (4.3) のファラデーの電磁誘導の法則の式は以下のようになる。

$$\oint_{\mathrm{C}} \boldsymbol{E}(\boldsymbol{r},t) \cdot d\boldsymbol{r} = -\int_{\mathrm{S}} \frac{\partial \boldsymbol{B}(\boldsymbol{r},t)}{\partial t} \cdot d\boldsymbol{S} \tag{4.10}$$

(a) 磁束密度ベクトル
面上の各点での法線方向の
成分を積分する

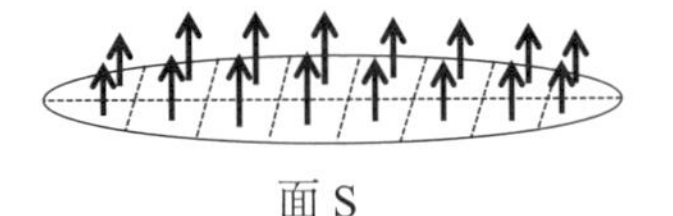

(b) 電場ベクトル
経路上の各点での接線方向
の成分を積分する

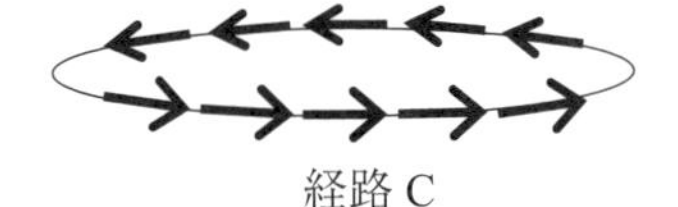

図 4.3 (a) 面 S での磁束密度の面積分，(b) 経路 C での電場の線積分

右辺では，面積分と時間微分の順序を入れ替えている。さらに，左辺を式 (3.88) のストークスの定理によって変形すると，

$$\int_{\mathrm{S}} (\nabla \times \boldsymbol{E}(\boldsymbol{r}, t)) \cdot d\boldsymbol{S} = -\int_{\mathrm{S}} \frac{\partial \boldsymbol{B}(\boldsymbol{r}, t)}{\partial t} \cdot d\boldsymbol{S} \tag{4.11}$$

となる。この式が任意の形状の回路について成立するためには，両辺の被積分部分が等しくなければならないことから，以下の偏微分方程式が得られる。

$$\nabla \times \boldsymbol{E}(\boldsymbol{r}, t) = -\frac{\partial \boldsymbol{B}(\boldsymbol{r}, t)}{\partial t} \tag{4.12}$$

これがファラデーの電磁誘導の法則を表す微分形の方程式である。静電場の場合には電場に rotation の演算を行うと $\mathbf{0}$ となったが，時間的に変動する場合には，磁束密度の時間微分に負符号をつけたものに等しくなる。この方程式は，時間変動する磁束密度があれば電場が生じると見ることができる一方，rotation を演算しても $\mathbf{0}$ にならない電場があれば時間変動する磁束密度が生じると見ることもできる。

例題 4.2　電場 $\boldsymbol{E}(\boldsymbol{r}, t) = ((-\omega By/2)\sin\omega t, (\omega Bx/2)\sin\omega t, 0)$ と磁束密度 $\boldsymbol{B}(\boldsymbol{r}, t) = (0, 0, B\cos\omega t)$ が微分形のファラデーの電磁誘導の法則を満たすことを示せ。

解答　まず左辺を計算しよう。

$$\begin{aligned} \nabla \times \boldsymbol{E}(\boldsymbol{r}, t) &= \left(0, 0, \frac{1}{2}\frac{\partial}{\partial x}(\omega Bx\sin\omega t) - \frac{1}{2}\frac{\partial}{\partial y}(-\omega By\sin\omega t)\right) \\ &= (0, 0, \omega B\sin\omega t) \end{aligned} \tag{4.13}$$

次に右辺を計算すると

$$-\frac{\partial \boldsymbol{B}(\boldsymbol{r}, t)}{\partial t} = \left(0, 0, -\frac{d}{dt}B\cos\omega t\right) = (0, 0, \omega B\sin\omega t) \tag{4.14}$$

となり，ファラデーの電磁誘導の法則を満たすことがわかる。

■ 時間変動するスカラーポテンシャルとベクトルポテンシャル

時間変動する場合には，電場と磁束密度を同時に考えなければならない。つまり，静電ポテンシャル (以下，スカラーポテンシャルとよぶ) とベクトルポテ

ンシャルも同時に考えなければならない。時間変動する場合でも単独の磁極は存在しないことから，

$$\nabla \cdot \boldsymbol{B}(\boldsymbol{r}, t) = \boldsymbol{0} \tag{4.15}$$

は成立する。したがって，磁束密度 $\boldsymbol{B}(\boldsymbol{r}, t)$ が以下のようにベクトルポテンシャル $\boldsymbol{A}(\boldsymbol{r}, t)$ の rotation で与えられることは，静磁場の場合と同様である。

$$\boldsymbol{B}(\boldsymbol{r}, t) = \nabla \times \boldsymbol{A}(\boldsymbol{r}, t) \tag{4.16}$$

一方，ファラデーの電磁誘導の法則より，

$$\nabla \times \boldsymbol{E}(\boldsymbol{r}, t) = -\frac{\partial}{\partial t} \nabla \times \boldsymbol{A}(\boldsymbol{r}, t) \tag{4.17}$$

となるため，右辺の rotation と時間微分の順序を入れ替えて左辺に移すと，

$$\nabla \times \left(\boldsymbol{E}(\boldsymbol{r}, t) + \frac{\partial}{\partial t} \boldsymbol{A}(\boldsymbol{r}, t) \right) = \boldsymbol{0} \tag{4.18}$$

となる。この等式は，右辺で rotation の演算を受けるベクトル場が，あるスカラー場の gradient であれば満たされる。そこで，スカラー場 $\phi(\boldsymbol{r}, t)$ を導入することで

$$\boldsymbol{E}(\boldsymbol{r}, t) = -\nabla \phi(\boldsymbol{r}, t) - \frac{\partial}{\partial t} \boldsymbol{A}(\boldsymbol{r}, t) \tag{4.19}$$

という関係が得られ，時間変動する場合には，電場はスカラーポテンシャル $\phi(\boldsymbol{r}, t)$ の gradient とベクトルポテンシャル $\boldsymbol{A}(\boldsymbol{r}, t)$ の時間微分で与えられる。

例題 4.3 ベクトルポテンシャル $\boldsymbol{A}(\boldsymbol{r}, t) = ((-By/2)\cos\omega t, (Bx/2)\cos\omega t, 0)$，スカラーポテンシャル $\phi(\boldsymbol{r}, t) = 0$ のとき，式 (4.16) と式 (4.19) を用いて電場と磁束密度を求めよ。

解答 ベクトルポテンシャルに rotation を演算すると磁束密度が得られる。

$$\begin{aligned} \boldsymbol{B}(\boldsymbol{r}, t) &= \nabla \times \boldsymbol{A}(\boldsymbol{r}, t) = \left(0, 0, \frac{1}{2} \frac{\partial}{\partial x}(Bx \cos\omega t) - \frac{1}{2} \frac{\partial}{\partial y}(-By \cos\omega t) \right) \\ &= (0, 0, B \cos\omega t) \end{aligned} \tag{4.20}$$

ベクトルポテンシャルを時間微分して負符号をつけると電場が得られる。

$$\boldsymbol{E}(\boldsymbol{r}, t) = -\frac{\partial}{\partial t} \boldsymbol{A}(\boldsymbol{r}, t) = -\left(\frac{\partial}{\partial t}(-By/2 \cos\omega t), \frac{\partial}{\partial t}(Bx/2 \cos\omega t), 0 \right)$$

$$= \left(-\frac{1}{2}\omega By\sin\omega t, \frac{1}{2}\omega Bx\sin\omega t, 0\right) \tag{4.21}$$

4.2　自己インダクタンス

■　コイルの自己インダクタンス

電流が流れていない回路に外部から時間変動する磁場を印加すると，ファラデーの電磁誘導の法則に従って，誘導起電力および誘導電流が生じる。では，外部磁場がない状況で，回路に時間的に変動する電流 $I(t)$ が流れる場合はどうなるだろうか？　回路に電流 $I(t)$ が流れると回路を貫くように磁束密度 $\boldsymbol{B}(t)$ がつくられ，回路で囲まれた面上で磁束密度 $\boldsymbol{B}(t)$ の法線成分を積分すると回路を貫く磁束 $\Phi(t)$ が得られる。回路を貫く磁束 $\Phi(t)$ が時間変動すると，ファラデーの電磁誘導の法則に従って回路に誘導起電力が生じる。このように，回路に流れる電流が自身の回路に誘導起電力をつくる現象を**自己誘導**とよぶ。自己誘導は，電流 $I(t)$ の経路がコイル状になっている場合に顕著になるので，コイルを例として自己誘導を考えてみよう。

コイルの断面積を S，長さを d，巻き数を N として，図 4.4(a) のようにコイルに電源を接続し，矢印の向きを正として電流 $I(t)$ が流れている状況を考える。アンペールの法則から得られる式 (3.68) を用いて，図 4.4(a) の上向きを正として

$$B(t) = \frac{\mu_0 N}{d} I(t) \tag{4.22}$$

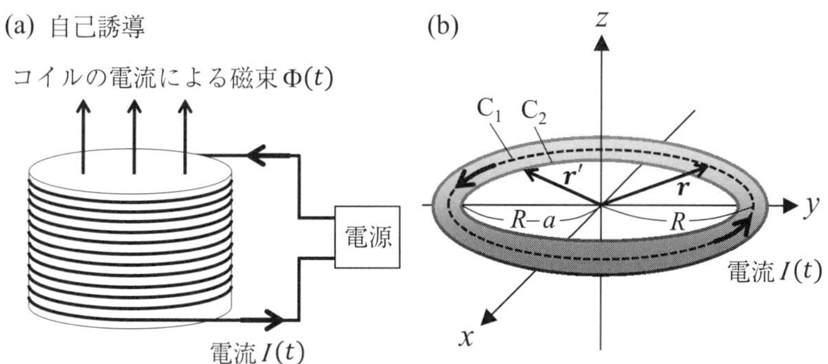

図 4.4　(a) コイルの自己誘導，(b) 円形の回路の自己インダクタンス

という磁束密度が生じる。コイルの内側で磁束密度が一様であると仮定すると，コイルを貫く磁束は磁束密度に断面積 S と巻き数 N を乗じて

$$\Phi(t) = \frac{\mu_0 N^2 S}{d} I(t) \tag{4.23}$$

となる。ファラデーの電磁誘導の法則より，誘導起電力 $V(t)$ は

$$V(t) = -\frac{\mu_0 N^2 S}{d}\frac{dI(t)}{dt} \tag{4.24}$$

となり，コイルを流れる電流の時間変化率に比例する。この比例係数はコイルの形状で決まり，**自己インダクタンス**とよばれる。自己インダクタンスの単位は $\mathrm{V\,s\,A^{-1}}$ となるが，これを H（ヘンリー）という単位で表す。自己インダクタンス L のコイルでの自己誘導による起電力は以下の式で与えられる。

$$V(t) = -L\frac{dI(t)}{dt} \tag{4.25}$$

断面積 S，長さ d，巻き数 N のコイルの場合には，コイルの内側で磁束密度が一様であると仮定して自己インダクタンスは以下の式で与えられる。

$$L = \frac{\mu_0 N^2 S}{d} \tag{4.26}$$

■ 一般の回路の自己インダクタンス

コイルに限らず，任意の形状の回路に流れる電流が回路自身を貫く磁束をつくる場合，回路の自己インダクタンスを定義することができる。ただし，通常の回路の自己インダクタンスはコイルに比べると格段に小さく，また，その具体的な計算には導線の断面積を考慮する必要がある。図 4.4(b) のように断面積 S の導線からなる任意の形状の回路において，導線の中心にそって経路 $\mathrm{C_1}$ を考える。導線内部の一様な電流密度の大きさを $j(t) = I(t)/S$ として，回路のサイズに比べて導線径は十分に小さいので電流密度の向きは経路 $\mathrm{C_1}$ の接線方向とみなすことができる。$\boldsymbol{r}'$ の電流密度 $\boldsymbol{j}(t)$ が $\boldsymbol{r}$ につくるベクトルポテンシャルは，クーロンゲージでは式 (3.103) を用いて以下のようになる。

$$\boldsymbol{A}(\boldsymbol{r}, t) = \int_{\mathrm{V}} \frac{\mu_0 \boldsymbol{j}(t)}{4\pi|\boldsymbol{r} - \boldsymbol{r}'|} dV' = \oint_{\mathrm{C_1}} \int_{\mathrm{S}} \frac{\mu_0 (\boldsymbol{j}(t) \cdot d\boldsymbol{S}') d\boldsymbol{r}'}{4\pi|\boldsymbol{r} - \boldsymbol{r}'|}$$

$$= \oint_{C_1} \frac{\mu_0 I(t)}{4\pi|\boldsymbol{r}-\boldsymbol{r}'|} d\boldsymbol{r}' \tag{4.27}$$

Vは回路の導線内部の領域であり，体積要素 dV' を導線の接線方向の線要素 $d\boldsymbol{r}'$ と断面Sについての面要素 $d\boldsymbol{S}'$ に分割し，断面について $\boldsymbol{j}(t)\cdot d\boldsymbol{S}'$ の面積分を行うと $I(t)$ が得られることを用いている。式(4.16)で磁束密度をベクトルポテンシャルに変換し，導線で囲まれた面 S_2 についてストークスの定理を用いると，式(4.27)より

$$\begin{aligned}\Phi(t) &= \int_{S_2} \boldsymbol{B}(\boldsymbol{r},t)\cdot d\boldsymbol{S} = \int_{S_2} (\nabla\times\boldsymbol{A}(\boldsymbol{r},t))\cdot d\boldsymbol{S} = \oint_{C_2} \boldsymbol{A}(\boldsymbol{r},t)\cdot d\boldsymbol{r} \\ &= I(t)\oint_{C_2}\oint_{C_1} \frac{\mu_0}{4\pi|\boldsymbol{r}-\boldsymbol{r}'|} d\boldsymbol{r}\cdot d\boldsymbol{r}' \end{aligned} \tag{4.28}$$

となる。S_2 は導線の内側にそった経路 C_2 で囲まれた面である。導線自体を貫く磁束も存在するが，導線径が十分に小さいことから無視できるものと仮定する。導線で囲まれた面を貫く磁束のみにファラデーの電磁誘導の法則を適用して誘導起電力を求めると

$$V(t) = -\frac{d\Phi(t)}{dt} = -\frac{dI(t)}{dt}\oint_{C_2}\oint_{C_1} \frac{\mu_0}{4\pi|\boldsymbol{r}-\boldsymbol{r}'|} d\boldsymbol{r}\cdot d\boldsymbol{r}' \tag{4.29}$$

となる。したがって，回路の自己インダクタンス L は以下のようになる。

$$L = \oint_{C_2}\oint_{C_1} \frac{\mu_0}{4\pi|\boldsymbol{r}-\boldsymbol{r}'|} d\boldsymbol{r}\cdot d\boldsymbol{r}' \tag{4.30}$$

例題 4.4 自己インダクタンス L のコイルに電流 $I(t) = I_0 \cos\omega t$ が流れるとき，自己誘導による起電力を求めよ。

解答 式(4.25)に $I(t) = I_0 \cos\omega t$ を代入すると，以下のようになる。

$$V(t) = -L\frac{d}{dt} I_0 \cos\omega t = \omega I_0 L \sin\omega t \tag{4.31}$$

例題 4.5 半径 a の導線からなる半径 R の円形の回路の自己インダクタンス L を式 (4.30) を用いて求めよ。ただし，R に比べて a は十分に小さいものとする。

解答 円筒座標を用いると経路 C_1 上の点は $\boldsymbol{r} = (R\cos\theta, R\sin\theta, 0)$，経路 C_2 上の点は $\boldsymbol{r}' = ((R-a)\cos\theta', (R-a)\sin\theta', 0)$ となり，$d\boldsymbol{r} = (-R\sin\theta d\theta, R\cos\theta d\theta, 0)$，$d\boldsymbol{r}' = (-(R-a)\sin\theta' d\theta', (R-a)\cos\theta' d\theta', 0)$ である。式 (4.30) より

$$
\begin{aligned}
L &= \frac{\mu_0}{4\pi} \times \\
&\quad \int_0^{2\pi}\int_0^{2\pi} \frac{(-R\sin\theta, R\cos\theta, 0)\cdot(-(R-a)\sin\theta', (R-a)\cos\theta', 0)}{\sqrt{(R\cos\theta-(R-a)\cos\theta')^2+(R\sin\theta-(R-a)\sin\theta')^2}} d\theta d\theta' \\
&= \frac{\mu_0 R(R-a)}{4\pi} \times \\
&\quad \int_0^{2\pi}\int_0^{2\pi} \frac{\cos(\theta-\theta')}{\sqrt{R^2+(R-a)^2-2R(R-a)\cos(\theta-\theta')}} d(\theta-\theta') d\theta' \\
&= \mu_0 R(R-a)\int_0^{\pi} \frac{\cos\theta''}{\sqrt{R^2+(R-a)^2-2R(R-a)\cos\theta''}} d\theta''
\end{aligned}
\tag{4.32}
$$

となる。$\theta'' = \theta - \theta'$ と変数変換を行って $\cos\theta''$ が $\theta'' = \pi$ について対称であることを利用して積分区間を変更するとともに，θ' についての積分を処理している。さらに，$t = \cos(\theta''/2)$，$k^2 = 1 - a^2/(4R^2 - 4Ra + a^2)$ とおくと，$\cos\theta'' = 2t^2 - 1$ なので

$$
\begin{aligned}
L &= \frac{\mu_0 R(R-a)}{\sqrt{4R^2-4Ra+a^2}} \int_0^1 \frac{2t^2-1}{\sqrt{1-k^2t^2}} \frac{2}{\sqrt{1-t^2}} dt \\
&= \frac{2\mu_0 R(R-a)}{\sqrt{4R^2-4Ra+a^2}} \left(\frac{2-k^2}{k^2} K(k^2) - \frac{2}{k^2} E(k^2) \right)
\end{aligned}
\tag{4.33}
$$

となる。ここで，

$$
K(k^2) = \int_0^1 \frac{1}{\sqrt{1-k^2t^2}\sqrt{1-t^2}} dt \tag{4.34}
$$

は第 1 種完全楕円積分であり，

$$E(k^2) = \int_0^1 \frac{\sqrt{1-k^2t^2}}{\sqrt{1-t^2}}dt \tag{4.35}$$

は第2種完全楕円積分である。R にくらべて a は十分に小さいので k^2 は1に近いことと，$1-k^2 \ll 1$ で第1種完全楕円積分が $K(k^2) \simeq \log(4/\sqrt{1-k^2})$ となること，第2種完全楕円積分が $E(k^2) \simeq 1$ となることを用い，さらに $R-a \simeq R$, $k^2 \simeq 1$, $1-k^2 \simeq a^2/4R^2$ と近似すると

$$\begin{aligned} L &= \frac{2\mu_0 R(R-a)}{\sqrt{4R^2-4Ra+a^2}}\left(\frac{2-k^2}{k^2}K(k^2) - \frac{2}{k^2}E(k^2)\right) \\ &\simeq \mu_0 R\left(\log\frac{8R}{a} - 2\right) \end{aligned} \tag{4.36}$$

となる。円周長 $2\pi R$ で割って単位長さあたりのインダクタンスを求めると $L/(2\pi R) = \mu_0/(2\pi)(\log(8R/a) - 2)$ となる。

4.3　相互インダクタンスと変圧器

■　コイルの相互インダクタンス

図4.5(a)のように2つのソレノイドコイル（コイル1とコイル2）を同軸上に重ねて配置すると，一方のコイルの電流がつくる磁束が他方のコイルを貫く。コイル1とコイル2は絶縁されており，両者とも断面積 S，長さ d であり，コイル1の巻き数を N_1，コイル2の巻き数を N_2 とする。コイル1に図の矢印の向きを正として電流 $I(t)$ を流すと，アンペールの法則より式(4.22)の N を N_1 とした磁束密度が生じる。このとき，磁束密度は図4.5(a)で上向きが正の向きとなる。2つのコイルが十分に近くコイル2の内部でも磁束密度は変わらないと仮定すると，コイル2を貫く磁束は磁束密度に断面積 S と巻き数 N_2 を乗じて

$$\Phi(t) = \frac{\mu_0 N_2 N_1 S}{d} I(t) \tag{4.37}$$

となる。ファラデーの電磁誘導の法則より，コイル2の誘導起電力 $V(t)$ は

$$V(t) = -\frac{\mu_0 N_1 N_2 S}{d}\frac{dI(t)}{dt} \tag{4.38}$$

となり，コイル1を流れる電流 $I(t)$ の時間変化率に比例する。コイル2に電流

$I(t)$ を流したとき，コイル1の誘導起電力 $V(t)$ は同様に式 (4.38) で与えられる。一般に，一方のコイルに時間変動する電流 $I(t)$ を流したときに他方のコイルに生じる誘導起電力 $V(t)$ は $I(t)$ の時間変化率に比例し，比例係数を M とすると

$$V(t) = -M\frac{dI(t)}{dt} \tag{4.39}$$

となる。M は2つのコイルの形状と位置で決まる定数であり，**相互インダクタンス**とよばれる。断面積 S，長さ d，巻き数 N_1 および N_2 のコイルの場合には，一方のコイルの電流による一様な磁束密度がそのまま他方のコイルを貫くと仮定して相互インダクタンスは以下の式で与えられる。

$$M = \frac{\mu_0 N_1 N_2 S}{d} \tag{4.40}$$

■ 一般の回路の相互インダクタンス

2つの回路が近くに配置されていると，一方の回路に流れる電流が他方の回路を貫く磁束をつくる場合がある。このとき，一方の回路に流れる電流が時間変動していれば他方の回路に誘導起電力が生じる。両者の回路が十分に離れていれば，導線の太さは考慮しなくてもよい。ここでは，図 4.5(b) のような状況を考えよう。まず，回路1の経路を C_1 として電流 $I(t)$ がつくるベクトルポテンシャルは式 (4.27) で与えられる。回路2の経路とそれで囲まれた面をそれぞれ C_2, S_2 とすると，ストークスの定理を用いることで回路2を貫く磁束は，

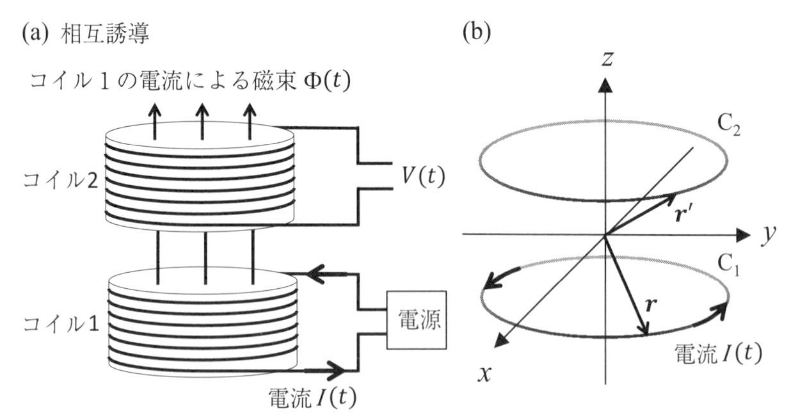

図 4.5 (a) コイルの相互誘導，(b) 2つの円形の回路の相互インダクタンス

$$\Phi(t) = \int_{\mathrm{S}_2} \boldsymbol{B}(\boldsymbol{r},t)\cdot d\boldsymbol{S} = \int_{\mathrm{S}_2} (\nabla\times\boldsymbol{A}(\boldsymbol{r},t))\cdot d\boldsymbol{S} = \oint_{\mathrm{C}_2} \boldsymbol{A}(\boldsymbol{r},t)\cdot d\boldsymbol{r}$$
$$= I(t)\oint_{\mathrm{C}_2}\oint_{\mathrm{C}_1}\frac{\mu_0}{4\pi|\boldsymbol{r}-\boldsymbol{r}'|}d\boldsymbol{r}\cdot d\boldsymbol{r}' \tag{4.41}$$

となる。ファラデーの電磁誘導の法則より誘導起電力は

$$V(t) = -\frac{d\Phi(t)}{dt} = -\frac{dI(t)}{dt}\oint_{\mathrm{C}_2}\oint_{\mathrm{C}_1}\frac{\mu_0}{4\pi|\boldsymbol{r}-\boldsymbol{r}'|}d\boldsymbol{r}\cdot d\boldsymbol{r}' \tag{4.42}$$

となる。したがって，回路1と回路2の相互インダクタンス M は以下のようになる。

$$M = \oint_{\mathrm{C}_2}\oint_{\mathrm{C}_1}\frac{\mu_0}{4\pi|\boldsymbol{r}-\boldsymbol{r}'|}d\boldsymbol{r}\cdot d\boldsymbol{r}' \tag{4.43}$$

回路1上および回路2上の2点間の距離が被積分関数の分母にあるので，2つの回路が空間的に離れていると相互インダクタンスが小さくなることがわかる。

■ 変圧器

相互インダクタンスを利用すると交流の変圧を行うことができる。例として，トーラス状（ドーナツ状）のコイルの内側に別のトーラス状のコイルを図4.6のように配置し，各コイルの巻き数などを調節する場合を考える。両コイルは絶縁されており，断面積はともに S とする。入力側コイルの巻き数を N_1，出力側コイルの巻き数を N_2，入力側コイルの両端に印加された電圧を $V_1(t) = V_0\cos\omega t$ として出力側コイルの電圧を求めよう。ただし，コイル内の磁束密度の大きさは場所によらず一定とみなしてよい。コイル内の磁束密度の大きさを $B(t)$ として，入力側コイルについてファラデーの電磁誘導の法則を適用すると，

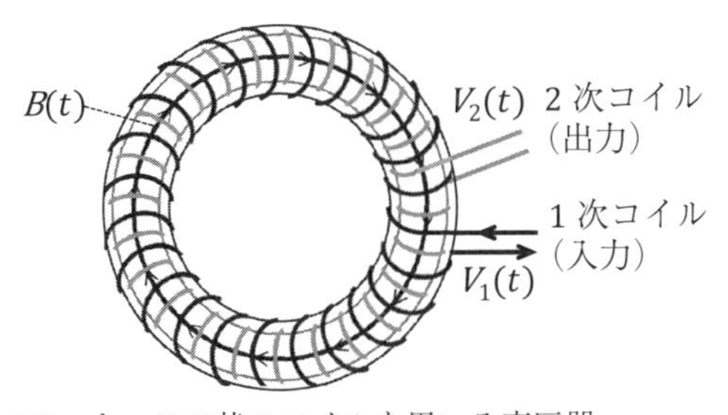

図4.6　トーラス状のコイルを用いる変圧器

$$V_0 \cos \omega t = -N_1 \frac{dB(t)}{dt} S \tag{4.44}$$

となる。一方，出力側の電圧を $V_2(t)$ とすると，ファラデーの電磁誘導の法則から

$$V_2(t) = -N_2 \frac{dB(t)}{dt} S \tag{4.45}$$

となるので，両式から以下のようになる。

$$V_2(t) = \frac{N_2}{N_1} V_0 \cos \omega t \tag{4.46}$$

出力側コイルの電圧の振幅は巻き数の比によって増減し，これを利用して交流の電圧を変換する装置は**変圧器**（トランス）とよばれる。2つのコイルに流れる電流が磁束をつくるのであるが，電流を求める必要はない。2つのコイルを貫く磁束が同じなのでファラデーの電磁誘導の法則を使うことで電圧を求めることができる。

4.4 磁場のエネルギー

インダクタンス L のコイルに電流 I が定常的に流れている状況をつくるためには，自己誘導による起電力 $-LdI(t)/dt$ に逆らって電流を供給しなければならない。電流 $I(0) = 0$ から $I(t_0) = I_0$ まで増加させるために必要な電気的エネルギー U は

$$U = -\int_0^{t_0} \left(-L\frac{dI(t)}{dt} \right) I(t)dt = L\int_0^{I_0} IdI = \frac{1}{2}LI_0^2 \tag{4.47}$$

となる。つまり，インダクタンス L のコイルに電流 I が定常的に流れている状況では，$LI^2/2$ がコイルに蓄えられているエネルギーである。断面積 S，長さ d，巻き数 N のソレノイドコイルの場合，コイルの内側で磁束密度 $B = \mu_0 NI/d$ が一定であると仮定すると $L = \mu_0 N^2 S/d$ となるので，コイルに蓄えられたエネルギーは

$$U = \frac{1}{2}\frac{\mu_0 N^2 S}{d}\left(\frac{Bd}{\mu_0 N}\right)^2 = \frac{1}{2\mu_0} SdB^2 \tag{4.48}$$

となる。このエネルギーはコイルの内側の体積 Sd に比例しており，エネルギーを体積で割った単位体積あたりのエネルギー u は

$$u = \frac{1}{2\mu_0} B^2 \tag{4.49}$$

となり，これを単位体積あたりの磁場のエネルギーとよぶ。すなわち，空間に磁束密度 B があると，そこには上式で与えられる単位体積あたりの磁場のエネルギーが蓄えられており，磁束密度が一様な場合にはコイル内部の体積を乗じることでコイルに蓄えられたエネルギーを求めることができる。

4.5　時間変動する磁場中の荷電粒子の運動

■　ベータトロン

一様磁場中の荷電粒子は式 (3.106) で与えられる半径 R のサイクロトロン運動を行う。電荷 $-e$ を持つ電子の場合，z 軸の正の向きに磁束密度を印加すると図 4.7 に示すような向きに運動する。このとき，磁束密度の大きさ $B(t)$ が時間変動するとどのような影響があるだろうか。円軌道を貫く磁束は $\pi R^2 B(t)$ なのでファラデーの電磁誘導の法則より，円軌道にそって $-\pi R^2 dB(t)/dt$ の誘導起電力が生じる。これを円周の長さで割ったものが電子に接線方向に印加される電場の大きさ $E(t)$ であり，以下の式で与えられる。

$$E(t) = -\frac{R}{2}\frac{dB(t)}{dt} \tag{4.50}$$

図 4.7 の矢印の向きを正として接線方向の運動方程式は

$$m\frac{dv(t)}{dt} = -eE(t) = \frac{eR}{2}\frac{dB(t)}{dt} \tag{4.51}$$

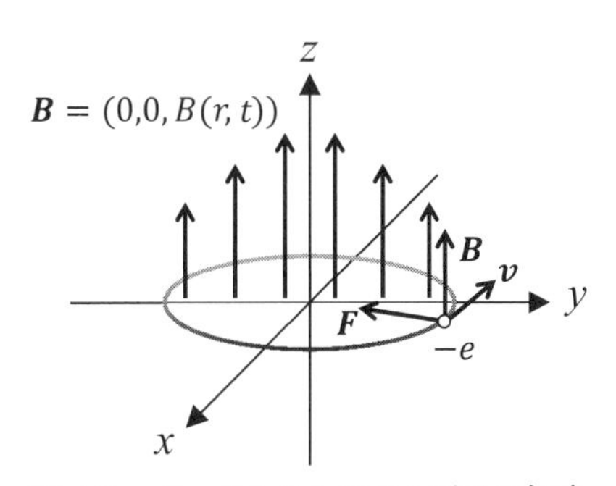

図 4.7　ベータトロンによる電子の加速

となるので，磁束密度の大きさを増加させることで電子を加速することができる。一方，半径方向のつり合いの式を $mv = eBR$ と変形して両辺を時間微分すると

$$m\frac{dv(t)}{dt} = eR\frac{dB(t)}{dt} \tag{4.52}$$

となり，右辺は式 (4.51) の 2 倍になる。サイクロトロン運動の半径を保ちながら電磁誘導によって電子を加速するには，円軌道の内側での $B(t)$ の平均値が円軌道上の $B(t)$ の 2 倍になっていればよいことがわかる。たとえば，$0 < n < 2$ として図 4.7 のように中心ほど大きくなるような磁束密度 $B(r,t) = B_0(t)r^{-n}$ を仮定すると，半径 R の円軌道の内側での平均値は

$$\frac{1}{\pi R^2}\int_0^R B_0(t)r^{-n}(2\pi r)dr = \frac{2}{2-n}R^{-n}B_0(t) \tag{4.53}$$

となる。これを $B(R,t) = B_0(t)R^{-n}$ で割ると $2/(2-n)$ となるので，これが 2 となるように $n = 1$ と設定すればよい。このような荷電粒子の加速装置は**ベータトロン**とよばれる。

コラム 4：時間変動する磁束密度は電場をつくるか？

「ガウスの法則によって電荷が電場をつくる」という表現が広く使われていて問題ないように，「ファラデーの電磁誘導の法則によって時間変動する磁束密度が電場をつくる」という表現は正しいだろうか？　まず，コイルの中を永久磁石が通過する場合を考えよう。永久磁石が通過する際にコイル周辺の磁束密度が時間変動して，ファラデーの電磁誘導の法則によってコイルに誘導起電力が生じる。このとき，コイル周辺の空間に式 (4.12) を満たすような電場が生じているので，上の表現は正しいように感じる。次に，コイルの自己誘導を考えてみよう。コイルを貫く磁束が時間変動すると誘導起電力が生じる一方で，コイルに流れる誘導電流がつくる磁場によってコイルを貫く磁束が生じる。この場合，磁場と電場のうち一方が原因で他方が結果と考えることはできず，上の表現は正しくない。「時間変動する電場と磁束密度が式 (4.12) を満たすように生じる」という表現が妥当である。外部から印加された磁束密度の時間変動にともなう電場を考える場合のみに限定すれば「時間変動する磁束密度が電場をつくる」という表現は許容範囲と思われるが，一般には正しくない。式 (4.12) のように右辺に磁束密度の項があると「時間変動する磁束密度が電場を

つくる」という表現が常に正しい印象を与えるので，それを左辺に移して次のように書く場合も多い。

$$\nabla \times \boldsymbol{E}(\boldsymbol{r}, t) + \frac{\partial \boldsymbol{B}(\boldsymbol{r}, t)}{\partial t} = 0 \tag{4.54}$$

章末問題4

問題4.1 式(4.7)において，振動数50 Hz，磁束密度の大きさ0.1 T，コイルの巻き数10^3，コイルの断面積1 m^{2}のとき，誘導起電力の振幅を有効数字1桁で計算せよ。

問題4.2 式(4.26)において，長さ0.1 m，半径0.01 m，巻き数10^3のコイルの自己インダクタンスを有効数字1桁で計算せよ。

問題4.3 式(4.36)において，半径1 mmの導線でつくった半径0.5 mの円形の回路の自己インダクタンスを有効数字1桁で計算せよ。

問題4.4 中心がz軸上にあり半径Rの円形のコイル2つが，それぞれ$z = a/2$と$z = -a/2$の平面上にある。aがRに比べて十分に小さいとき，コイル間の相互インダクタンスを式(4.43)を用いて計算せよ。

問題4.5 中心がz軸上にあり半径Rの円形のコイル2つが，それぞれ$z = a/2$と$z = -a/2$の平面上にある。aがRに比べて十分に大きいとき，コイル間の相互インダクタンスを式(4.43)を用いて計算せよ。

問題4.6 図4.6のようなトーラス状のコイル(巻き数N，断面積S)に電流$I(t)$が流れており，コイルの中心は半径Rの円である。コイルの中心での磁束密度の大きさをアンペールの法則を用いて求めよ。次に，コイル内部の磁束密度の大きさは中心と同じ値で一定であるとして，ファラデーの電磁誘導の法則を用いてコイルに生じる誘導起電力を求めよ。

問題4.7 トーラス状のコイル2つを図4.6のように配置する。入力側のコイルの巻き数を10^4，出力側のコイルの巻き数を10^3とする。入力側に振幅100 Vの交流電圧を加えたとき，出力側の電圧の振幅を計算せよ。

問題4.8 ベクトルポテンシャル$\boldsymbol{A}(\boldsymbol{r}, t) = (0, 0, \mu_0 I(t)/(2\pi) \log(\sqrt{x^2 + y^2}/r_0))$

として，式 (4.16) から磁束密度を求め，式 (4.19) を用いて電場を求めよ。さらに，求めた磁束密度と電場がファラデーの電磁誘導の法則を満たすかどうか調べよ。$\boldsymbol{A}(\boldsymbol{r}) = \boldsymbol{0}$ となる z 軸からの距離を r_0 とする。

問題 4.9 半径 a および半径 b（$b > a$）の十分に長い導体円筒を z 軸方向に中心軸をそろえて並べる。内側の円筒に電流 $I(t)$ が流れ，外側の円筒には電流 $-I(t)$ が流れるものとする。空間の透磁率を μ_0 として，アンペールの法則を用いて導体円筒の間の領域での磁束密度を求めよ。さらに，ファラデーの電磁誘導の法則を用いて単位長さあたりの自己インダクタンスを求めよ。

5

準定常電磁場と交流回路

5.1　変位電流とアンペール-マクスウェルの法則

■　時間変動する電荷密度と電流密度

定常電流による静磁場を考える場合，電流の湧き出しや吸い込みがある状況は除外していた。電荷は保存されるので，空間のある領域から電流が湧き出す，または，ある領域に電流が吸い込まれる場合，その領域内の電荷の総量が必然的に時間変動するからである。電荷の総量が時間に比例して単調に増減する状況を除くと，一般には電流も時間変動することになる。これを，図 5.1(a) のように面積 S の平板コンデンサーを含む交流回路で考えよう。$Q(t)$ の電気量が蓄えられた極板から流れ出す向きを正として電流 $I(t)$ を定義すると，$I(t) = -dQ(t)/dt$ となる。ある閉曲面 S を考えると，流れ出す電流 $I(t)$ は電流密度 $\boldsymbol{j}(\boldsymbol{r}, t)$ の面積分

$$I(t) = \int_{\mathrm{S}} \boldsymbol{j}(\boldsymbol{r}, t) \cdot d\boldsymbol{S} \tag{5.1}$$

で与えられ，閉曲面内の領域 V の電荷 $Q(t)$ は電荷密度 $\rho(\boldsymbol{r}, t)$ の体積積分

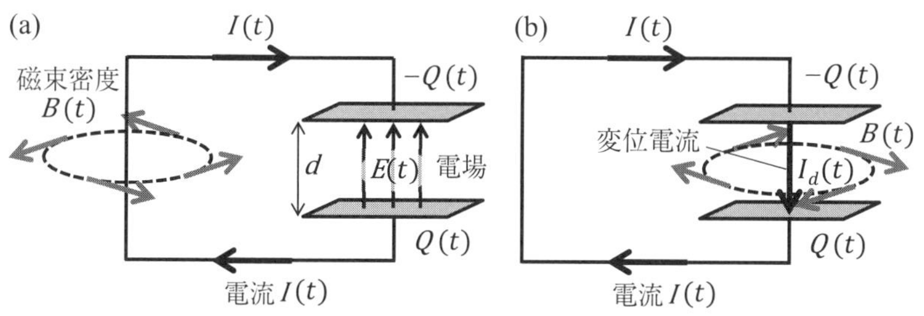

図 5.1　(a) 時間変動する電流による磁束密度，(b) 時間変動する電場と磁束密度

$$Q(t) = \int_{\mathrm{V}} \rho(\boldsymbol{r}, t) dV \tag{5.2}$$

である。したがって，電荷の保存を表す $I(t) = -dQ(t)/dt$ は

$$\int_{\mathrm{S}} \boldsymbol{j}(\boldsymbol{r}, t) \cdot d\boldsymbol{S} = -\int_{\mathrm{V}} \frac{\partial \rho(\boldsymbol{r}, t)}{\partial t} dV \tag{5.3}$$

となる。左辺にガウスの定理を適用すると

$$\int_{\mathrm{V}} \nabla \cdot \boldsymbol{j}(\boldsymbol{r}, t) dV = -\int_{\mathrm{V}} \frac{\partial \rho(\boldsymbol{r}, t)}{\partial t} dV \tag{5.4}$$

となり，任意の領域 V についてこれが成立するためには

$$\frac{\partial \rho(\boldsymbol{r}, t)}{\partial t} + \nabla \cdot \boldsymbol{j}(\boldsymbol{r}, t) = 0 \tag{5.5}$$

でなければならず，電荷保存則を表す**連続の方程式**が得られる。電荷密度だけでなく，電流密度も時間変動している点が式 (2.55) と異なる。

■　変位電流

電荷密度が時間に依存する場合でもクーロンの法則は成り立つので，時間変動する電荷密度と電場についてガウスの法則は成り立つ。図 5.1(a) の状況では，面積 S の平板コンデンサーに蓄えられた電気量 $Q(t)$ が時間変化するが，極板間の電場の成分 $E(t)$ をガウスの法則で求めることができる。電流の向きと同じ向きを正とすると，ガウスの法則より $\varepsilon_0 SE(t) = -Q(t)$ が成り立つので，両辺の時間微分をとると $\varepsilon_0 SdE(t)/dt = -dQ(t)/dt$ となる。一方，電荷保存則より $I(t) = -dQ(t)/dt$ であるので $I(t) = \varepsilon_0 SdE(t)/dt$ という関係が得られる。コンデンサーの極板間では電流は流れていないが，時間変動する電場によって回路の電流に等しい流れ $I_d(t)$ が存在するとみなすと，

$$I_d(t) = \varepsilon_0 S \frac{dE(t)}{dt} \tag{5.6}$$

とすればよい。この時間変動する電場による流れ $I_d(t)$ を**変位電流**とよぶ。$E(t)$ は電流の向きと同じ向きを正としたので，$I_d(t)$ も電流の向きと同じ向きが正である。図 5.1(b) の状況では，$I(t) > 0$ のときは $dQ(t)/dt < 0$，

$dE(t)/dt > 0$，そして $I_d(t) > 0$ である。電荷保存則より電流 $I(t)$ と変位電流 $I_d(t)$ は等しく，回路にそって両者をつなぐと，それらが通る閉曲線を定義することができる。コンデンサーの極板間の変位電流を極板の面積 S で割った $\varepsilon_0 dE(t)/dt$ は変位電流密度の成分となる。

微分形のガウスの法則と連続の方程式を用いて一般化して考えてみよう。電荷密度と電場が時間変動する場合のガウスの法則は $\varepsilon_0 \nabla \cdot \boldsymbol{E}(\boldsymbol{r}, t) = \rho(\boldsymbol{r}, t)$ であり，両辺の時間微分をとり右辺に連続の方程式を用いると

$$\varepsilon_0 \nabla \cdot \frac{\partial \boldsymbol{E}(\boldsymbol{r}, t)}{\partial t} = \frac{\partial \rho(\boldsymbol{r}, t)}{\partial t} = -\nabla \cdot \boldsymbol{j}(\boldsymbol{r}, t) \tag{5.7}$$

が得られる。変位電流密度を $\boldsymbol{j}_d(\boldsymbol{r}, t)$ とすると，以下の式で定義すればよい。

$$\boldsymbol{j}_d(\boldsymbol{r}, t) = \varepsilon_0 \frac{\partial \boldsymbol{E}(\boldsymbol{r}, t)}{\partial t} \tag{5.8}$$

式 (5.7) と式 (5.8) より $\nabla \cdot (\boldsymbol{j}(\boldsymbol{r}, t) + \boldsymbol{j}_d(\boldsymbol{r}, t)) = 0$ であり，電荷保存則に対応して電流密度と変位電流密度をあわせた量の divergence がゼロとなる。

■ アンペール-マクスウェルの法則

電流に湧き出しや吸い込みがある場合，図 3.16 のような電流が通る閉曲線を定義することができなくなり，アンペールの法則は成り立たない。それは，$\nabla \times \boldsymbol{B}(\boldsymbol{r}, t) = \mu_0 \boldsymbol{j}(\boldsymbol{r}, t)$ において，左辺の divergence は常にゼロになるのに対して（例題 3.11），右辺の divergence は連続の方程式より電荷密度の時間微分となり必ずしもゼロでないことからも明らかである。そこで，右辺に変位電流の寄与を加えて

$$\nabla \times \boldsymbol{B}(\boldsymbol{r}, t) = \mu_0 \boldsymbol{j}(\boldsymbol{r}, t) + \varepsilon_0 \mu_0 \frac{\partial \boldsymbol{E}(\boldsymbol{r}, t)}{\partial t} \tag{5.9}$$

とすると，式 (5.7) より右辺の divergence も常にゼロとなり矛盾が解決する。電流密度，電場，磁束密度が時間変動するとき，変位電流の効果を含めて成立するこの法則を**アンペール-マクスウェル (Maxwell) の法則**とよぶ。人名の順番を入れ替えてマクスウェル-アンペールの法則とよばれることもある。

図 5.1(b) の例では，電流と変位電流をあわせるとそれらが通る閉曲線を定義することができ，図 3.16 のように磁束密度の線積分を行う閉曲線との関係が成立するので，コンデンサーの周囲も含めてアンペール-マクスウェルの法則を

満たすような磁束密度が生じる。電流と変位電流が形成する閉曲線と絡んでいる閉曲線にそった磁束密度の線積分は，電流あるいは変位電流の値に μ_0 を掛けたものになる。しかし，閉曲線の一部にあたる変位電流のみを取り出して，それが周囲に磁束密度をつくっていると考えることは，一般には誤りであるので注意してほしい。図 5.1(b) のように時間変動する電荷からガウスの法則にしたがって生じる電場の場合，それらの rotation は式 (3.90) から $\mathbf{0}$ なので，ある閉曲線にそって変位電流のみを線積分してもゼロである。閉曲線を流れる定常電流のようなものを，時間変動する電荷による変位電流でつくることはできない。一方，ファラデーの電磁誘導の法則で生じる電場の場合は，電場および変位電流の rotation は $\mathbf{0}$ ではないので，変位電流のみを閉曲線にそって線積分するとゼロにならない。

例題 5.1 図 5.2 のように原点にある点電荷 $Q(t)$ から z 軸の正の向きに流れ出す直線電流 $I(t) = -dQ(t)/dt > 0$ が，$(x, y, 0)$ につくる磁束密度の大きさをアンペール-マクスウェルの法則を用いて求めよ。

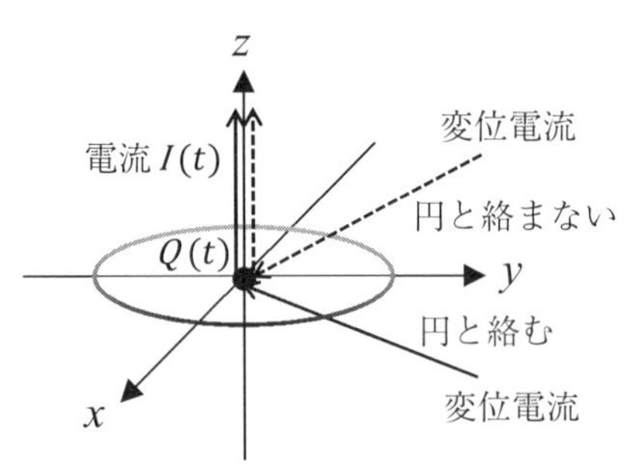

図 5.2 原点の点電荷 $Q(t)$ から z 軸にそって流れ出す電流 $I(t)$ と無限遠から点電荷へと向かう変位電流

解答 z 軸について軸対称なので，図 5.2 のように原点を中心として $(x, y, 0)$ を通る円形の磁束密度の線積分経路を考える。原点の点電荷が $\boldsymbol{r}$ につくる電場ベクトルは $\boldsymbol{E}(\boldsymbol{r}, t) = Q(t)\boldsymbol{r}/(4\pi\varepsilon_0|\boldsymbol{r}|^3)$ であり，これを時間微分して ε_0 を掛けることで変位電流密度は $-I(t)\boldsymbol{r}/(4\pi|\boldsymbol{r}|^3)$ となる。$\boldsymbol{r}$ にそって無限遠から原点まで流れる変位電流と，原点から無限遠まで z 軸上を流れる電流が閉曲線を形成すると考える。そのうち，図 3.16 のように円形の磁束密度の線積分経路と絡むのは，変位電流が $z < 0$ の側から原点に流れてくる場合である。図 5.2

では，電流と変位電流が成す閉曲線のうち，円形の線積分経路と絡む例を実線で，絡まない例を破線で示している。電荷保存則 $I(t) = -dQ(t)/dt$ に対応して，無限遠から原点に流れる変位電流の総和は $I(t)$ である。$z > 0$ の側から原点に流れる変位電流の総和は，$z < 0$ の側から原点に流れる変位電流の総和に等しいので，円形の線積分経路と絡まる電流（変位電流）の総和は $I(t)/2$ である。したがって，$(x, y, 0)$ での磁束密度の大きさは，$\mu_0 I(t)/2$ を円周で割った $\mu_0 I(t)/(4\pi\sqrt{x^2+y^2})$ となる。

例題 5.1 でアンペール-マクスウェルの法則によって計算した磁束密度は，z 軸上を流れる電流からビオ-サバールの法則によって計算した磁束密度に等しい。点電荷からガウスの法則にしたがって生じる電場の変位電流は，磁束密度の形成には寄与しないことがわかる。しかし，アンペール-マクスウェルの法則において電流と変位電流が通る閉曲線を定義する際に，変位電流は重要な役割を果たしている。

5.2 準定常電磁場

■ 準定常電磁場

第 4 章では，ファラデーの電磁誘導の法則によって時間変動する磁束密度から電場が形成されることを定式化した。一方，誘導された電場によって回路に電流が流れればアンペールの法則によって磁束密度が形成されるが，誘導された電場自体もその rotation が $\mathbf{0}$ ではないので，変位電流として磁束密度の形成に寄与しないだろうか？　たとえば，インダクタンス L のコイルの自己誘導では時間変動する電流 $I(t)$ によって誘導起電力 $-L dI(t)/dt$ が生じるが，誘導された電場も時間変動しており，その変位電流としての寄与が存在するはずである。しかし，通常の交流回路では，コイルに流れる電流は考慮する一方で変位電流は無視する。これは，交流電磁場の振動数 f が比較的小さく，電磁場の時間変動がゆるやかなためである。

コイルを電気伝導度 σ の導体として，導体内部での電場 $\boldsymbol{E}(\boldsymbol{r}, t)$，電流密度 $\boldsymbol{j}(\boldsymbol{r}, t)$ を考える。オームの法則から，$\boldsymbol{j}(\boldsymbol{r}, t) = \sigma \boldsymbol{E}(\boldsymbol{r}, t)$ の関係が成り立つ。角振動数 ω（振動数を f とすると，$\omega = 2\pi f$）の交流電場 $\boldsymbol{E}(\boldsymbol{r}, t) = \boldsymbol{E}_0(\boldsymbol{r}) \cos \omega t$ が印加されているとすると，導体を流れる電流密度と変位電流密度によって，

アンペール-マクスウェルの法則の方程式 (5.9) は次のようになる。

$$\nabla \times \boldsymbol{B}(\boldsymbol{r}, t) = \mu_0 \sigma \boldsymbol{E}_0(\boldsymbol{r}) \cos \omega t - \varepsilon_0 \mu_0 \omega \boldsymbol{E}_0(\boldsymbol{r}) \sin \omega t \tag{5.10}$$

右辺の 2 つの項を比較すると，$\omega \ll \sigma/\varepsilon_0$ のとき，右辺の第 2 項は第 1 項に比べて無視できることがわかる。すなわち，低振動数の電磁場の場合には変位電流の効果を無視でき，**準定常電磁場**とよばれる。回路の導線の電気伝導度 σ を $1 \times 10^7\,\Omega^{-1}\,\mathrm{m}^{-1}$ 程度と仮定すると，σ/ε_0 は $10^{18}\,\mathrm{rad\,s^{-1}}$ 程度になる。

5.3　交流回路

振動数が 50Hz（ヘルツ）あるいは 60Hz の交流回路では準定常電磁場の近似が十分に成り立つので，電流を流すために回路に加えられた電場による変位電流の効果は無視してよい。通常の交流回路では，自己インダクタンス L のコイルの電流 $I(t)$ と誘導起電力 $V(t)$ の関係式 $V(t) = -LdI(t)/dt$ を使っても問題ない。さらに，電気容量 C のコンデンサーに蓄えられた電荷 $Q(t)$ と極板間の電位差 $V(t)$ の関係式 $Q(t) = CV(t)$ も使ってよい。また，次章で見るように電磁場は光速で伝播するが，通常の回路のサイズは十分に小さいので電磁場の伝播による位相の遅れは無視できる。以下では，コンデンサー，コイル，抵抗からなる交流回路について考える。

■　LC 回路と共振

図 5.3(a) および (b) に示すような電気容量 C のコンデンサーと自己インダクタンス L のコイルからなる LC 回路を考える。図 5.3(a) のようにコンデンサーの一方の極板に蓄えらえた電気量を $Q(t)$，その極板から流れ出す向きを正と

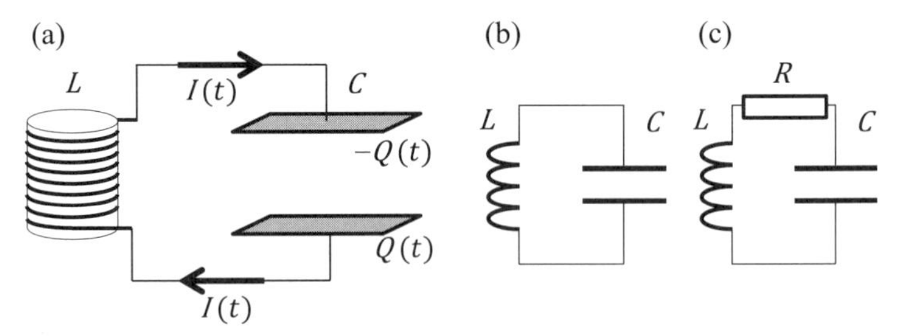

図 5.3　(a) コイルとコンデンサーからなる LC 回路，(b) LC 回路の回路図，(c) RLC 回路の回路図

して電流 $I(t)$ を定義すると，コンデンサーによる $Q(t)/C$ とコイルの誘導起電力 $-LdI(t)/dt$ についてキルヒホッフの第2法則を適用すると

$$\frac{Q(t)}{C} - L\frac{dI(t)}{dt} = 0 \tag{5.11}$$

となる。両辺を時間微分して $-dQ(t)/dt = I(t)$ を用いて整理すると

$$L\frac{d^2I(t)}{dt^2} = -\frac{I(t)}{C} \tag{5.12}$$

となる。これは単振動を与える微分方程式であり，$I(t) = I_0\cos(t/\sqrt{LC} + \delta)$ という解を持つ。I_0 と δ は初期条件によって決まる定数である。この単振動の解は LC 回路の**共振**に対応し，その角振動数 ω は以下の式で与えられる。

$$\omega = \frac{1}{\sqrt{LC}} \tag{5.13}$$

■ RLC 回路

図 5.3(c) のように電気抵抗 R の抵抗，自己インダクタンス L のコイル，電気容量 C のコンデンサーからなる RLC 回路を考える。コンデンサーの一方の極板に蓄えらえた電気量を $Q(t)$，その極板から流れ出す向きを正として電流を $I(t)$ とするとキルヒホッフの第2法則より

$$\frac{Q(t)}{C} - L\frac{dI(t)}{dt} = RI(t) \tag{5.14}$$

である。両辺を時間微分して $-dQ(t)/dt = I(t)$ を用いて整理すると

$$L\frac{d^2I(t)}{dt^2} + R\frac{dI(t)}{dt} + \frac{I(t)}{C} = 0 \tag{5.15}$$

となり，$I(t)$ についての2階同次線形微分方程式が得られる。

一般解を求めるために，$I(t) = I_0e^{\lambda t}$ を代入すると，

$$(L\lambda^2 + R\lambda + 1/C)I_0e^{\lambda t} = 0 \tag{5.16}$$

となり，$R^2 - 4L/C > 0$ では $\lambda = (-R \pm \sqrt{R^2 - 4L/C})/2L$，$R^2 - 4L/C = 0$ では $\lambda = -R/2L$，$R^2 - 4L/C < 0$ では $\lambda = (-R \pm i\sqrt{4L/C - R^2})/2L$ が得

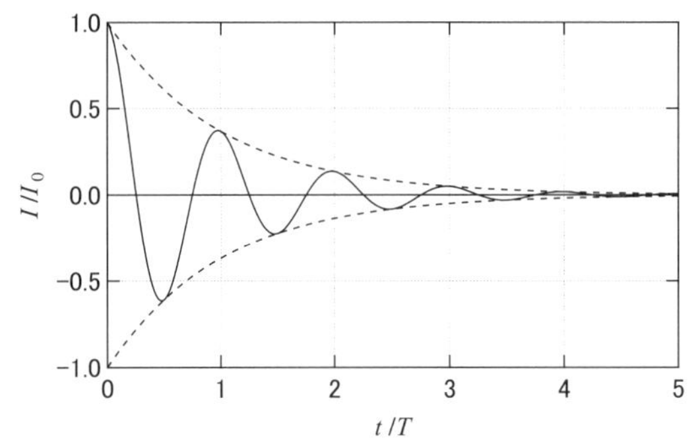

図 5.4　RLC 回路の電流の減衰振動

られる。$R^2 - 4L/C > 0$ の場合，λ は負の実数であり，時間とともに減衰する以下のような解となる。

$$I(t) = Ae^{\frac{-R+\sqrt{R^2-4L/C}}{2L}t} + Be^{\frac{-R-\sqrt{R^2-4L/C}}{2L}t} \tag{5.17}$$

A と B は初期条件で決まる定数である。$R^2-4L/C=0$ のときは特殊で $I(t) = (A+Bt)e^{-Rt/(2L)}$ という解となり，臨界減衰とよばれる。$R^2 - 4L/C < 0$ の場合は，$\omega = \sqrt{1/(LC) - R^2/(4L^2)}$ として，$e^{i\omega t} + e^{-i\omega t} = 2\cos\omega t$ および $e^{i\omega t} - e^{-i\omega t} = 2i\sin\omega t$ という関係を用いて，

$$I(t) = Ae^{-\frac{R}{2L}t}\cos\left(\sqrt{\frac{1}{LC} - \frac{R^2}{4L^2}}t\right) + Be^{-\frac{R}{2L}t}\sin\left(\sqrt{\frac{1}{LC} - \frac{R^2}{4L^2}}t\right) \tag{5.18}$$

という解となり，電流は角振動数 $\sqrt{1/(LC) - R^2/(4L^2)}$ で振動しながら時定数 $2L/R$ で減衰する。式 (5.18) が与える減衰振動の例を図 5.4 に示す。周期 $T = 2\pi/\sqrt{1/(LC) - R^2/(4L^2)}$，$A = I_0$，$B = 0$ としている。

■　RC 回路の複素インピーダンス

図 5.5(a) のように電気抵抗 R の抵抗と電気容量 C のコンデンサーからなる RC 回路に，電源から $V(t) = V_0\cos\omega t$ の交流電圧を印加する。コンデンサーの一方の極板に蓄えらえた電気量を $Q_1(t)$，その極板から流れ出す電流を $I_1(t)$ とすると，$-dQ_1(t)/dt = I_1(t)$ であり，さらにキルヒホッフの第 2 法則より

$$\frac{Q_1(t)}{C} + V_0\cos\omega t = RI_1(t) \tag{5.19}$$

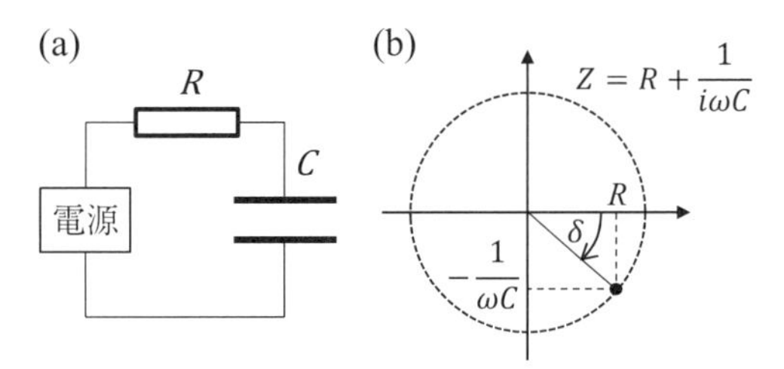

図 5.5　(a) RC 回路の回路図，(b) RC 回路の複素インピーダンス

となる。$Q_1(t)$，$I_1(t)$ は角振動数 ω で振動する関数と仮定して，$Q_1(t) = Q_0\cos(\omega t + \alpha)$，$I_1(t) = I_0\cos(\omega t + \beta)$ が式 (5.19) を満たすものとする。$V_0\cos\omega t$ を同じ振幅で位相が $\pi/2$ 遅れた $V_0\sin\omega t$ に変えたとき，$Q_1(t)$ と $I_1(t)$ に対してそれぞれ位相が $\pi/2$ 遅れた $Q_2(t) = Q_0\sin(\omega t + \alpha)$ と $I_2(t) = I_0\sin(\omega t + \beta)$ は $-dQ_2(t)/dt = I_2(t)$，および

$$\frac{Q_2(t)}{C} + V_0\sin\omega t = RI_2(t) \tag{5.20}$$

を満たすはずである。式 (5.20) の両辺に虚数単位をつけて式 (5.19) に加えると，$\cos\omega t + i\sin\omega t = e^{i\omega t}$ という関係式を用い，さらに $Q(t) = Q_1(t) + iQ_2(t)$，$I(t) = I_1(t) + iI_2(t)$ と定義することで

$$\frac{Q(t)}{C} + V_0 e^{i\omega t} = RI(t) \tag{5.21}$$

という方程式が得られる。$\cos\omega t$ で振動する電圧を印加する場合，上記のように $e^{i\omega t}$ とした式 (5.21) を満たす $I(t)$ を求めれば，その実部 $I_1(t)$ がもとの方程式 (5.19) の解となることがわかる。式 (5.19) よりも式 (5.21) の解を求めるほうが計算が容易であることから，よく使われる手法である。式 (5.21) の両辺を時間微分して，$I(t) = -dQ(t)/dt$ を用いて整理すると，

$$R\frac{dI(t)}{dt} + \frac{I(t)}{C} = i\omega V_0 e^{i\omega t} \tag{5.22}$$

という 1 階非同次線形微分方程式が得られる。「非同次」とは右辺がゼロでないことを意味する。ここで，$I(t) = I_0\cos(\omega t + \beta) + iI_0\sin(\omega t + \beta) = I_0 e^{i(\omega t + \beta)}$ であるから，$dI(t)/dt = i\omega I(t)$ となるので，

$$\left(i\omega R + \frac{1}{C}\right) I(t) = i\omega V_0 e^{i\omega t} \tag{5.23}$$

が得られる。交流回路の電圧 $V_0e^{i\omega t}$ を電流 $I(t)$ で割った量は交流回路の**複素インピーダンス**とよばれる。RC 回路の複素インピーダンス Z は

$$Z = R + \frac{1}{i\omega C} \tag{5.24}$$

となり，抵抗 R とコンデンサーの複素インピーダンス $1/(i\omega C)$ の和である。この複素インピーダンスを複素平面上に示すと図 5.5(b) のようになり，その絶対値は $\sqrt{R^2+1/(\omega C)^2}$ で，位相角を δ とすると $\tan\delta = -1/(\omega CR)$ である。式 (5.24) を位相角を用いて書き換えると $Z = \sqrt{R^2+1/(\omega C)^2}e^{i\delta}$ となる。印加電圧 $V_0e^{i\omega t}$ を複素インピーダンスで割ると，電流は $I(t) = V_0/\sqrt{R^2+1/(\omega C)^2}e^{i(\omega t-\delta)}$ となることがわかる。δ は負なので電流は $-\delta$ だけ電圧に対して位相が進む。この実部である

$$I_{\mathrm{s}}(t) = \frac{V_0}{\sqrt{R^2+(\frac{1}{\omega C})^2}}\cos(\omega t-\delta) \tag{5.25}$$

が式 (5.19) を満たす $I_1(t)$ の 1 つになっている。

RC 回路に電流 $I_0\cos\omega t$ を入力すると，複素数にした電流 $I_0e^{i\omega t}$ にコンデンサーの複素インピーダンスを乗じた $I_0e^{i\omega t}/(i\omega C)$ の実部 $I_0/(\omega C)\sin\omega t$ がコンデンサー両端の電位差を与える。このことは，$I_0\cos\omega t$ を積分した $I_0/\omega\sin\omega t$ がコンデンサーに蓄えられた電気量になり，それを C で割った $I_0/(\omega C)\sin\omega t$ がコンデンサー両端の電位差となることに対応している。コンデンサー両端には入力電流の積分に比例する電圧が出力されるので，RC 回路は**積分回路**として利用される。

例題 5.2　式 (5.19) を満たす $I_1(t)$ の一般解を求めよ。

解答　式 (5.25) の $I_{\mathrm{s}}(t)$ は式 (5.19) を満たすある特定の解（特解とよばれる）となっている。RC 回路の複素インピーダンス Z が式 (5.24) となることを知っていれば，入力電圧の振幅を Z の絶対値で割れば電流の振幅が得られ，電圧の位相から Z の位相角を引けば電流の位相が得られる。ここで，特解 $I_{\mathrm{s}}(t)$ にある関数 $I_{\mathrm{g}}(t)$ を加えた $I_1(t) = I_{\mathrm{s}}(t) + I_{\mathrm{g}}(t)$ を式 (5.22) の実部に代入すると $I_{\mathrm{g}}(t)$ は以下の 1 階同次線形微分方程式を満たすことがわかる。

$$R\frac{dI_{\mathrm{g}}(t)}{dt} + \frac{I_{\mathrm{g}}(t)}{C} = 0 \tag{5.26}$$

この一般解を求めるために，$I_{\rm g}(t) = I_0 e^{\lambda t}$ を代入すると，

$$(R\lambda + 1/C)I_0 e^{\lambda t} = 0 \tag{5.27}$$

となり，$\lambda = -1/(RC)$ が得られる。初期条件で決まる定数 A を用いて $I_{\rm g}(t) = Ae^{-t/(RC)}$ となり，電流は時定数 RC で減衰する。上記の特解と組み合わせて式 (5.19) の一般解は以下で与えられる ($\tan\delta = -1/(\omega CR)$ とする)。

$$I_1(t) = \frac{V_0}{\sqrt{R^2 + (\frac{1}{\omega C})^2}} \cos(\omega t - \delta) + Ae^{-\frac{1}{RC}t} \tag{5.28}$$

■ RL 回路の複素インピーダンス

図 5.6(a) のように電気抵抗 R の抵抗と自己インダクタンス L のコイルからなる RL 回路に電源から $V(t) = V_0 \cos\omega t$ の交流電圧を印加する。回路の電流を $I_1(t)$ とするとキルヒホッフの第 2 法則より

$$-L\frac{dI_1(t)}{dt} + V_0 \cos\omega t = RI_1(t) \tag{5.29}$$

となる。RC 回路の場合と同様に，$V_0 \cos\omega t$ を同じ振幅で位相が $\pi/2$ 遅れた $V_0 \sin\omega t$ に変えたとき，$I_1(t)$ に対して位相が $\pi/2$ 遅れた $I_2(t)$ が微分方程式の解となるとして，$I(t) = I_1(t) + iI_2(t)$ とおいて整理すると，以下の 1 階非同次線形微分方程式が得られる。

$$L\frac{dI(t)}{dt} + RI(t) = V_0 e^{i\omega t} \tag{5.30}$$

ここで，$I(t)$ は $dI(t)/dt = i\omega I(t)$ を満たすので，

$$(i\omega L + R)I(t) = V_0 e^{i\omega t} \tag{5.31}$$

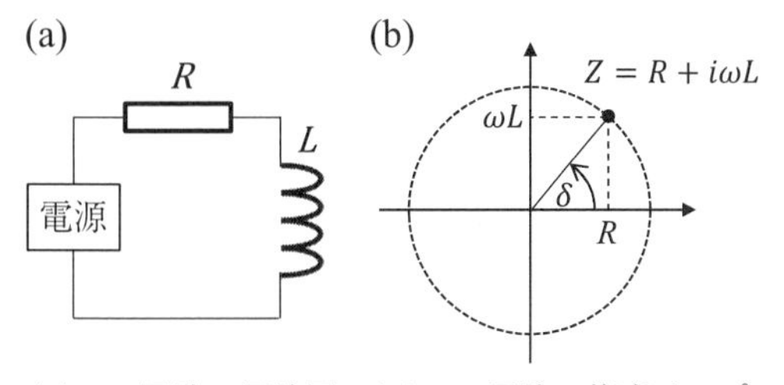

図 5.6　(a) RL 回路の回路図，(b) RL 回路の複素インピーダンス

が得られる。RL 回路の複素インピーダンス Z は $V_0e^{i\omega t}$ を $I(t)$ で割って

$$Z = R + i\omega L \tag{5.32}$$

となり，抵抗 R とコイルの複素インピーダンス $i\omega L$ の和である。これを複素平面上に示すと図 5.6(b) のようになり，その絶対値は $\sqrt{R^2+(\omega L)^2}$ で，位相角を δ とすると $\tan\delta = \omega L/R$ となる。印加電圧 $V_0e^{i\omega t}$ を複素インピーダンス $\sqrt{R^2+(\omega L)^2}e^{i\delta}$ で割ると，電流は $V_0/\sqrt{R^2+(\omega L)^2}e^{i(\omega t-\delta)}$ となることがわかる。δ は正なので電流は δ だけ電圧に対して位相が遅れる。この実部である

$$I_{\mathrm{s}}(t) = \frac{V_0}{\sqrt{R^2+(\omega L)^2}}\cos(\omega t - \delta) \tag{5.33}$$

が式 (5.29) を満たす $I_1(t)$ の 1 つになっている。

RL 回路に電流 $I_0\cos\omega t$ を入力すると，複素数にした電流 $I_0e^{i\omega t}$ にコイルの複素インピーダンスを乗じた $i\omega LI_0e^{i\omega t}$ の実部 $-\omega LI_0\sin\omega t$ がコイル両端の電位差を与える。このことは，$I_0\cos\omega t$ を微分した $-\omega I_0\sin\omega t$ に L を乗じた $-\omega LI_0\sin\omega t$ がコイル両端の電位差となることに対応している。コイル両端には入力電流の微分に比例する電圧が出力されるので，RL 回路は**微分回路**として利用される。

例題 5.3 式 (5.29) を満たす $I_1(t)$ の一般解を求めよ。

解答 式 (5.33) の $I_{\mathrm{s}}(t)$ は式 (5.29) を満たすある特定の解（特解とよばれる）となっている。RL 回路の複素インピーダンス Z が式 (5.32) となることを知っていれば，入力電圧の振幅を Z の絶対値で割れば電流の振幅が得られ，電圧の位相から Z の位相角を引けば電流の位相が得られる。ここで，特解 $I_{\mathrm{s}}(t)$ にある関数 $I_{\mathrm{g}}(t)$ を加えた $I_1(t) = I_{\mathrm{s}}(t) + I_{\mathrm{g}}(t)$ を式 (5.29) に代入すると $I_{\mathrm{g}}(t)$ は以下の 1 階同次線形微分方程式を満たすことがわかる。

$$L\frac{dI_{\mathrm{g}}(t)}{dt} + RI_{\mathrm{g}}(t) = 0 \tag{5.34}$$

この一般解を求めるために，$I_{\mathrm{g}}(t) = I_0e^{\lambda t}$ を代入すると，

$$(L\lambda + R)I_0e^{\lambda t} = 0 \tag{5.35}$$

となり，$\lambda = -L/R$ が得られる。初期条件で決まる定数 A を用いて $I_{\mathrm{g}}(t) = Ae^{-Lt/R}$ となり，電流は時定数 R/L で減衰する。上記の特解と組み合わせて一般解は以下で与えられる（$\tan\delta = \omega L/R$ とする）。

$$I_1(t) = \frac{V_0}{\sqrt{R^2 + (\omega L)^2}} \cos(\omega t - \delta) + Ae^{-\frac{L}{R}t} \tag{5.36}$$

■ RLC 回路の複素インピーダンス

図 5.7(a) のように RLC 回路に $V(t) = V_0 \cos\omega t$ の交流電圧を印加する。コンデンサーの一方の極板に蓄えらえた電気量を $Q_1(t)$，その極板から流れ出す電流を $I_1(t)$ とするとキルヒホッフの第 2 法則より

$$\frac{Q_1(t)}{C} - L\frac{dI_1(t)}{dt} + V_0 \cos\omega t = RI_1(t) \tag{5.37}$$

となる。RC 回路の場合と同様に，$V_0 \cos\omega t$ を同じ振幅で位相が $\pi/2$ 遅れた $V_0 \sin\omega t$ に変えたとき，$Q_1(t)$ と $I_1(t)$ に対してそれぞれ位相が $\pi/2$ 遅れた $Q_2(t)$ と $I_2(t)$ が微分方程式の解となるとして，$Q(t) = Q_1(t) + iQ_2(t)$，$I(t) = I_1(t) + iI_2(t)$ とおいて整理すると

$$-\frac{Q(t)}{C} + L\frac{dI(t)}{dt} + RI(t) = V_0 e^{i\omega t} \tag{5.38}$$

となる。この両辺を時間微分して $I(t) = -dQ(t)/dt$ を用いて整理すると，以下の 2 階非同次線形微分方程式が得られる。

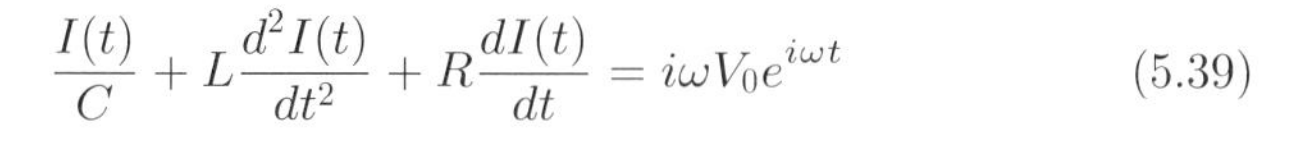

$$\frac{I(t)}{C} + L\frac{d^2 I(t)}{dt^2} + R\frac{dI(t)}{dt} = i\omega V_0 e^{i\omega t} \tag{5.39}$$

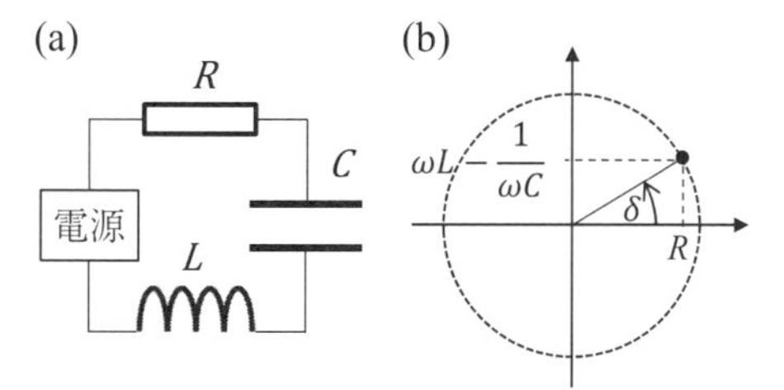

図 5.7　(a) RLC 回路の回路図，(b) RLC 回路の複素インピーダンス

$I(t)$ は $dI(t)/dt = i\omega I(t)$ および $d^2I(t)/dt^2 = -\omega^2 I(t)$ を満たすので，

$$\left(\frac{1}{C} - \omega^2 L + i\omega R\right) I(t) = i\omega V_0 e^{i\omega t} \tag{5.40}$$

が得られる。複素インピーダンス Z は $V_0 e^{i\omega t}$ を $I(t)$ で割って

$$Z = R + i\left(\omega L - \frac{1}{\omega C}\right) \tag{5.41}$$

である。式 (5.40) から得られる $I(t)$ の実部である

$$I_{\mathrm{s}}(t) = \frac{V_0}{\sqrt{R^2 + (\omega L - \frac{1}{\omega C})^2}} \cos(\omega t - \delta) \tag{5.42}$$

が式 (5.38) を満たす $I_1(t)$ の 1 つになっている（$\tan\delta = (\omega L - 1/\omega C)/R$）。

例題 5.4 電圧 $V(t) = V_0 \cos\omega t$ が印加された RLC 回路の微分方程式 (5.37) を満たす電流 $I_1(t)$ の一般解を求めよ。

解答 特解 $I_{\mathrm{s}}(t)$ は式 (5.42) となり，電流は入力電圧と同じ角振動数で振動する。この解は強制振動に対応しており，R が小さく，ω が $1/\sqrt{LC}$ に近いとき，電流の振幅が非常に大きくなる。同次化した微分方程式の一般解 $I_{\mathrm{g}}(t)$ は式 (5.17) あるいは式 (5.18) であるから，それを特解 $I_{\mathrm{s}}(t)$ に加えれば，たとえば以下のように $I_1(t)$ の一般解が得られる。

$$\begin{aligned} I_1(t) = & \frac{V_0}{\sqrt{R^2 + (\omega L - \frac{1}{\omega C})^2}} \cos(\omega t - \delta) \\ & + Ae^{-\frac{R}{2L}t} \cos\left(\sqrt{\frac{1}{LC} - \frac{R^2}{4L^2}}t\right) + Be^{-\frac{R}{2L}t} \sin\left(\sqrt{\frac{1}{LC} - \frac{R^2}{4L^2}}t\right) \end{aligned} \tag{5.43}$$

$\delta = \arctan((\omega L - 1/\omega C)/R)$ であり，A と B は初期条件で決まる定数である。

複素インピーダンスの逆数は複素アドミタンスとよばれる。RLC 回路の複素アドミタンスの大きさは $1/\sqrt{R^2 + (\omega L - \frac{1}{\omega C})^2}$ であり，周波数 $f = \omega/(2\pi)$

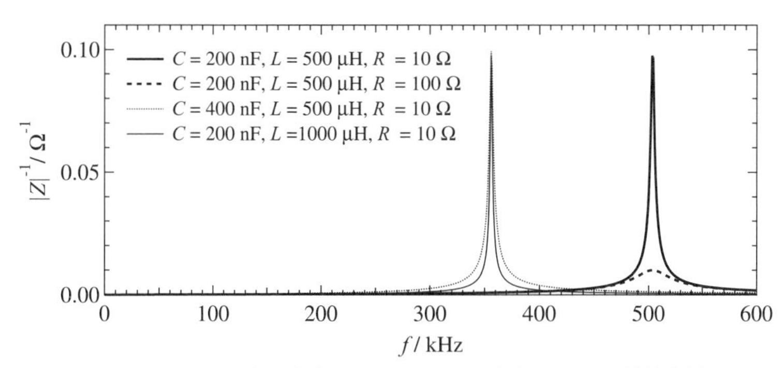

図 5.8　RLC 回路の複素アドミタンスの大きさの周波数依存性

に対してプロットすると図 5.8 のように共鳴周波数の $f = 1/(2\pi\sqrt{LC})$ でピークをもつことがわかる。R が増加すると共鳴が弱くなる。共鳴周波数と R を固定して L と C を変えると，C が小さい方が共鳴のピークの幅が小さくなる。

コラム 5：変位電流は磁束密度をつくるか？

「アンペールの法則によって電流が磁束密度をつくる」という表現は広く使われており問題ないが，「アンペール-マクスウェルの法則によって時間変動する電場 (変位電流) が磁束密度をつくる」という表現は正しいだろうか？図 5.1 の状況では，コンデンサーに蓄えられた電気量が時間変動することで極板間の電場が時間変動すると同時に時間変動する磁束密度も生じているので，上の表現は正しいように感じる。しかし，5.1 節で考えたように，時間変動する電荷からガウスの法則を満たすように生じる電場のみでは磁束密度をつくることはできない。一方，電磁誘導で生じる電場については，準定常電磁場とみなせない高速の時間変動のときは変位電流が磁束密度をつくるといえなくもないが，電磁誘導で生じる電場のもとは時間変動する磁束密度である。時間変動する電場と磁場が存在するとき，一般には磁場と電場のうち一方が原因で他方が結果と考えることはできず，上の表現は正しくないのである。「時間変動する電場と磁束密度が式 (5.9) を満たすように生じる」という表現が妥当である。式 (5.9) のように右辺に電場の項があると上の表現が正しい印象を与えるので，それを左辺に移して以下のように書く場合がある。

$$\nabla \times \boldsymbol{B}(\boldsymbol{r},t) - \varepsilon_0\mu_0\frac{\partial \boldsymbol{E}(\boldsymbol{r},t)}{\partial t} = \mu_0\boldsymbol{j}(\boldsymbol{r},t) \tag{5.44}$$

次に，コイルの自己誘導を考えてみよう。コイルを貫く磁束が時間変動すると誘導起電力が生じる一方で，コイルに流れる誘導電流がつくる磁束密度によってコイルを貫く磁束が生じる。このとき，誘導電流をもたらす誘導電場が存在するので，式 (5.9) によれば変位電流も磁束密度をつくることに寄与するはずである。しかし，通常の交流回路では時間変動が十分遅く，式 (5.10) の右辺で電流に対して変位電流の項は無視できるので，電流の寄与のみ考えればよい。

章末問題 5

問題 5.1　半径 a および半径 b（$a < b$）の十分に長い導体円筒を z 軸方向に中心軸をそろえて並べる。図 5.9(a) のように内側の円筒に電流 $I(z,t) = I_0 \cos(kz - \omega t)$ が流れ，外側の円筒には電流 $-I(z,t)$ が流れるものとする。連続の方程式から内側の円筒の単位長さあたりの電荷密度（線電荷密度）$\rho(z,t)$ を求めよ。さらに，図 5.9(b) のように円筒間の電場は円筒面に垂直と仮定して，ガウスの法則を用いて z 軸からの距離 r（$a < r < b$）の位置での電場の成分 $E_r(r,\theta,z,t)$ を求め，円筒間の変位電流密度を求めよ。$E_r(r,\theta,z,t)$ は θ に依存しないと仮定してよい。空間の誘電率を ε_0 とする。

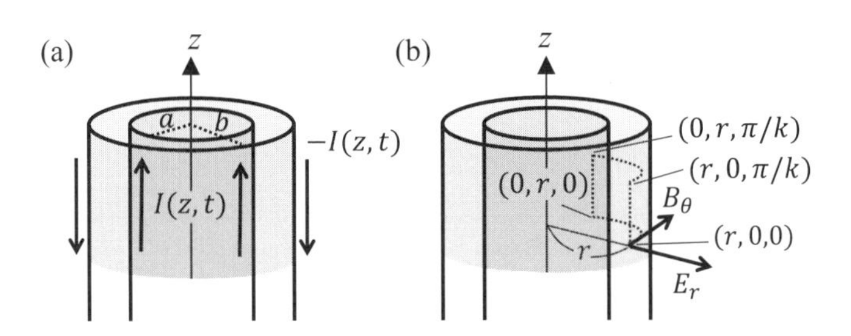

図 5.9　(a) 同軸円筒に流れる交流電流，(b) 円筒間の電場と磁束密度

問題 5.2　前問の状況において，図 5.9(b) のように円筒間の磁束密度は電場と z 軸に垂直であると仮定する。電流に湧き出しと吸い込みがあるためアンペールの法則を適用することはできないが，変位電流まで考慮してアンペール-マクスウェルの法則を適用する。変位電流密度は z 軸に垂直であるため z 軸に垂直な線積分経路では変位電流のみでは線積分経路と絡まないことを利用し，z 軸からの距離 r（$a < r < b$）の位置での磁束密度の成分 $B_\theta(r,\theta,z,t)$ を求めよ。$B_\theta(r,\theta,z,t)$ は θ に依存しないと仮定してよい。さらに，その磁束密度を $(r,0,0) \to (0,r,0) \to (0,r,\pi/k) \to (r,0,\pi/k) \to (r,0,0)$ という経路で線積分

した量と，前問で求めた変位電流密度がこの経路で囲まれた面を貫く量を比較せよ。空間の透磁率を μ_0 とする。

問題 5.3　問題 5.1 で求めた電場と問題 5.2 で求めた磁束密度が微分形のアンペール-マクスウェルの法則を満たすことを示せ。また，それらが微分形のファラデーの電磁誘導の法則を満たすための条件を求めよ。

問題 5.4　図 5.5(a) の RC 回路において，初期条件を $Q(t) = Q_0$ として，$Q(t)$ および $I(t)$ を計算せよ。また，最初にコンデンサーに蓄えられていた静電エネルギーと抵抗で消費されるエネルギーの合計が等しいことを示せ。

問題 5.5　図 5.5(a) の RC 回路において，抵抗両端の電位差，コンデンサー両端の電位差，電源の起電力の振幅の比を ω, R, C を用いて表せ。

問題 5.6　図 5.6(a) の RL 回路において，抵抗両端の電位差，コイル両端の電位差，電源の起電力の振幅の比を ω, R, L を用いて表せ。

問題 5.7　LC 回路の共振の周波数を $C = 200\,\mathrm{pF}$ および $L = 500\,\mu\mathrm{H}$ として計算せよ。

問題 5.8　図 5.7(a) の RLC 回路において，抵抗両端の電位差，コイル両端の電位差，コンデンサー両端の電位差，電源の起電力の振幅の比を ω, R, L, C を用いて表せ。回路全体の複素インピーダンスを最小にする ω を求めよ。

6

マクスウェル方程式と電磁波

6.1　マクスウェル方程式

第1章で導入したクーロンの法則は電荷密度と電場が時間変動する場合でも成立し，電場は正電荷から湧き出し，負電荷へと吸い込まれる。時間変動する電荷密度 $\rho(\boldsymbol{r},t)$ と電場 $\boldsymbol{E}(\boldsymbol{r},t)$ についてガウスの法則の形は変わることなく，$\boldsymbol{E}(\boldsymbol{r},t)$ の divergence が $\rho(\boldsymbol{r},t)/\varepsilon_0$ となる以下の式で与えられる。

$$\nabla \cdot \boldsymbol{E}(\boldsymbol{r},t) = \frac{\rho(\boldsymbol{r},t)}{\varepsilon_0} \tag{6.1}$$

また，第3章で説明した磁気単極子（モノポール）が存在しない状況は時間変動する場合でも変わらないので，時間変動する磁束密度 $\boldsymbol{B}(\boldsymbol{r},t)$ に湧き出しや吸い込みはなく，$\boldsymbol{B}(\boldsymbol{r},t)$ の divergence がゼロという以下の式が成り立つ。

$$\nabla \cdot \boldsymbol{B}(\boldsymbol{r},t) = 0 \tag{6.2}$$

第4章で見たように，時間変動する電場 $\boldsymbol{E}(\boldsymbol{r},t)$ と磁束密度 $\boldsymbol{B}(\boldsymbol{r},t)$ の関係を与えるファラデーの電磁誘導の法則は

$$\nabla \times \boldsymbol{E}(\boldsymbol{r},t) = -\frac{\partial \boldsymbol{B}(\boldsymbol{r},t)}{\partial t} \tag{6.3}$$

で与えられる。一方，第3章で導入したアンペールの法則については，電流密度 $\boldsymbol{j}(\boldsymbol{r},t)$ および磁束密度 $\boldsymbol{B}(\boldsymbol{r},t)$ が時間変動する場合には，第5章で説明したように変位電流の寄与を加えたアンペール-マクスウェルの法則となり，その微分形は以下の式で与えられる。

$$\nabla \times \boldsymbol{B}(\boldsymbol{r},t) = \mu_0 \boldsymbol{j}(\boldsymbol{r},t) + \varepsilon_0 \mu_0 \frac{\partial \boldsymbol{E}(\boldsymbol{r},t)}{\partial t} \tag{6.4}$$

電場，磁束密度，電荷密度，電流密度が満たすこれら4つの偏微分方程式を総称して，**マクスウェル方程式**とよぶ。マクスウェル方程式とその物理的意味について表6.1にまとめておく。マクスウェル方程式は，電場の代わりに電束密度 $\boldsymbol{D}(\boldsymbol{r},t)=\varepsilon_0\boldsymbol{E}(\boldsymbol{r},t)$ を用いて書かれる場合や，磁束密度の代わりに磁場 $\boldsymbol{H}(\boldsymbol{r},t)=\boldsymbol{B}(\boldsymbol{r},t)/\mu_0$ を用いて書かれる場合がある（例題6.1）。また，仮に ε_0 と μ_0 を1とするような単位系を用いれば，マクスウェル方程式の係数にこれらの物理定数を用いる必要はなくなると同時に，電場と電束密度のいずれを使えばよいか，磁場と磁束密度のいずれを使えばよいか，という悩みも解消される。しかし，広く使用されている国際単位系（SI単位系）でマクスウェル方程式を習得することは，実用面を考慮すると非常に重要であり，以下でも ε_0 と μ_0 が現れる上記の形式で議論を進める。

スカラーポテンシャル $\phi(\boldsymbol{r},t)$ とベクトルポテンシャル $\boldsymbol{A}(\boldsymbol{r},t)$ を用いて式(4.16)のように磁束密度を，式(4.19)のように電場を書くことにすると，マクスウェル方程式のうち式(6.2)と式(6.3)は自然に満たされる。式(4.19)をガウスの法則の式(6.1)に代入すると $-\nabla^2\phi(\boldsymbol{r},t)-\nabla\cdot\partial\boldsymbol{A}(\boldsymbol{r},t)/\partial t=\rho(\boldsymbol{r},t)/\varepsilon_0$ となる。左辺の第2項で時間微分とdivergenceの順を交換すると，ベクトルポテンシャル $\boldsymbol{A}(\boldsymbol{r},t)$ のdivergenceをゼロとするクーロンゲージの場合には

$$-\nabla^2\phi(\boldsymbol{r},t)=\frac{\rho(\boldsymbol{r},t)}{\varepsilon_0} \tag{6.5}$$

というポアソン方程式が得られる。ここで，電荷密度が存在せず，さらにスカラーポテンシャルがゼロとなる場合を考えよう。このとき，式(4.16)と式(4.19)を式(6.4)に代入すると $\nabla\times(\nabla\times\boldsymbol{A}(\boldsymbol{r},t))=\mu_0\boldsymbol{j}(\boldsymbol{r},t)-\varepsilon_0\mu_0\partial^2\boldsymbol{A}(\boldsymbol{r},t)/\partial t^2$ となる。例題3.13の公式を用いると，$\nabla\times(\nabla\times\boldsymbol{A}(\boldsymbol{r},t))=-\nabla^2\boldsymbol{A}(\boldsymbol{r},t)+\nabla(\nabla\cdot\boldsymbol{A}(\boldsymbol{r},t))$ となり，クーロンゲージの場合には第2項が消えるので

$$-\nabla^2\boldsymbol{A}(\boldsymbol{r},t)+\varepsilon_0\mu_0\frac{\partial^2\boldsymbol{A}(\boldsymbol{r},t)}{\partial t^2}=\mu_0\boldsymbol{j}(\boldsymbol{r},t) \tag{6.6}$$

という方程式が得られる。時間変動がある場合には，クーロンゲージのベクトルポテンシャル $\boldsymbol{A}(\boldsymbol{r},t)$ は式(3.101)のポアソン方程式ではなく，時間についての2階微分を含むような微分方程式にしたがう。電荷密度に加えて電流密度も存在しない場合（真空中の場合），式(6.6)は次節で説明するような波動方程式となる。次節では電荷や電流のない真空中で電場および磁束密度が波動方程

式を満たすことを考えるが，ベクトルポテンシャルも同様に波動方程式を満たす。

表6.1　マクスウェル方程式のまとめ

$\nabla \cdot \boldsymbol{E}(\boldsymbol{r},t) = \dfrac{\rho(\boldsymbol{r},t)}{\varepsilon_0}$	**ガウスの法則** 電荷密度 ρ から電場 $\boldsymbol{E}$ が生じる。
$\nabla \cdot \boldsymbol{B}(\boldsymbol{r},t) = 0$	**磁気単極子の非存在** ベクトルポテンシャル $\boldsymbol{A}$ を用いて $\boldsymbol{B}(\boldsymbol{r},t) = \nabla \times \boldsymbol{A}(\boldsymbol{r},t)$
$\nabla \times \boldsymbol{E}(\boldsymbol{r},t) = -\dfrac{\partial \boldsymbol{B}(\boldsymbol{r},t)}{\partial t}$	**ファラデーの電磁誘導の法則** スカラーポテンシャル ϕ および ベクトルポテンシャル $\boldsymbol{A}$ を用いて $\boldsymbol{E}(\boldsymbol{r},t) = -\nabla\phi(\boldsymbol{r},t) - \dfrac{\partial \boldsymbol{A}(\boldsymbol{r},t)}{\partial t}$
$\nabla \times \boldsymbol{B}(\boldsymbol{r},t) = \mu_0 \boldsymbol{j}(\boldsymbol{r},t) + \varepsilon_0\mu_0 \dfrac{\partial \boldsymbol{E}(\boldsymbol{r},t)}{\partial t}$	**アンペール-マウスウェルの法則** 電流密度 $\boldsymbol{j}$ から磁束密度 $\boldsymbol{B}$ が生じる。右辺に変位電流の項がある。

例題 6.1　電束密度 $\boldsymbol{D}(\boldsymbol{r},t)$ と磁場 $\boldsymbol{H}(\boldsymbol{r},t)$ を用いて，見かけ上 ε_0 と μ_0 が係数に現れないようにマクスウェル方程式を書け。

解答　$\boldsymbol{E}(\boldsymbol{r},t) = \boldsymbol{D}(\boldsymbol{r},t)/\varepsilon_0$ と $\boldsymbol{B}(\boldsymbol{r},t) = \mu_0 \boldsymbol{H}(\boldsymbol{r},t)$ を式 (6.1) と式 (6.4) に代入すると，それぞれ以下の式 (6.7) と式 (6.8) が得られる。式 (6.2) と式 (6.3) はそのままでよいので，マクスウェル方程式は以下の 4 式となる。

$$\nabla \cdot \boldsymbol{D}(\boldsymbol{r},t) = \rho(\boldsymbol{r},t) \tag{6.7}$$

$$\nabla \cdot \boldsymbol{B}(\boldsymbol{r},t) = 0$$

$$\nabla \times \boldsymbol{E}(\boldsymbol{r},t) = -\frac{\partial \boldsymbol{B}(\boldsymbol{r},t)}{\partial t}$$

$$\nabla \times \boldsymbol{H}(\boldsymbol{r},t) = \boldsymbol{j}(\boldsymbol{r},t) + \frac{\partial \boldsymbol{D}(\boldsymbol{r},t)}{\partial t} \tag{6.8}$$

6.2 真空中のマクスウェル方程式と電磁波

■ マクスウェル方程式からの波動方程式の導出

電荷と電流のない空間でも電磁場が存在することは可能だろうか？　ファラデーの電磁誘導の法則によれば時間変動する磁束密度があれば時間変動する電場が存在するはずであり，アンペール-マクスウェルの法則によれば時間変動する電場があれば時間変動する磁束密度が存在するはずなので，電荷と電流がなくても時間変動する電磁場が存在する可能性がある。実際，空間を電場と磁束密度が波として伝播する電磁波が存在することが知られており，そのような電場と磁束密度は波動方程式を満たすと予想される。まず，電荷と電流のない真空中でのマクスウェル方程式は以下で与えられる。

$$\nabla \cdot \boldsymbol{E}(\boldsymbol{r}, t) = 0 \tag{6.9}$$

$$\nabla \cdot \boldsymbol{B}(\boldsymbol{r}, t) = 0 \tag{6.10}$$

$$\nabla \times \boldsymbol{E}(\boldsymbol{r}, t) = -\frac{\partial \boldsymbol{B}(\boldsymbol{r}, t)}{\partial t} \tag{6.11}$$

$$\nabla \times \boldsymbol{B}(\boldsymbol{r}, t) = \varepsilon_0 \mu_0 \frac{\partial \boldsymbol{E}(\boldsymbol{r}, t)}{\partial t} \tag{6.12}$$

この4つの偏微分方程式から電場のみを含む偏微分方程式を作り，波動方程式を導出したい。そこで，式(6.11)の両辺にrotationを演算してみよう。第3章の例題3.13で扱った公式を用いると，$\nabla \times (\nabla \times \boldsymbol{E}(\boldsymbol{r}, t)) = -\nabla^2 \boldsymbol{E}(\boldsymbol{r}, t) + \nabla (\nabla \cdot \boldsymbol{E}(\boldsymbol{r}, t))$となり，さらに式(6.9)を用いると第2項が消えるので，左辺は

$$\begin{aligned}\nabla \times (\nabla \times \boldsymbol{E}(\boldsymbol{r}, t)) &= -\nabla^2 \boldsymbol{E}(\boldsymbol{r}, t) + \nabla (\nabla \cdot \boldsymbol{E}(\boldsymbol{r}, t)) \\ &= -\nabla^2 \boldsymbol{E}(\boldsymbol{r}, t)\end{aligned} \tag{6.13}$$

となる。右辺についてはrotationと時間微分の順序を入れ替えて式(6.12)を用いると，

$$\begin{aligned}-\nabla \times \frac{\partial \boldsymbol{B}(\boldsymbol{r}, t)}{\partial t} &= -\frac{\partial}{\partial t} \nabla \times \boldsymbol{B}(\boldsymbol{r}, t) = -\frac{\partial}{\partial t} \varepsilon_0 \mu_0 \frac{\partial \boldsymbol{E}(\boldsymbol{r}, t)}{\partial t} \\ &= -\varepsilon_0 \mu_0 \frac{\partial^2 \boldsymbol{E}(\boldsymbol{r}, t)}{\partial t^2}\end{aligned} \tag{6.14}$$

となる。これらが等しいので，

$$\nabla^2 \boldsymbol{E}(\boldsymbol{r}, t) = \varepsilon_0 \mu_0 \frac{\partial^2 \boldsymbol{E}(\boldsymbol{r}, t)}{\partial t^2} \tag{6.15}$$

が得られる。ここで，

$$c = \frac{1}{\sqrt{\varepsilon_0 \mu_0}} \tag{6.16}$$

として右辺の項を左辺に移すと，

$$\nabla^2 \boldsymbol{E}(\boldsymbol{r}, t) - \frac{1}{c^2} \frac{\partial^2 \boldsymbol{E}(\boldsymbol{r}, t)}{\partial t^2} = 0 \tag{6.17}$$

という波動方程式が得られる。ε_0 の単位は $\mathrm{kg^{-1}\,m^{-3}\,s^4\,A^2}$ であり，μ_0 の単位は $\mathrm{kg\,m\,s^{-2}\,A^{-2}}$ なので，c は $\mathrm{m\,s^{-1}}$ という速さの単位をもつ。以下で見るように c は真空中を電磁波が伝播する速さ（光速）である。

例題 6.2　真空中でのマクスウェル方程式から磁束密度についての波動方程式を導け。

解答　まず，式 (6.12) の両辺に rotation を演算し，例題 3.13 の公式を用いると，$\nabla \times (\nabla \times \boldsymbol{B}(\boldsymbol{r}, t)) = -\nabla^2 \boldsymbol{B}(\boldsymbol{r}, t) + \nabla(\nabla \cdot \boldsymbol{B}(\boldsymbol{r}, t))$ となり，さらに式 (6.10) を用いると第 2 項が消えるので，左辺は

$$\begin{aligned} \nabla \times (\nabla \times \boldsymbol{B}(\boldsymbol{r}, t)) &= -\nabla^2 \boldsymbol{B}(\boldsymbol{r}, t) + \nabla(\nabla \cdot \boldsymbol{B}(\boldsymbol{r}, t)) \\ &= -\nabla^2 \boldsymbol{B}(\boldsymbol{r}, t) \end{aligned} \tag{6.18}$$

となる。右辺は rotation と時間微分の順序を入れ替えて式 (6.11) を用いると，

$$\begin{aligned} \varepsilon_0 \mu_0 \nabla \times \frac{\partial \boldsymbol{E}(\boldsymbol{r}, t)}{\partial t} &= \varepsilon_0 \mu_0 \frac{\partial}{\partial t} \nabla \times \boldsymbol{E}(\boldsymbol{r}, t) = -\varepsilon_0 \mu_0 \frac{\partial}{\partial t} \frac{\partial \boldsymbol{B}(\boldsymbol{r}, t)}{\partial t} \\ &= -\varepsilon_0 \mu_0 \frac{\partial^2 \boldsymbol{B}(\boldsymbol{r}, t)}{\partial t^2} \end{aligned} \tag{6.19}$$

となる。これらが等しいので，

$$\nabla^2 \boldsymbol{B}(\boldsymbol{r}, t) = \varepsilon_0 \mu_0 \frac{\partial^2 \boldsymbol{B}(\boldsymbol{r}, t)}{\partial t^2} \tag{6.20}$$

となり，$c = 1/\sqrt{\varepsilon_0 \mu_0}$ であることから

$$\nabla^2 \boldsymbol{B}(\boldsymbol{r}, t) - \frac{1}{c^2} \frac{\partial^2 \boldsymbol{B}(\boldsymbol{r}, t)}{\partial t^2} = 0 \tag{6.21}$$

という波動方程式が得られる。

■ 波動方程式の解

波動方程式を満たす $\boldsymbol{E}(\boldsymbol{r},t)$, $\boldsymbol{B}(\boldsymbol{r},t)$ はどのようなものであろうか。ここでは $\boldsymbol{E}(\boldsymbol{r},t)$ の y 成分に注目し，式 (6.15) の両辺の y 成分のみをとりだすと $E_y(x,y,z,t)$ は以下の波動方程式を満たす。

$$\frac{\partial^2 E_y(x,y,z,t)}{\partial x^2}+\frac{\partial^2 E_y(x,y,z,t)}{\partial y^2}+\frac{\partial^2 E_y(x,y,z,t)}{\partial z^2}-\frac{1}{c^2}\frac{\partial^2 E_y(x,y,z,t)}{\partial t^2}=0 \tag{6.22}$$

さらに，E_y が x に依存して y と z には依存しない特別な場合に限定すると，

$$\frac{\partial^2 E_y(x,t)}{\partial x^2}-\frac{1}{c^2}\frac{\partial^2 E_y(x,t)}{\partial t^2}=0 \tag{6.23}$$

という波動方程式を解けばよい。ここで，$E_y(x,t)$ は x と t の 2 つの独立変数の関数であるが，$x-ct$ という 1 つの独立変数の関数で 2 階微分可能な $f(x-ct)$ を用いて，$E_y(x,t)=f(x-ct)$ となると仮定する。これを式 (6.23) に代入すると，

$$\begin{aligned}\frac{\partial^2 E_y(x,t)}{\partial x^2}-\frac{1}{c^2}\frac{\partial^2 E_y(x,t)}{\partial t^2}&=\frac{\partial^2 f(x-ct)}{\partial x^2}-\frac{1}{c^2}\frac{\partial^2 f(x-ct)}{\partial t^2}\\&=f''(x-ct)-\frac{1}{c^2}(-c)^2f''(x-ct)=0\end{aligned} \tag{6.24}$$

となり，波動方程式を満たすことがわかる。$f(x-ct)$ という関数の値は $t=0$ のとき $x=x_0$ という地点では $f(x_0)$ である。時間が経過して $t=t_0$ のときは，$x=x_0+ct_0$ という地点で $f(x-ct)$ の値は $f(x_0+ct_0-ct_0)=f(x_0)$ となる。つまり，$f(x-ct)$ という関数の値は時間の経過とともに速度 c で x 軸の正の向きに伝わっていく。$f(x_0-ct)$ が t についての周期関数になっていれば，$f(x-ct_0)$ は x についての周期関数でもある。時間の周期を T，空間の周期を λ とすれば，$cT=\lambda$ が成り立つ。周期関数の場合には位相を定義することができて，関数の値は y, z に依存しないので x 軸に垂直な面上で同じ位相となる平面波である。周期関数が正弦関数あるいは余弦関数であれば正弦平面波に対応するが，単に平面波というと正弦平面波を指すことが多い。また，$f(x+ct)$ となる場合も波動方程式 (6.23) を満たし，速度 $-c$ で x 軸の負の向

きに伝播する波に対応する。正および負の向きに伝播する正弦平面波の例を図6.1に示す。E_y が z に依存して x と y には依存しない場合は $f(z \pm ct)$ のような関数となり，速度 $\pm c$ で z 軸の正または負の向きに伝播する平面波となる。

次に，単位ベクトル $\boldsymbol{n} = (n_x, n_y, n_z)$ を用いて $E_y(x, y, z, t) = f(n_x x + n_y y + n_z z - ct)$ という関数で表せる場合を考えよう。式(6.22)に代入すると

$$
\begin{aligned}
&\frac{\partial^2 f(n_x x + n_y y + n_z z - ct)}{\partial x^2} + \frac{\partial^2 f(n_x x + n_y y + n_z z - ct)}{\partial y^2} \\
&\quad + \frac{\partial^2 f(n_x x + n_y y + n_z z - ct)}{\partial z^2} - \frac{1}{c^2}\frac{\partial^2 f(n_x x + n_y y + n_z z - ct)}{\partial t^2} \\
&= n_x^2 f''(n_x x + n_y y + n_z z - ct) + n_y^2 f''(n_x x + n_y y + n_z z - ct) \\
&\quad + n_z^2 f''(n_x x + n_y y + n_z z - ct) - \frac{1}{c^2}(-c)^2 f''(n_x x + n_y y + n_z z - ct) \\
&= (n_x^2 + n_y^2 + n_z^2 - 1) f''(n_x x + n_y y + n_z z - ct) = 0
\end{aligned}
$$

となって，波動方程式を満たすことがわかる。これは，$\boldsymbol{n}$ で指定される向きに伝播する平面波に対応している。E_x, E_z, B_x, B_y, B_z についても $f(n_x x + n_y y + n_z z - ct) = f(\boldsymbol{n} \cdot \boldsymbol{r} - ct)$ という関数で表せる場合には式(6.17)および式(6.21)の波動方程式を満たし，それらは速さ c で $\boldsymbol{n}$ で指定される向きに伝播する平面波の解である。しかし，E_x, E_y, E_z, B_x, B_y, B_z が波動方程式を満たしているだけでは不十分であり，式(6.9)〜(6.12)の真空中のマクスウェル方程式を満たさない E_x, E_y, E_z, B_x, B_y, B_z の組は実際には存在できない。

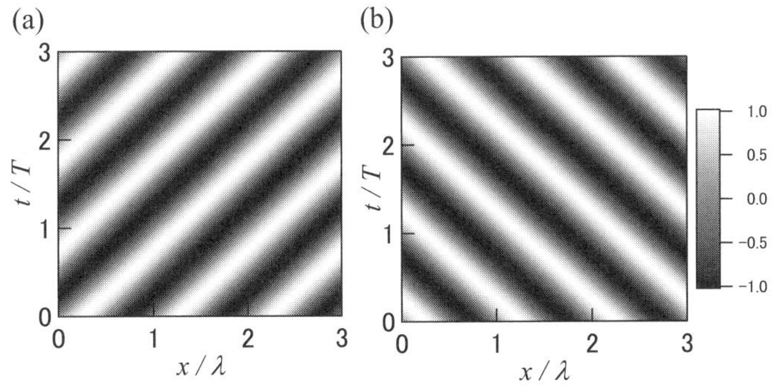

図 6.1　(a) x 軸の正の向きに伝播する平面波，(b) x 軸の負の向きに伝播する平面波

■ 真空中の電磁波

電場および磁束密度が，波長 λ の波として単位ベクトル $\boldsymbol{n}$ で与えられる向きに速さ c で伝播する平面波を考える。波数ベクトル $\boldsymbol{k} = 2\pi\boldsymbol{n}/\lambda = (k_x, k_y, k_z)$，角振動数 $\omega = 2\pi c/\lambda$ として，電場と磁束密度はそれぞれ以下の式で与えられるものとする。

$$\boldsymbol{E}(\boldsymbol{r}, t) = \boldsymbol{E}_0 \cos \frac{2\pi(\boldsymbol{n} \cdot \boldsymbol{r} - ct)}{\lambda} = \boldsymbol{E}_0 \cos(\boldsymbol{k} \cdot \boldsymbol{r} - \omega t) \tag{6.25}$$

$$\boldsymbol{B}(\boldsymbol{r}, t) = \boldsymbol{B}_0 \cos \frac{2\pi(\boldsymbol{n} \cdot \boldsymbol{r} - ct)}{\lambda} = \boldsymbol{B}_0 \cos(\boldsymbol{k} \cdot \boldsymbol{r} - \omega t) \tag{6.26}$$

ここで，$\boldsymbol{E}_0 = (E_{0x}, E_{0y}, E_{0z})$ および $\boldsymbol{B}_0 = (B_{0x}, B_{0y}, B_{0z})$ は各成分が定数のベクトルである。波数ベクトルに垂直な平面上では $\boldsymbol{k} \cdot \boldsymbol{r}$ が同じ値となるので，波数ベクトルの方向に伝播する平面波であることがわかる。また，$(k_x^2 + k_y^2 + k_z^2)c^2 = \omega^2$ が成り立つ。式 (6.25) を式 (6.17) に代入すると，

$$\begin{aligned}
&\left(\frac{\partial^2}{\partial x^2} + \frac{\partial^2}{\partial y^2} + \frac{\partial^2}{\partial z^2} - \frac{1}{c^2}\frac{\partial^2}{\partial t^2}\right) \boldsymbol{E}_0 \cos(k_x x + k_y y + k_z z - \omega t) \\
&= -\left(k_x^2 + k_y^2 + k_z^2 - \frac{\omega^2}{c^2}\right) \boldsymbol{E}_0 \cos(k_x x + k_y y + k_z z - \omega t) = 0
\end{aligned} \tag{6.27}$$

となるので，確かに波動方程式を満たす。式 (6.26) が波動方程式 (6.21) を満たすことも同様に確認できる。

ここで，電場について式 (6.25) を式 (6.9) に代入すると以下のようになる。

$$\begin{aligned}
\nabla \cdot \boldsymbol{E}(\boldsymbol{r}, t) &= \nabla \cdot (\boldsymbol{E}_0 \cos(\boldsymbol{k} \cdot \boldsymbol{r} - \omega t)) \\
&= E_{0x} \frac{\partial}{\partial x} \cos(k_x x + k_y y + k_z z - ct) + E_{0y} \frac{\partial}{\partial y} \cos(k_x x + k_y y + k_z z - ct) \\
&\quad + E_{0z} \frac{\partial}{\partial z} \cos(k_x x + k_y y + k_z z - ct) \\
&= -E_{0x} k_x \sin(k_x x + k_y y + k_z z - ct) - E_{0y} k_y \sin(k_x x + k_y y + k_z z - ct) \\
&\quad - E_{0z} k_z \sin(k_x x + k_y y + k_z z - ct) \\
&= -\boldsymbol{k} \cdot \boldsymbol{E}_0 \sin(\boldsymbol{k} \cdot \boldsymbol{r} - \omega t) = 0
\end{aligned} \tag{6.28}$$

これが成り立つためには $\boldsymbol{k}\cdot\boldsymbol{E}_0=0$ でなければならず，電場ベクトルは平面波の進行方向に垂直である。同様に，式 (6.26) を式 (6.10) に代入すると，

$$\nabla\cdot\boldsymbol{B}(\boldsymbol{r},t)=\nabla\cdot(\boldsymbol{B}_0\cos(\boldsymbol{k}\cdot\boldsymbol{r}-\omega t))=-\boldsymbol{k}\cdot\boldsymbol{B}_0\sin(\boldsymbol{k}\cdot\boldsymbol{r}-\omega t)=0 \quad (6.29)$$

となり，$\boldsymbol{k}\cdot\boldsymbol{B}_0=0$ でなければならず，磁束密度ベクトルは平面波の進行方向に垂直である。電場ベクトル，磁束密度ベクトルともに波の伝播方向に対して垂直であり，マクスウェル方程式を満たす平面波の解は横波でなければならないことがわかる。

次に，式 (6.25) と式 (6.26) を式 (6.12) に代入すると，左辺の x 成分は

$$\begin{aligned}
&\frac{\partial B_z}{\partial y}-\frac{\partial B_y}{\partial z}\\
&=B_{0z}\frac{\partial}{\partial y}\cos(k_x x+k_y y+k_z z-ct)-B_{0y}\frac{\partial}{\partial z}\cos(k_x x+k_y y+k_z z-ct)\\
&=-B_{0z}k_y\sin(k_x x+k_y y+k_z z-ct)+B_{0y}k_z\sin(k_x x+k_y y+k_z z-ct)\\
&=-(k_y B_{0z}-k_z B_{0y})\sin(k_x x+k_y y+k_z z-ct) \qquad (6.30)
\end{aligned}$$

となり，y 成分と z 成分も同様に計算すると

$$\nabla\times\boldsymbol{B}(\boldsymbol{r},t)=\nabla\times\boldsymbol{B}_0\cos(\boldsymbol{k}\cdot\boldsymbol{r}-\omega t)=-\boldsymbol{k}\times\boldsymbol{B}_0\sin(\boldsymbol{k}\cdot\boldsymbol{r}-\omega t) \quad (6.31)$$

となる。右辺は式 (6.16) を用いると

$$\begin{aligned}
\varepsilon_0\mu_0\frac{\partial\boldsymbol{E}(\boldsymbol{r},t)}{\partial t}&=\frac{1}{c^2}\boldsymbol{E}_0\frac{\partial}{\partial t}\cos(\boldsymbol{k}\cdot\boldsymbol{r}-\omega t)\\
&=\frac{\omega}{c^2}\boldsymbol{E}_0\sin(\boldsymbol{k}\cdot\boldsymbol{r}-\omega t) \qquad (6.32)
\end{aligned}$$

となるので，両者が等しくなるためには $\omega/c^2\boldsymbol{E}_0=-\boldsymbol{k}\times\boldsymbol{B}_0$ でなければならない。$\omega=c|\boldsymbol{k}|$ なので，$\boldsymbol{E}_0$ が $\boldsymbol{B}_0$ と $\boldsymbol{k}$ に垂直であり，かつ，$|\boldsymbol{B}_0|=|\boldsymbol{E}_0|/c$ でなければならないことを意味する。電場と磁束密度の向きと振幅がこれらの関係式を満たしていれば，式 (6.11) も満たされることが同様に確認できる。以上から，マクスウェル方程式を満たす平面波の解の波数ベクトル $\boldsymbol{k}$，電場ベクトル $\boldsymbol{E}(\boldsymbol{r},t)$，磁束密度ベクトル $\boldsymbol{B}(\boldsymbol{r},t)$ の関係は図 6.2 のようになる。位置 $\boldsymbol{r}$ や時間 t が異なればこれらのベクトルの向きは変わってもよいが，図 6.2 に示したお互いの関係は常に保たれる。

空間中を伝播する電場と磁束密度の波は，波長 λ の長い側から（振動数の低い側から）電波，マイクロ波，テラヘルツ波，赤外線，可視光線，紫外線，真空紫外線，X 線，ガンマ線などに分類され，総称して**電磁波**とよぶ。電磁波の存在は，第 1 章で導入した電場や第 3 章で導入した磁束密度というベクトル場が電荷や電流とは独立に実在することを示している。

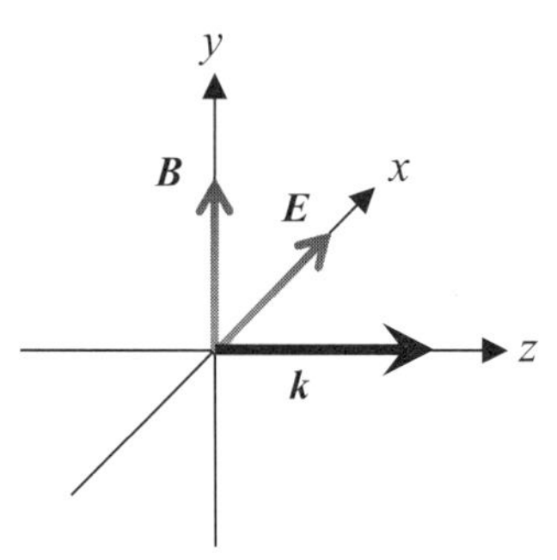

図 6.2　ある位置 $\boldsymbol{r}$ および時間 t における電磁波の電場ベクトル $\boldsymbol{E}(\boldsymbol{r},t)$，磁束密度ベクトル $\boldsymbol{B}(\boldsymbol{r},t)$，波数ベクトル $\boldsymbol{k}$ の向き。

例題 6.3　図 6.3 に示すように，z 軸の正の向きに進む波数 k の電磁波の電場を $\boldsymbol{E}(\boldsymbol{r},t) = (cB_0\cos(kz-\omega t), 0, 0)$，磁束密度を $\boldsymbol{B}(\boldsymbol{r},t) = (0, B_0\cos(kz-\omega t), 0)$ とする。これらがマクスウェル方程式を満たすことを確認せよ。

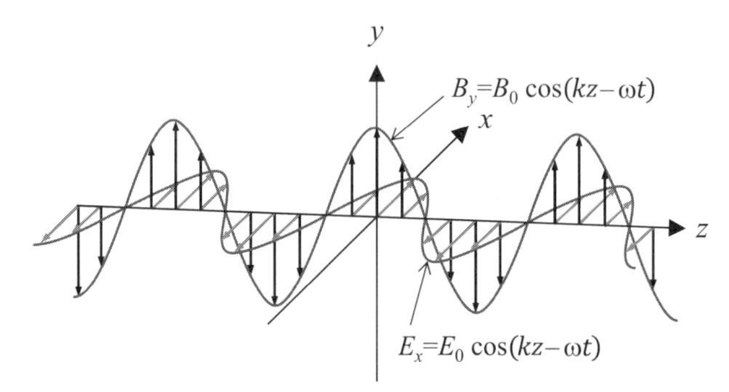

図 6.3　z 軸の正の向きに進む直線偏光の電磁波の電場 (x 成分) と磁束密度 (y 成分)

解答　電場の x 成分は z の関数であり x についての偏微分は 0，磁束密度の y 成分は z の関数であり y についての偏微分は 0 である。したがって，電場と磁束密度の divergence はともに 0 となり，式 (6.9) と式 (6.10) が満たされる。

磁束密度の y 成分を z について偏微分すると $-kB_0\sin(kz-\omega t)$ であり，負符号を除くと磁束密度に rotation を演算して得られる x 成分である。電場を時間微分するとその x 成分は $\omega cB_0\sin(kz-\omega t)$ となり，これに $1/c^2$ を掛けると $kB_0\sin(kz-\omega t)$ となり式 (6.12) が満たされる。さらに，電場の x 成分を z についての偏微分すると $-kcB_0\sin(kz-\omega t)=-\omega B_0\sin(kz-\omega t)$ となり，これが電場に rotation を演算して得られる y 成分である。磁束密度を時間微分して負符号をつけると y 成分は $-\omega B_0\sin(kz-\omega t)$ となり式 (6.11) が満たされる。

例題 6.3 の解では，電場は x 軸方向，磁束密度は y 軸方向に固定されて振動する。このように，電場および磁束密度が決まった方向で振動する電磁波を**直線偏光**とよぶ。直線偏光の場合，電場が振動する面が**偏光面**である。例題 6.3 では，図 6.3 に示すように電場は $y=0$ の平面内にあり，これが偏光面である。図 6.4 のように電場が $\boldsymbol{E}(\boldsymbol{r},t)=(E_0\cos(kz-\omega t),E_0\cos(kz-\omega t),0)$ の場合 ($E_0=cB_0$ とする)，偏光面は z 軸のまわりに 45 度回転して $y=x$ の平面となる。このとき，磁束密度は $\boldsymbol{B}(\boldsymbol{r},t)=(-B_0\cos(kz-\omega t),B_0\cos(kz-\omega t),0)$ である。

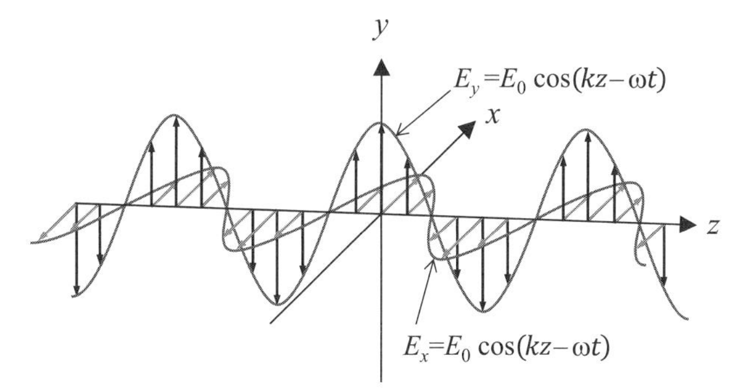

図 6.4 z 軸の正の向きに進む直線偏光の電磁波の電場の x 成分と y 成分（偏光面は $y=x$ の平面）

例題 6.4 図 6.5 に示すような z 方向に進行する波数 k の電磁波の電場と磁束密度を

$$\boldsymbol{E}(\boldsymbol{r},t)=(cB_0\cos(kz-\omega t),cB_0\sin(kz-\omega t),0) \tag{6.33}$$

$$\boldsymbol{B}(\boldsymbol{r},t)=(-B_0\sin(kz-\omega t),B_0\cos(kz-\omega t),0) \tag{6.34}$$

とすると，これらがマクスウェル方程式を満たすことを確認せよ。

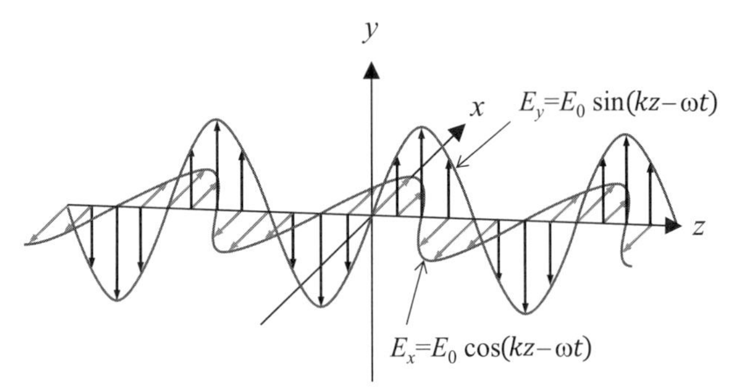

図 6.5　z 軸の正の向きに進む円偏光の電磁波の電場の x 成分と y 成分

解答　電場と磁束密度の x,y 成分は z の関数であり x,y についての偏微分はゼロである。したがって，電場と磁束密度の divergence はともにゼロとなり，式 (6.9) および式 (6.10) の式が満たされる。また，磁束密度の rotation は $(kB_0\sin(kz-\omega t),-kB_0\cos(kz-\omega t),0)$ であり，電場を時間微分して $1/c^2$ を掛けると $(\omega/cB_0\sin(kz-\omega t),-\omega/cB_0\cos(kz-\omega t),0)$ となり，式 (6.12) が満たされる。さらに，電場の rotation は $(-kcB_0\cos(kz-\omega t),-kcB_0\sin(kz-\omega t),0)$ となり，磁束密度の時間微分が $(\omega B_0\cos(kz-\omega t),\omega B_0\sin(kz-\omega t),0)$ となるので式 (6.11) が満たされる。

例題 6.4 の解では，電場と磁束密度の向きは x 軸方向や y 軸方向に固定されておらず，位相が $\pi/2$ 進むごとに，x 軸の正の向き $\to$ y 軸の正の向き $\to$ x 軸の負の向き $\to$ y 軸の負の向き，と変化する。ある z の値に固定して電磁波の進行する側（z 軸の正の側）から見ると，電場および磁束密度の向きは時計回りに回転している。このような電磁波を**右回り円偏光**とよぶ。また，電場が $\boldsymbol{E}(\boldsymbol{r},t)=(cB_0\cos(kz-\omega t),-cB_0\sin(kz-\omega t),0)$，磁束密度が $\boldsymbol{B}(\boldsymbol{r},t)=(B_0\sin(kz-\omega t),B_0\cos(kz-\omega t),0)$ となる場合，ある z の値に固定して電磁波の進行する側から見ると，電場および磁束密度の向きは反時計回りに回転し，**左回り円偏光**となる。

電磁波の偏光を考える際には，磁束密度のことは忘れて電場だけを考えればよい。式 (6.33) の右回り円偏光では x 成分に対して位相が $\pi/2$ だけ遅れた y 成分を加えていることがわかる。左回り円偏光では x 成分に対して位相が

$\pi/2$ だけ遅れた y 成分を引いている（つまり，位相が $\pi/2$ だけ進んだ y 成分を加えている）。交流回路の場合と同様に，$\cos(kz-\omega t)$ で振動する成分に $i\sin(kz-\omega t)$ を加えて $e^{i(kz-\omega t)}$ とすると，たとえば $-i$ を乗じた $-ie^{i(kz-\omega t)}$ の実部は $\sin(kz-\omega t)$ となる。これを利用すると，例題6.4の右回り円偏光の電場は $(\boldsymbol{e}_x - i\boldsymbol{e}_y)e^{i(kz-\omega t)}$ の実部，左回り円偏光は $(\boldsymbol{e}_x + i\boldsymbol{e}_y)e^{i(kz-\omega t)}$ の実部になっていることがわかる。直線偏光の場合，例題6.3の電場は $\boldsymbol{e}_x e^{i(kz-\omega t)}$ の実部をとればよく，章末問題6.3の電場は $-i\boldsymbol{e}_y e^{i(kz-\omega t)}$ の実部をとればよい。

■ 電磁波のエネルギー密度

電荷と電流のない空間に電磁波を放射するためにはエネルギーが必要である。また，放射された電磁波は空間中でエネルギーを運ぶ。ここでは，空間を伝播する電磁波のエネルギー密度を考えてみよう。2.1節で学んだ電場のエネルギー密度は，時間変動する場合でも変わらないと考えてよい。したがって，$\boldsymbol{E}(\boldsymbol{r},t)$ の持つエネルギー密度 $u_E(\boldsymbol{r},t)$ は

$$u_E(\boldsymbol{r},t) = \frac{\varepsilon_0}{2}\boldsymbol{E}(\boldsymbol{r},t)\cdot\boldsymbol{E}(\boldsymbol{r},t) \tag{6.35}$$

となる。一方，4.4節で学んだ磁束密度 $\boldsymbol{B}(\boldsymbol{r},t)$ のエネルギー密度 $u_M(\boldsymbol{r},t)$ は，

$$u_M(\boldsymbol{r},t) = \frac{1}{2\mu_0}\boldsymbol{B}(\boldsymbol{r},t)\cdot\boldsymbol{B}(\boldsymbol{r},t) \tag{6.36}$$

となる。両者を合わせて，エネルギー密度 $u(\boldsymbol{r},t) = u_E(\boldsymbol{r},t) + u_M(\boldsymbol{r},t)$ は

$$u(\boldsymbol{r},t) = \frac{\varepsilon_0}{2}\boldsymbol{E}(\boldsymbol{r},t)\cdot\boldsymbol{E}(\boldsymbol{r},t) + \frac{1}{2\mu_0}\boldsymbol{B}(\boldsymbol{r},t)\cdot\boldsymbol{B}(\boldsymbol{r},t) \tag{6.37}$$

となる。これに本節で扱った電磁波の電場 $\boldsymbol{E}(\boldsymbol{r},t) = \boldsymbol{E}_0\cos(\boldsymbol{k}\cdot\boldsymbol{r}-\omega t)$，電磁波の磁束密度 $\boldsymbol{B}(\boldsymbol{r},t) = \boldsymbol{B}_0\cos(\boldsymbol{k}\cdot\boldsymbol{r}-\omega t)$ を代入すると，$\varepsilon_0\mu_0 = 1/c^2$ および $|\boldsymbol{E}_0| = c|\boldsymbol{B}_0|$ の関係を用いて

$$u(\boldsymbol{r},t) = \left(\frac{\varepsilon_0}{2}|\boldsymbol{E}_0|^2 + \frac{1}{2\mu_0}|\boldsymbol{B}_0|^2\right)\cos^2(\boldsymbol{k}\cdot\boldsymbol{r}-\omega t) = \frac{1}{\mu_0}|\boldsymbol{B}_0|^2\cos^2(\boldsymbol{k}\cdot\boldsymbol{r}-\omega t) \tag{6.38}$$

となる。電場によるエネルギー密度と磁束密度によるエネルギー密度は等しいことに注意してほしい。電磁波を物質に照射すると，物質中の電荷が電磁波の

電場から強い影響を受ける一方で，磁束密度の影響は目立たない。しかし，電磁波のエネルギー密度には，電場と磁束密度が同等に寄与しているのである。

■ ポインティングベクトル

エネルギー密度が時間変動するということは，エネルギーの流れが生じているはずである。ここで，エネルギー密度の式の時間微分は

$$\frac{\partial u(\boldsymbol{r},t)}{\partial t} = \varepsilon_0 \boldsymbol{E}(\boldsymbol{r},t) \cdot \frac{\partial \boldsymbol{E}(\boldsymbol{r},t)}{\partial t} + \frac{1}{\mu_0}\boldsymbol{B}(\boldsymbol{r},t) \cdot \frac{\partial \boldsymbol{B}(\boldsymbol{r},t)}{\partial t} \tag{6.39}$$

となる。マクスウェル方程式のうち式 (6.11) と式 (6.12) を使うと，電場と磁束密度の時間微分はそれぞれ磁束密度と電場に rotation を演算した量で表され，巻末付録 IV の公式 (9) を用いると

$$\begin{aligned}\frac{\partial u(\boldsymbol{r},t)}{\partial t} &= \varepsilon_0 \boldsymbol{E}(\boldsymbol{r},t) \cdot \frac{1}{\varepsilon_0 \mu_0}(\nabla \times \boldsymbol{B}(\boldsymbol{r},t)) - \frac{1}{\mu_0}\boldsymbol{B}(\boldsymbol{r},t) \cdot (\nabla \times \boldsymbol{E}(\boldsymbol{r},t)) \\ &= -\frac{1}{\mu_0}\nabla \cdot (\boldsymbol{E}(\boldsymbol{r},t) \times \boldsymbol{B}(\boldsymbol{r},t)) \end{aligned} \tag{6.40}$$

が得られる。エネルギー密度 $u(\boldsymbol{r},t)$ の時間微分と $(\boldsymbol{E}(\boldsymbol{r},t) \times \boldsymbol{B}(\boldsymbol{r},t))/\mu_0$ というベクトルの divergence の和がゼロとなる。このベクトルは電磁波のエネルギー流密度に対応し，物理学者の名前に因んで**ポインティング** (Poynting) **ベクトル**とよばれる。ポインティングベクトル $\boldsymbol{S}(\boldsymbol{r},t)$ は以下の式で定義される。

$$\boldsymbol{S}(\boldsymbol{r},t) = \frac{1}{\mu_0}\boldsymbol{E}(\boldsymbol{r},t) \times \boldsymbol{B}(\boldsymbol{r},t) \tag{6.41}$$

図 6.2 と比べると，ポインティングベクトルは $\boldsymbol{k}$ の向き，つまり電磁波が伝播する向きのベクトルである。式 (6.40) の両辺をある領域 V で体積積分して右辺にガウスの定理を適用すると，

$$\int_{\mathrm{V}} \frac{\partial u(\boldsymbol{r},t)}{\partial t} dV = -\frac{1}{\mu_0}\int_{\mathrm{V}} \nabla \cdot \boldsymbol{S}(\boldsymbol{r},t) dV = -\frac{1}{\mu_0}\int_{\mathrm{S}} \boldsymbol{S}(\boldsymbol{r},t) \cdot d\boldsymbol{S} \tag{6.42}$$

となり，ある領域 V 内のエネルギーの時間変化量とその表面 S についてポインティングベクトルの法線成分を積分した量の和がゼロとなる。領域 V 内のエネルギーの変化分が表面 S を通過するポインティングベクトルの流れの総量になるので，ポインティングベクトル $\boldsymbol{S}(\boldsymbol{r},t)$ はエネルギー流密度に対応する。

例題 6.5　例題 6.3 の直線偏光の電磁波のポインティングベクトルを計算せよ。

解答　$\boldsymbol{E}(\boldsymbol{r},t) = (cB_0\cos(kz-\omega t), 0, 0)$ と $\boldsymbol{B}(\boldsymbol{r},t) = (0, B_0\cos(kz-\omega t), 0)$ の外積を計算すると $\boldsymbol{E}(\boldsymbol{r},t)\times\boldsymbol{B}(\boldsymbol{r},t) = (0, 0, cB_0^2\cos^2(kz-\omega t))$ となるので，$\boldsymbol{S}(\boldsymbol{r},t) = (0, 0, cB_0^2\cos^2(kz-\omega t)/\mu_0)$ である。

6.3　誘電体と磁性体

物質中の電場・磁場の振る舞いは，物質の種類，電場・磁場の強さ，時間変動の度合いなどによって様々である。物質中の電子の電場・磁場への応答を正確に記述し物質間の差異を論ずるには，量子力学や統計力学が必要となる。一方，本書で扱う基礎電磁気学で物質中の電磁・磁場を扱う際には，物質間の差異を誘電率および透磁率の違いとして記述する。物質の誘電率や透磁率を考えるとき，真空の誘電率に対する比である比誘電率，真空の透磁率に対する比である比透磁率を用いるとよい。

■ 誘電体

まず，誘電体を考える。一般に，イオンや電子などの正または負の電荷をもつ構成要素からなる物質に電場 $\boldsymbol{E}(\boldsymbol{r},t)$ を印加すると，図 6.6(a) に示すように正の電荷の構成要素は電場の向きに変位し，負の電荷の構成要素はその逆向きに変位する。これらが電気双極子 $\boldsymbol{p}$ を形成し，物質中では電場の向きにそろった多数の電気双極子が誘起される。式 (1.22) で電荷密度を定義したように，ある時刻 t での $\boldsymbol{r}_i$ を含む体積 ΔV_i の微小直方体内の電気双極子の総量を $\Delta\boldsymbol{p}_i$ とする。電荷密度との違いは微小直方体内の電気双極子をベクトルとして加える点であり，電気双極子の向きがランダムな場合は $\Delta\boldsymbol{p}_i$ は $\boldsymbol{0}$ となる。$\boldsymbol{r}$ での電気分極 $\boldsymbol{P}(\boldsymbol{r},t)$ は以下のように定義される（$\Delta V_i\to 0$ で $\boldsymbol{r}_i\to\boldsymbol{r}$ とする）。

$$\boldsymbol{P}(\boldsymbol{r},t) = \lim_{\Delta V_i\to 0}\frac{\Delta\boldsymbol{p}_i}{\Delta V_i} \tag{6.43}$$

電気分極 $\boldsymbol{P}(\boldsymbol{r},t)$ はベクトル場であり，その単位は $\mathrm{C\,m^{-2}}$ となり電束密度と同じである。電場がそれほど強くない場合には電気分極は電場に比例して

$$\boldsymbol{P}(\boldsymbol{r},t) = \chi\varepsilon_0 \boldsymbol{E}(\boldsymbol{r},t) \tag{6.44}$$

となる。χ は分極率とよばれ，$\varepsilon_0 \boldsymbol{E}(\boldsymbol{r},t)$ の単位が $\mathrm{C\,m^{-2}}$ なので χ は無次元量である。誘電体内部の電束密度は，電場と誘起された分極の寄与を合わせて

$$\boldsymbol{D}(\boldsymbol{r},t) = \varepsilon_0 \boldsymbol{E}(\boldsymbol{r},t) + \boldsymbol{P}(\boldsymbol{r},t) = (1+\chi)\varepsilon_0 \boldsymbol{E}(\boldsymbol{r},t) \tag{6.45}$$

となる。物質の誘電率を ε，比誘電率を ε_r とすると以下の関係が成り立つ。

$$\boldsymbol{D}(\boldsymbol{r},t) = \varepsilon \boldsymbol{E}(\boldsymbol{r},t) \tag{6.46}$$

$$\varepsilon = (1+\chi)\varepsilon_0 \tag{6.47}$$

$$\varepsilon_r = 1+\chi \tag{6.48}$$

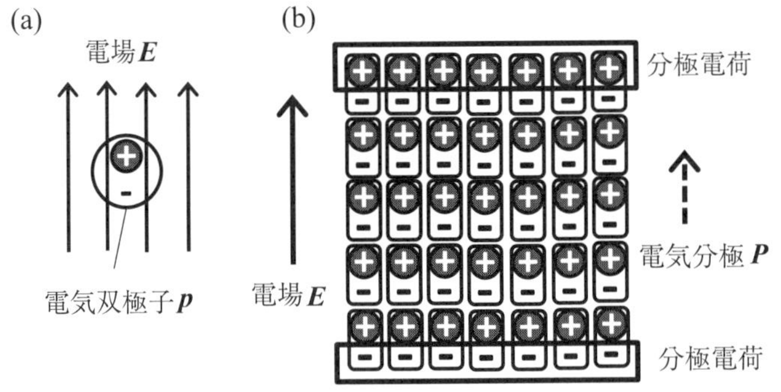

図 6.6　(a) 構成要素の電気分極（電気双極子），(b) 誘電体の電気分極と分極電荷

誘電体に電気分極 $\boldsymbol{P}(\boldsymbol{r},t)$ が誘起されたとき，以下のような分極電荷密度 $\rho_d(\boldsymbol{r},t)$ が存在する。

$$\rho_d(\boldsymbol{r},t) = -\nabla \cdot \boldsymbol{P}(\boldsymbol{r},t) \tag{6.49}$$

図 6.6(b) の場合，内部では電気分極は一様なので分極電荷は存在せず，表面のみで分極電荷が生じる。上側の表面の長方形で囲まれた領域では，下から電気分極ベクトルが吸い込まれる一方で上には電気分極が存在しないので，

$$\int_{\mathrm{V}} \rho_d(\boldsymbol{r},t)dV = -\int_{\mathrm{V}} \nabla \cdot \boldsymbol{P}(\boldsymbol{r},t)dV = -\int_{\mathrm{S}} \boldsymbol{P}(\boldsymbol{r},t) \cdot d\boldsymbol{S} > 0 \tag{6.50}$$

となって，この領域では正の分極電荷が存在する（ベクトル場が吸い込まれるときには，法線成分の面積分は負になる）。一方，下側の表面の長方形で囲ま

れた領域では負の分極電荷が存在する。もともと存在した電荷密度 $\rho(\boldsymbol{r},t)$ を真電荷密度とよんで，分極電荷密度 $\rho_d(\boldsymbol{r},t)$ と区別しよう。真電荷は物質から取り出すことができるが，誘電体を考える際に構成要素である電気双極子を壊さないことが前提なので，分極電荷を物質から取り出すことはできない。真電荷と分極電荷は，以下のようにガウスの法則を満たす電場 $\boldsymbol{E}(\boldsymbol{r},t)$ をつくる。

$$\varepsilon_0\nabla\cdot\boldsymbol{E}(\boldsymbol{r},t)=\rho(\boldsymbol{r},t)+\rho_d(\boldsymbol{r},t) \tag{6.51}$$

一方，式 (6.45), (6.49), (6.51) から

$$\nabla\cdot\boldsymbol{D}(\boldsymbol{r},t)=\nabla\cdot(\varepsilon_0\boldsymbol{E}(\boldsymbol{r},t)+\boldsymbol{P}(\boldsymbol{r},t))=\rho(\boldsymbol{r},t) \tag{6.52}$$

となり，誘電体中の電束密度 $\boldsymbol{D}(\boldsymbol{r},t)$ は真電荷密度 $\rho(\boldsymbol{r},t)$ のみによってつくられることがわかる。

例題 6.6　面積 S で極板間距離 d の平行平板コンデンサーに電圧 V が印加されている。この電圧を保ったまま比誘電率 ε_r の誘電体を極板間に挿入したとき，極板と誘電体の界面に誘起される分極電荷の面密度を求めよ。

解答　極板間の電場の大きさは $E=V/d$ なので，電束密度の大きさは $D=\varepsilon_r\varepsilon_0 V/d$ となる。電気分極の大きさは $P=D-\varepsilon_0 E=(\varepsilon_r-1)\varepsilon_0 E=(\varepsilon_r-1)\varepsilon_0 V/d$ となる。低電位側（電気分極ベクトルが吸い込まれる側）では面密度 $(\varepsilon_r-1)\varepsilon_0 V/d$，高電位側（電気分極ベクトルが湧き出す側）では面密度 $-(\varepsilon_r-1)\varepsilon_0 V/d$ の分極電荷が生じる。

例題 6.7　図 6.7 に示すように誘電率 ε_1 と ε_2 の異なる誘電体が接合されてい

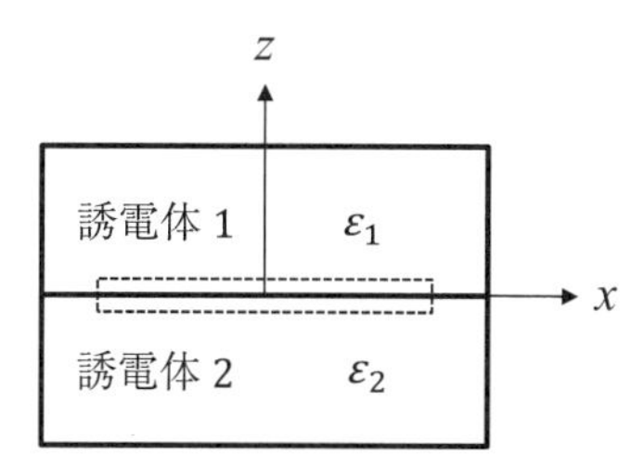

図 6.7　異なる誘電率を持つ誘電体の接合

る。真電荷が存在しないとき，接合面の両側で電束密度の垂直成分および電場の平行成分が連続であることを示せ。磁束密度は無視できるものとする。

解答 接合面は z 軸に垂直なので，接合面での電束密度および電場は z のみに依存して，x と y には依存しないと仮定してよい。式 (6.52) から真電荷がない場合，

$$\frac{\partial D_x}{\partial x} + \frac{\partial D_y}{\partial y} + \frac{\partial D_z}{\partial z} = \frac{\partial D_z}{\partial z} = 0 \tag{6.53}$$

となるので，電束密度の垂直成分（z 成分）は接合面において連続である。図 6.7 に点線で示したような接合面を含む十分に薄い領域でガウスの定理を適用しても同様の結論が得られる。一方，$\nabla \times \boldsymbol{E}(\boldsymbol{r}, t) = \boldsymbol{0}$ なので

$$\frac{\partial E_x}{\partial z} - \frac{\partial E_z}{\partial x} = \frac{\partial E_x}{\partial z} = 0 \tag{6.54}$$

$$\frac{\partial E_z}{\partial y} - \frac{\partial E_y}{\partial z} = -\frac{\partial E_y}{\partial z} = 0 \tag{6.55}$$

となり，電場の平行成分（x 成分と y 成分）は接合面において連続である。磁束密度がある場合でも，磁束密度が接合面で発散しなければ同様の結論が得られる。

■ 磁性体

次に磁性体の場合を考えよう。磁性体中で多数の微小な磁気双極子 $\boldsymbol{m}$ がランダムに配向している状況で磁場 $\boldsymbol{H}(\boldsymbol{r}, t)$ を印加すると，磁場の向きに微小な磁気双極子が配向する。電気分極の定義と同様に，ある時刻 t での $\boldsymbol{r}_i$ を含む体積 ΔV_i の微小直方体内の磁気双極子の総量を $\Delta \boldsymbol{m}_i$ とすると，$\boldsymbol{r}$ での磁化 $\boldsymbol{M}(\boldsymbol{r}, t)$ は以下のように定義される（$\Delta V_i \to 0$ で $\boldsymbol{r}_i \to \boldsymbol{r}$ とする）。

$$\mu_0 \boldsymbol{M}(\boldsymbol{r}, t) = \lim_{\Delta V_i \to 0} \frac{\Delta \boldsymbol{m}_i}{\Delta V_i} \tag{6.56}$$

磁化はベクトル場であり，その単位は $\mathrm{A\,m^{-1}}$ となり磁場と同じである。磁場がそれほど強くない場合には，磁化は磁場に比例して

$$\boldsymbol{M}(\boldsymbol{r}, t) = \chi_m \boldsymbol{H}(\boldsymbol{r}, t) \tag{6.57}$$

としてよい。χ_m は磁化率であり，無次元量である。磁性体内部の磁束密度は，印加した磁場と誘起された磁化を合わせて

$$\boldsymbol{B}(\boldsymbol{r},t) = \mu_0(\boldsymbol{H}(\boldsymbol{r},t) + \boldsymbol{M}(\boldsymbol{r},t)) = (1+\chi_m)\mu_0\boldsymbol{H}(\boldsymbol{r},t) \tag{6.58}$$

となる。物質の透磁率を μ，比透磁率を μ_r とすると以下の関係が成り立つ。

$$\boldsymbol{B}(\boldsymbol{r},t) = \mu\boldsymbol{H}(\boldsymbol{r},t) \tag{6.59}$$

$$\mu = (1+\chi_m)\mu_0 \tag{6.60}$$

$$\mu_r = 1+\chi_m \tag{6.61}$$

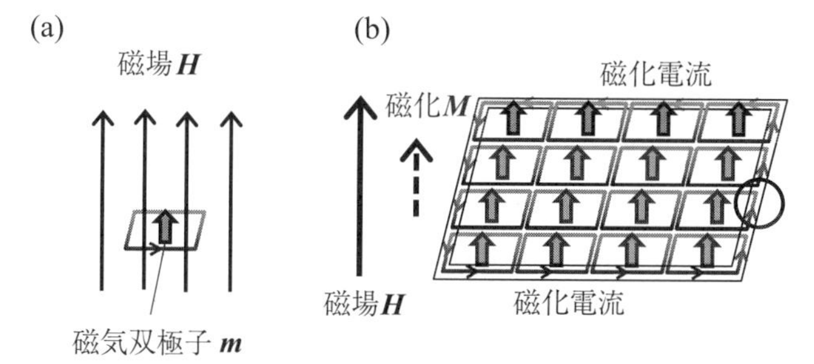

図 6.8　(a) 微小な磁気双極子，(b) 磁性体の磁化と磁化電流

第 3 章で見たように磁気双極子は正方形の電流に対応させることができるので，図 6.8(a) に示すように磁性体中の磁気双極子を微小な正方形電流とみなそう。各磁気双極子が同じ向きを向いているときは各正方形電流も同じ向きに流れているので，図 6.8(b) のように磁性体中では隣り合う正方形で共有される辺の電流は両者がキャンセルしてゼロとなり，表面のみで電流が生き残る。これを磁化電流とよぶ。図 6.8(b) の右端に円で示したような磁化電流を囲む経路にそって磁化のベクトルを線積分すると，磁性体中では右ねじの向きに磁化が向いているが，外側では磁化は存在しないため積分値が有限になる。一方，磁性体内部では磁化が一様なので，円状の経路にそって磁化のベクトルを線積分するとゼロになる。磁性体に一様でない磁化 $\boldsymbol{M}(\boldsymbol{r},t)$ があるとき，磁化 $\boldsymbol{M}(\boldsymbol{r},t)$ と磁化電流密度 $\boldsymbol{j}_m(\boldsymbol{r},t)$ は以下の関係を満たす。

$$\boldsymbol{j}_m(\boldsymbol{r},t) = \nabla\times\boldsymbol{M}(\boldsymbol{r},t) \tag{6.62}$$

もともと存在した電流密度 $\boldsymbol{j}(\boldsymbol{r},t)$ を真電流密度とよんで，磁化電流密度 $\boldsymbol{j}_m(\boldsymbol{r},t)$ と区別しよう。真電流は物質から取り出すことができるが，磁性体を考える際に構成要素である磁気双極子を壊さないことが前提なので，磁化電流を物質から取り出すことはできない。真電流と磁化電流は以下のようにアンペールの法則を満たす磁束密度 $\boldsymbol{B}(\boldsymbol{r},t)$ をつくる。

$$\nabla \times \boldsymbol{B}(\boldsymbol{r},t) = \mu_0(\boldsymbol{j}(\boldsymbol{r},t) + \boldsymbol{j}_m(\boldsymbol{r},t)) \tag{6.63}$$

一方，式 (6.58), (6.62), (6.63) から

$$\nabla \times \boldsymbol{H}(\boldsymbol{r},t) = \nabla \times \left(\frac{1}{\mu_0}\boldsymbol{B}(\boldsymbol{r},t) - \boldsymbol{M}(\boldsymbol{r},t)\right) = \boldsymbol{j}(\boldsymbol{r},t) \tag{6.64}$$

となり，磁性体中の磁場 $\boldsymbol{H}(\boldsymbol{r},t)$ は真電流密度 $\boldsymbol{j}(\boldsymbol{r},t)$ のみによってつくられることがわかる。

例題 6.8 図 6.9 に示すように磁化率 χ_1 と χ_2 の異なる磁性体が接合されている。真電流が存在しないとき，接合面の両側で磁束密度の垂直成分および磁場の平行成分が連続であることを示せ。電場は無視できるものとする。

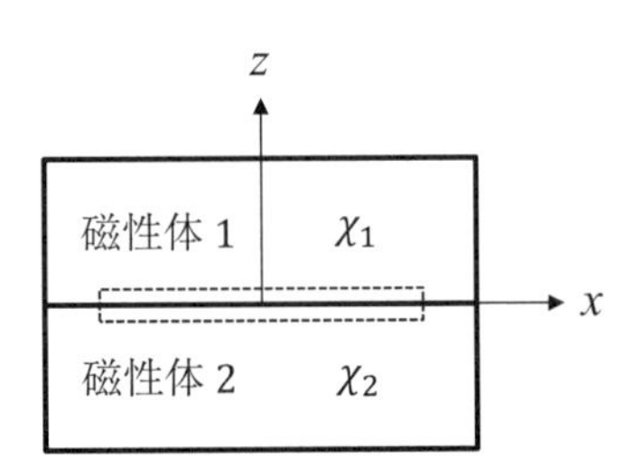

図 6.9 異なる磁化率を持つ磁性体の接合

解答 接合面は z 軸に垂直なので，接合面での磁束密度および磁場は z のみに依存して，x と y には依存しないと仮定してよい。式 (6.64) から真電流がない場合には

$$\frac{\partial H_x}{\partial z} - \frac{\partial H_z}{\partial x} = \frac{\partial H_x}{\partial z} = 0 \tag{6.65}$$

$$\frac{\partial H_z}{\partial y} - \frac{\partial H_y}{\partial z} = -\frac{\partial H_y}{\partial z} = 0 \tag{6.66}$$

となるので，磁場の平行成分は接合面において連続である。電場がある場合でも，電場が接合面で発散しなければ同様の結論が得られる。一方，$\nabla\cdot\boldsymbol{B}(\boldsymbol{r},t)=\boldsymbol{0}$ なので

$$\frac{\partial B_x}{\partial x}+\frac{\partial B_y}{\partial y}+\frac{\partial B_z}{\partial z}=\frac{\partial B_z}{\partial z}=0 \tag{6.67}$$

となり，磁束密度の垂直成分は接合面において連続である。図 6.9 に点線で示したような接合面を含む十分に薄い領域でガウスの定理を適用しても同様の結論が得られる。

6.4　物質中のマクスウェル方程式と電磁波

6.1 節で議論したマクスウェル方程式の電荷密度や電流密度も「物質」であるので，「物質中のマクスウェル方程式」という言葉は奇異に思えるかもしれない。しかし 6.1 節では，電荷や電流は別として，電場や磁束密度が生じる空間は真空であった。この節では，電場や磁束密度が生じる空間も物質で満たされている状況を考える。前節で考えたように，物質で満たされた空間に電場や磁束密度が存在すると電気分極や磁化が生じる。前節では誘電体と磁性体を分けて議論したが，一般の物質では電気分極と磁化によって比誘電率と比透磁率がともに 1 からずれる場合もある。このような場合，電場と磁束密度のみでマクスウェル方程式を書き下すと分極電荷と磁化電流が現れてしまう。一方，例題 6.1 で見たように，電束密度と磁場も用いてマクスウェル方程式を書き下すと誘電率や透磁率は見かけ上は出てこない。また，前節で見たように，電束密度に関するガウスの法則は真電荷密度のみ，磁場に関するアンペールの法則は真電流密度のみが現れる。変位電流についても電束密度を使って表すことにすると，物質中のマクスウェル方程式は以下の 4 式で与えられる。

$$\nabla\cdot\boldsymbol{D}(\boldsymbol{r},t)=\rho(\boldsymbol{r},t) \tag{6.68}$$

$$\nabla\cdot\boldsymbol{B}(\boldsymbol{r},t)=0 \tag{6.69}$$

$$\nabla\times\boldsymbol{E}(\boldsymbol{r},t)=-\frac{\partial\boldsymbol{B}(\boldsymbol{r},t)}{\partial t} \tag{6.70}$$

$$\nabla\times\boldsymbol{H}(\boldsymbol{r},t)=\boldsymbol{j}(\boldsymbol{r},t)+\frac{\partial\boldsymbol{D}(\boldsymbol{r},t)}{\partial t} \tag{6.71}$$

以下では，時間変動する電場の下でも電流が流れることのない絶縁体に限定し

て議論を進める。このような絶縁体が帯電していなければ，真電荷密度と真電流密度は存在しないと考えてよいので，上記のマクスウェル方程式のうち式(6.68)と式(6.71)はそれぞれ以下のようになる。

$$\nabla \cdot \boldsymbol{D}(\boldsymbol{r}, t) = 0 \tag{6.72}$$

$$\nabla \times \boldsymbol{H}(\boldsymbol{r}, t) = \frac{\partial \boldsymbol{D}(\boldsymbol{r}, t)}{\partial t} \tag{6.73}$$

ここで，真空の場合と同様にして，以下の波動方程式を導出することができる（章末問題6.8）。

$$\nabla^2 \boldsymbol{E}(\boldsymbol{r}, t) = \varepsilon\mu \frac{\partial^2 \boldsymbol{E}(\boldsymbol{r}, t)}{\partial t^2} \tag{6.74}$$

$$\nabla^2 \boldsymbol{B}(\boldsymbol{r}, t) = \varepsilon\mu \frac{\partial^2 \boldsymbol{B}(\boldsymbol{r}, t)}{\partial t^2} \tag{6.75}$$

これらの波動方程式において，$1/\sqrt{\varepsilon\mu} = c/\sqrt{\varepsilon_r \mu_r}$ は電磁波が伝播する速さである。通常，比誘電率 ε_r と比透磁率 μ_r は1より大きいので，物質中では電磁波が伝播する速さは真空中に比べて遅くなることがわかる。可視光領域の電磁波に対して上式が適用できるような物質は，可視光が透過する透明な絶縁体である。

■　境界面での電磁波の反射と透過

図6.10(a)のように $z = 0$ を境界面として，$z < 0$ の領域は真空，$z > 0$ の領域は比誘電率 ε_r，比透磁率 μ_r の透明な絶縁体とする。波数 k，振動数 ω で電場ベクトルが zx 面に平行な直線偏光の可視光が真空中を z 軸の正の向きに伝播し，$z > 0$ の領域に入るときにどのようなことが起きるだろうか？　まず，例題6.3と同様に，真空中の電場ベクトルと磁束密度ベクトルをそれぞ

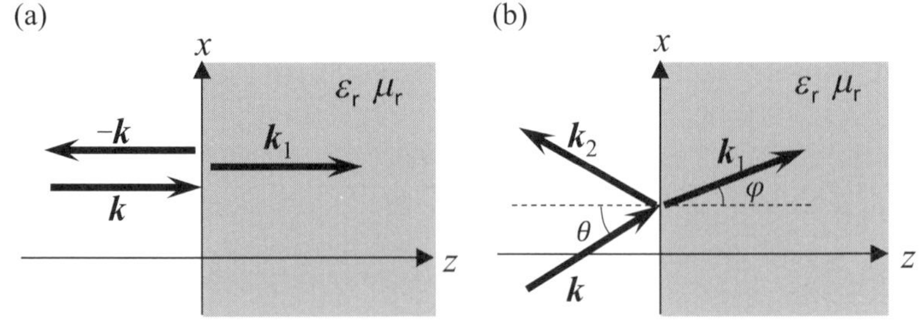

図6.10　真空から絶縁体へと進行する電磁波の反射と屈折：(a) 垂直入射，(b) 斜入射

れ $(E\cos(kz-\omega t),0,0)$ および $(0,E/c\cos(kz-\omega t),0)$ と書こう。真空中なので $\omega=kc$ である。物質中では電場の方が重要な役割を果すことが多いので，電場の振幅を E として，磁束密度の振幅を E/c と書いている点に注意してほしい。$z>0$ の領域では光速は $c_1=c/\sqrt{\varepsilon_r\mu_r}$ であり，波数 k_1，振動数 ω_1 とすると電場ベクトルは $(E_1\cos(k_1z-\omega_1t),0,0)$，磁束密度ベクトルは $(0,E_1/c_1\cos(k_1z-\omega_1t),0)$ となり，$\omega_1=k_1c_1$ が成り立つ。さらに，$z=0$ の境界面で反射されて真空中を z 軸の負の向きに伝播する反射波を考える必要があり，その電場ベクトルを $(-E_2\cos(-kz-\omega t),0,0)$，磁束密度ベクトルを $(0,E_2/c\cos(-kz-\omega t),0)$ とする。E_1 および E_2 は実数であり，負になってもかまわない。例題 6.7 より電場の平行成分が境界面 $z=0$ で連続なので

$$(E-E_2)\cos(-\omega t)=E_1\cos(-\omega_1 t) \tag{6.76}$$

が成り立つ。さらに，例題 6.8 より磁場の平行成分が境界面 $z=0$ で連続なので

$$\frac{E+E_2}{c}\cos(-\omega t)=\frac{1}{\mu_r}\frac{E_1}{c_1}\cos(-\omega_1 t) \tag{6.77}$$

が成り立つ。まず，これらが任意の t で成立するためには $\omega=\omega_1$ でなければならない。つまり，真空中から絶縁体中に可視光が入射されても角振動数は変化しない。一方，$k_1=\omega_1/c_1=\omega/c_1=\sqrt{\varepsilon_r\mu_r}\omega/c=\sqrt{\varepsilon_r\mu_r}k$ となるので，絶縁体中では真空中に比べて波数が増大することがわかる。さらに振幅に注目すると $E-E_2=E_1$ と $E+E_2=(1/\mu_r)(c/c_1)E_1=\sqrt{\varepsilon_r/\mu_r}E_1$ が同時に満たされる必要がある。入射光に対する反射光の振幅の比 E_2/E を r とすると，

$$r=\frac{E_2}{E}=\frac{\sqrt{\varepsilon_r/\mu_r}-1}{\sqrt{\varepsilon_r/\mu_r}+1}=\frac{1-\sqrt{\mu_r/\varepsilon_r}}{1+\sqrt{\mu_r/\varepsilon_r}} \tag{6.78}$$

となる。$\sqrt{\mu_r/\varepsilon_r}=1$ のときは反射がないことがわかる。一般に，$\sqrt{\mu_r/\varepsilon_r}$ が一致する物質どうしの境界では境界に垂直に入射する電磁波の反射を抑えることができる。

例題 6.9　$z=0$ を境界面として，$z<0$ の領域は真空，$z>0$ の領域は比誘電率 ε_r，比透磁率 μ_r の透明な絶縁体とする。図 6.10(b) に示すように，波数 k，振動数 ω で電場ベクトルと波数ベクトルが zx 面に平行な直線偏光の可視光を，真空側から入射角 θ で入射する。反射角 θ の向きに反射光，屈折角 φ の

向きに屈折光が生じ，入射光，反射光，屈折光はそれぞれ平面波とみなす。入射光，反射光，屈折光の電場の振幅をそれぞれ E，rE，tE とするとき，r および t を求めよ。さらに，$\mu_r = 1$ の場合に $r = 0$ となる条件を求めよ。

解答　絶縁体中の屈折光の波数を k_1，振動数を ω_1，光速を c_1 とする。波数ベクトル $\boldsymbol{k}$ は，入射光で $(k\sin\theta, 0, k\cos\theta)$，反射光で $(k\sin\theta, 0, -k\cos\theta)$，屈折光で $(k_1\sin\varphi, 0, k_1\cos\varphi)$ である。電場ベクトルが zx 面内で $\boldsymbol{k}$ に垂直であることから入射光の電場は式 (6.25) より x 成分が $E\cos\theta\cos(kx\sin\theta + kz\cos\theta - \omega t)$，$z$ 成分が $-E\sin\theta\cos(kx\sin\theta + kz\cos\theta - \omega t)$ となる。同様に式 (6.25) より，反射光の電場の x 成分が $-rE\cos\theta\cos(kx\sin\theta - kz\cos\theta - \omega t)$，$z$ 成分が $-rE\sin\theta\cos(kx\sin\theta - kz\cos\theta - \omega t)$ となる。屈折光は角度が異なることに注意して，電場の x 成分が $tE\cos\varphi\cos(k_1x\sin\varphi + k_1z\cos\varphi - \omega_1 t)$，$z$ 成分が $-tE\sin\varphi\cos(k_1x\sin\varphi + k_1z\cos\varphi - \omega_1 t)$ となる。例題 6.7 より，電場の平行成分（x 成分）および電束密度の垂直成分（z 成分）が $z = 0$ の境界面で連続なので，それぞれから

$$(1-r)E\cos\theta\cos(kx\sin\theta - \omega t) = tE\cos\varphi\cos(k_1x\sin\varphi - \omega_1 t) \tag{6.79}$$

$$-(1+r)E\sin\theta\cos(kx\sin\theta - \omega t) = -\varepsilon_r tE\sin\varphi\cos(k_1x\sin\varphi - \omega_1 t) \tag{6.80}$$

という関係式が得られる。磁束密度は y 成分のみが存在し，式 (6.26) より入射光が $E/c\cos(kx\sin\theta + kz\cos\theta - \omega t)$，反射光が $rE/c\cos(kx\sin\theta - kz\cos\theta - \omega t)$，屈折光が $tE/c_1\cos(k_1x\sin\varphi + k_1z\cos\varphi - \omega_1 t)$ となる。例題 6.8 より磁場の平行成分（y 成分）が $z = 0$ の境界面で連続なので，

$$(1+r)E\cos(kx\sin\theta - \omega t) = \frac{1}{\mu_r}\frac{c}{c_1}tE\cos(k_1x\sin\varphi - \omega_1 t) \tag{6.81}$$

が得られる。まず，式 (6.79), (6.80), (6.81) が任意の x および t で成り立つことから，$\omega = \omega_1$, $k\sin\theta = k_1\sin\varphi$ でなければならない。光速を c とすると，真空中では $\omega = kc$，絶縁体中では式 (6.74) および式 (6.75) より $c_1 = c/\sqrt{\varepsilon_r\mu_r}$ であるので $k_1 = \omega_1/c_1 = \omega/c_1 = \omega/c \times c/c_1 = k\sqrt{\varepsilon_r\mu_r}$ となる。これを $k\sin\theta = k_1\sin\varphi$ に代入すると

$$\frac{\sin\theta}{\sin\varphi} = \sqrt{\varepsilon_r\mu_r} \tag{6.82}$$

となり，スネルの法則が得られると同時に $\sqrt{\varepsilon_r\mu_r}$ が屈折率に相当することがわかる。次に振幅について式 (6.79), (6.80), (6.81) から以下の 3 つの条件が得られる。

$$(1-r)E\cos\theta = tE\cos\varphi \tag{6.83}$$

$$(1+r)E\sin\theta = \varepsilon_r tE\sin\varphi \tag{6.84}$$

$$(1+r)E = c/(\mu_r c_1)tE \tag{6.85}$$

式 (6.85) は $(1+r)E = c/(\mu_r c_1)tE = \sqrt{\varepsilon_r/\mu_r}\,tE$ となる一方で，式 (6.84) は式 (6.82) を用いて $(1+r)E\sin\theta = \varepsilon_r tE\sin\varphi = \sqrt{\varepsilon_r/\mu_r}\,tE\sin\theta$ なので，両者は等価である。式 (6.83) と式 (6.85) から r および t を求めると

$$r = \frac{\sqrt{\varepsilon_r/\mu_r}\cos\theta - \cos\varphi}{\sqrt{\varepsilon_r/\mu_r}\cos\theta + \cos\varphi} \tag{6.86}$$

$$t = \frac{2\cos\theta}{\sqrt{\varepsilon_r/\mu_r}\cos\theta + \cos\varphi} \tag{6.87}$$

となる。特に $\mu_r = 1$ の場合はスネルの法則が $\sqrt{\varepsilon_r} = \sin\theta/\sin\varphi$ となるので，これを代入して以下の式が得られる。

$$r = \frac{\sin\theta\cos\theta - \sin\varphi\cos\varphi}{\sin\theta\cos\theta + \sin\varphi\cos\varphi} \tag{6.88}$$

$$t = \frac{2\cos\theta\sin\varphi}{\sin\theta\cos\theta + \sin\varphi\cos\varphi} \tag{6.89}$$

$\theta + \varphi = 90^\circ$ のときに $r = 0$ となって反射光がなくなる。$r = 0$ になるときの θ はブリュースター角とよばれる。

コラム 6：金属中の電磁波

上述の議論では，物質は絶縁体であることを前提とした。絶縁体では，電磁波の電場と磁束密度によって分極電荷や磁化電流が生じて電磁波の伝播速度は遅くなるが，自由電子は存在しないので真電流密度はゼロである。そのため，ジュール熱としてエネルギーを失うことなく電磁波が伝播する。一方，電磁波が金属中を伝播しようとすると，電場によって真電流密度が発生してエネル

ギーがジュール熱として消費され続けるはずなので，やがて電磁波は消失してしまうと予想される。真空から金属へと入射された電磁波はどの程度の深さまで金属中に侵入できるだろうか？　金属の表面が x 軸に垂直であるとして，振動する電場 $\boldsymbol{E}(x,t) = \boldsymbol{E}_0 \cos(kx - \omega t)$ が侵入する状況を考える。金属中の自由電子は電場から力を受けるとともに，その速度 $\boldsymbol{v}(x,t)$ に比例した抵抗力を受けるので，電気素量を e，電子の質量を m_e，抵抗力の比例係数を κ として，

$$m_e \frac{d\boldsymbol{v}(x,t)}{dt} = -e\boldsymbol{E}_0 \cos(kx - \omega t) - \kappa \boldsymbol{v}(x,t) \tag{6.90}$$

という運動方程式にしたがって運動する。ここで，5.3 節の交流電圧と同様に，位相が $\pi/2$ 遅れて振動する $\boldsymbol{E}_0 \sin(kx - \omega t)$ を虚部として加えて $\boldsymbol{E}(x,t) = \boldsymbol{E}_0 e^{i(kx-\omega t)}$ として，さらに電子の速度を $\boldsymbol{v}(x,t) = \boldsymbol{v}_0 e^{i(kx-\omega t+\alpha)}$ と仮定して運動方程式に代入すると，

$$-im_e\omega \boldsymbol{v}_0 e^{i(kx-\omega t+\alpha)} = -e\boldsymbol{E}_0 e^{i(kx-\omega t)} - \kappa \boldsymbol{v}_0 e^{i(kx-\omega t+\alpha)} \tag{6.91}$$

となり，整理すると以下の関係式が得られる。

$$\boldsymbol{v}_0 e^{i(kx-i\omega t+\alpha)} = \frac{e}{im_e\omega - \kappa} \boldsymbol{E}_0 e^{i(kx-\omega t)} \tag{6.92}$$

自由電子の密度を n とすると電流密度は $\boldsymbol{j}(x,t) = -ne\boldsymbol{v}(x,t)$ で与えられるので

$$\boldsymbol{j}(x,t) = \frac{ne^2}{-im_e\omega + \kappa} \boldsymbol{E}(x,t) \tag{6.93}$$

となる。この式はオームの法則に対応しており，電気伝導度が ω に依存する複素数に拡張され $\sigma(\omega) = ne^2/(-im_e\omega + \kappa)$ となることを意味する。式 (6.71) の右辺で変位電流だけでなく真電流の項が生き残るので，式 (6.70) の両辺に rotation を演算して右辺に式 (6.71) を用いると以下の方程式が得られる。

$$\frac{\partial^2 \boldsymbol{E}(x,t)}{\partial x^2} = \varepsilon\mu \frac{\partial^2 \boldsymbol{E}(x,t)}{\partial t^2} + \mu \frac{\partial \boldsymbol{j}(x,t)}{\partial t} \tag{6.94}$$

これに $\boldsymbol{E}_0 e^{i(kx-\omega t)}$ を代入すると

$$-k^2 \boldsymbol{E}_0 e^{i(kx-\omega t)} = \left(-\varepsilon\mu\omega^2 - i\mu\sigma(\omega)\omega\right) \boldsymbol{E}_0 e^{i(kx-\omega t)} \tag{6.95}$$

となり，整理すると以下の式が得られる。

$$k^2 = \varepsilon\mu\omega^2 + i\mu\omega\frac{ne^2}{-im_e\omega + \kappa} \tag{6.96}$$

右辺の第1項と第2項は，それぞれ式(5.10)の右辺の第2項と第1項に対応している。通常の金属では ω が $10^{18}\,\mathrm{rad\,s^{-1}}$ 程度より十分に大きければ（X線〜ガンマ線に対応），右辺では変位電流に由来する第1項が優勢となり第2項を無視することができる。このとき k は実数であり，金属中を電磁波が伝播する。ω が小さくなってくると第2項の分母に注意しなければならない。ω が $10^{15}\,\mathrm{rad\,s^{-1}}$〜$10^{17}\,\mathrm{rad\,s^{-1}}$ 程度では（可視光〜紫外線〜真空紫外線に対応），$-im_e\omega$ に比べて κ を無視すると，右辺はほぼ実数であり，$\varepsilon\omega^2 - ne^2/m_e$ が正ならば k は実数となり電磁波が金属中に侵入する可能性がある。ところが，$\omega < \sqrt{ne^2/(\varepsilon m_e)}$ の場合は右辺は負になるので k は純虚数になってしまい，電場は金属の表面から指数関数的に減衰するだけである。このとき，電磁波は金属中で存在することができず，さらに電流を流してエネルギーを失うこともないので，電磁波は表面で反射されてしまう。$\sqrt{ne^2/(\varepsilon m_e)}$ はプラズマ振動数とよばれ，通常の金属では $10^{16}\,\mathrm{rad\,s^{-1}}$ 程度である。これは紫外線に対応するため，通常の金属では可視光はほとんど表面で反射されてしまい，金属光沢をもたらす。ω が $10^{15}\,\mathrm{rad\,s^{-1}}$ より十分に小さくなると（テラヘルツ波〜マイクロ波に対応），右辺の第1項は無視してよく，さらに第2項の分母の κ が $-im_e\omega$ に比して同等あるいは優勢になる。κ に対して $-im_e\omega$ を無視する近似を行うと，$\sigma_0 = ne^2/\kappa$ として $k \simeq (1+i)\sqrt{\mu\sigma_0\omega/2}$ となる。これを $\boldsymbol{E}_0 e^{ikx-i\omega t}$ に代入すると

$$\boldsymbol{E}_0 e^{ikx-i\omega t} = \boldsymbol{E}_0 e^{i\sqrt{\mu\sigma_0\omega/2}x-i\omega t} e^{-\sqrt{\mu\sigma_0\omega/2}x} \tag{6.97}$$

となる。電磁波の電場はこの式の実部で与えられ，電場は金属表面から振動しながら指数関数的に減衰し，その減衰長は $\sqrt{2/(\mu\sigma_0\omega)}$ 程度である。真空の透磁率を代入し，$\sigma_0 \simeq 10^8\,\Omega^{-1}\,\mathrm{m^{-1}}$，$\omega \simeq 10^{14}\,\mathrm{rad\,s^{-1}}$ として減衰長は $10^{-8}\,\mathrm{m}$ 程度であるから，テラヘルツ波〜マイクロ波も金属中にほとんど侵入できないことがわかる。

章末問題 6

問題 6.1　$E_y(x,t)=\alpha f(x-ct)+\beta f(x+ct)$ が式 (6.23) を満たすことを示せ（α と β は定数）。

問題 6.2　$\boldsymbol{k}\cdot\boldsymbol{B}_0=0$ および $\omega/c^2\boldsymbol{E}_0=\boldsymbol{B}_0\times\boldsymbol{k}$ であれば，式 (6.25) と式 (6.26) が式 (6.11) を満たすことを示せ。

問題 6.3　$\boldsymbol{E}(\boldsymbol{r},t)=(0,cB_0\sin(kz-\omega t),0)$ および $\boldsymbol{B}(\boldsymbol{r},t)=(-B_0\sin(kz-\omega t),0,0)$ が真空中のマクスウェルの方程式を満たすことを示せ。

問題 6.4　例題 6.3 と章末問題 6.3 の結果を用いて，$\boldsymbol{E}(\boldsymbol{r},t)=(cB_0\cos(kz-\omega t),\mp cB_0\sin(kz-\omega t),0,0)$ および $\boldsymbol{B}(\boldsymbol{r},t)=(\pm B_0\sin(kz-\omega t),B_0\cos(kz-\omega t),0)$ が真空中のマクスウェルの方程式を満たすことを示せ。

問題 6.5　例題 6.4 であつかった円偏光の電磁波のポインティングベクトルを計算し，例題 6.5 の直線偏光の場合と比較せよ。

問題 6.6　例題 6.7 において z 軸の正の向きに電場 E を印加したとき，接合面の分極電荷の面密度を求めよ。電束密度の z 成分 $\varepsilon_0 E$ が接合面で連続であることを利用せよ。

問題 6.7　例題 6.8 において x 軸の正の向きに磁束密度 B を印加したとき，接合面の磁化電流（単位長さあたり）の向きと大きさを求めよ。磁場の x 成分 B/μ_0 が接合面で連続であることを利用せよ。

問題 6.8　式 (6.69), (6.70), (6.72), (6.73) から波動方程式 (6.74), (6.75) を導出せよ。

問題 6.9　$z=0$ を表面とする比誘電率 ε_r, 比透磁率 1 の透明な絶縁体に $\boldsymbol{E}(\boldsymbol{r},t)=(E_0\cos\theta\cos(kx\sin\theta+kz\cos\theta-\omega t),0,-E_0\sin\theta\cos(kx\sin\theta+kz\cos\theta-\omega t))$ という電場をもつ可視光を入射した。r, t を実数，φ を屈折角とすると，反射光の電場は $(-rE_0\cos\theta\cos(kx\sin\theta-kz\cos\theta-\omega t),0,-rE_0\sin\theta\cos(kx\sin\theta-kz\cos\theta-\omega t))$，屈折光の電場は $(tE_0\cos\varphi\cos(\sqrt{\varepsilon_r}(kx\sin\varphi+kz\cos\varphi)-\omega t),0,-tE_0\sin\varphi\cos(\sqrt{\varepsilon_r}(kx\sin\varphi+kz\cos\varphi)-\omega t))$ と書けるものとする。表面での電場と電束密度の接続条件から，r, t, φ を求めよ。また，$r=0$ となって反射光の成分が消失する θ を求めよ。

付　録

付録 I　国際単位系について

質量，長さ，時間，電荷，電流，電場，磁束密度などの物理量を m, r, t, Q, I, E, B などの記号で表して，それらの間に成り立つ方程式によって電磁気学の様々な法則が記述される。このとき，それぞれの物理量の単位や数値は必須ではない。しかし，これらの物理量を計測したり計算する際には，まず単位を定めて，その単位の何倍かという数値を用いて物理量を表現することになる。電磁気学で扱う物理量の単位系としては，国際単位系（Système International d'unités，SI 単位系）が世界で広く用いられている。国際単位系では，時間，長さ，質量，電流，温度，物質量，光度の 7 つの物理量の単位を基本単位と定め，それぞれ s（秒），m（メートル），kg（キログラム），A（アンペア），K（ケルビン），mol（モル），cd（カンデラ）という単位を用いる。1 s は「セシウム 133 原子の超微細準位間放射周期の 9192631770 倍」として定義されている。さらに，真空中の光速が 299792458 $\mathrm{m\,s^{-1}}$ になるように 1 m を定義する。つまり，真空中で光が 1 s に進む距離が 1 m という単位の 299792458 倍になるように 1 m の長さを決めている。これで 1 s と 1 m が決まったので，次にプランク定数 h が $6.62607015 \times 10^{-34}\,\mathrm{J\,s}$ $(\mathrm{kg\,m^2\,s^{-1}})$ になるように 1 kg を定義する。さらに，電磁気学で必要となる電流の単位については，まず電気素量を $1.602176634 \times 10^{-19}\,\mathrm{C}$ $(\mathrm{A\,s})$ と定義し，それを $1.602176634 \times 10^{-19}\,\mathrm{s}$ で割ったものを 1 A と定義する。本書では扱わないが，1 K はボルツマン定数によって，1 mol はアボガドロ定数によって定義されている。国際単位系を用いるとき，真空中の光速 c，プランク定数 h，電気素量 e の数値は定義値として固定されている。一方，真空の誘電率（電気定数ともよばれる）と真空の透磁率（磁気定数ともよばれる）は電荷，電流，長さ，力に関する方程式に出てくる物理定数であるが，それらの数値は測定によって推定される値と不確かさによって与えられる。2020 年の段階での推奨値は $\varepsilon_0 = 8.8541878128(13) \times 10^{-12}\,\mathrm{F\,m^{-1}}$ $(\mathrm{kg^{-1}\,m^{-3}\,s^4\,A^2})$，$\mu_0 = 1.25663706212(19) \times 10^{-6}\,\mathrm{H\,m^{-1}}(\mathrm{kg\,m\,s^{-2}\,A^{-2}})$ である。括弧の外の数値が推定される値であり，その下 2 桁にある不確かさを括弧の中の 2 桁の数値が表している。第 1 章および第 3 章では不確かさに影響を受けない桁までの数値を示している。過去には，1 A を電流間に働く力によって定義していた時代があった。その場合，真空の透磁率は $4\pi \times 10^{-7}\,\mathrm{H\,m^{-1}}$ という定義値になり，c および ε_0 も定義値であった。その代わりに電気素量 e が測定によって推定される量であった。

その他の物理量の単位は，基本単位の組み合わせによってつくることができて，それらは組立単位とよばれる。組立単位の中には科学者の名前に由来した名称が使われることがある。そのような組立単位を表 I.1 にまとめておく。また，A（アンペア）という単位の前に 10^{-3} という因子を表す m（ミリ）をつけて mA（ミリアンペア）のように表記することがある。よく使われる因子の記号と名称を表 I.2 にまとめた。

表 I.1　物理量の単位の記号と名称

物理量	記号	名称	SI 単位系での表記
周波数・振動数	Hz	ヘルツ	$\mathrm{s^{-1}}$
力	N	ニュートン	$\mathrm{kg\,m\,s^{-2}}$
圧力	Pa	パスカル	$\mathrm{kg\,m^{-1}\,s^{-2} = N\,m^{-2}}$
仕事・エネルギー	J	ジュール	$\mathrm{kg\,m^2\,s^{-2} = N\,m}$
仕事率・電力	W	ワット	$\mathrm{kg\,m^2\,s^{-3} = J\,s^{-1} = V\,A}$
電荷 (電気量)	C	クーロン	$\mathrm{A\,s}$
電位・静電ポテンシャル	V	ボルト	$\mathrm{kg\,m^2\,s^{-3}\,A^{-1} = W\,A^{-1}}$
電気抵抗	Ω	オーム	$\mathrm{kg\,m^2\,s^{-3}\,A^{-2} = V\,A^{-1}}$
電気容量	F	ファラド	$\mathrm{kg^{-1}\,m^{-2}\,s^4\,A^2 = C\,V^{-1}}$
磁束	Wb	ウェーバ	$\mathrm{kg\,m^2\,s^{-2}\,A^{-1} = V\,s}$
磁束密度	T	テスラ	$\mathrm{kg\,s^{-2}\,A^{-1} = Wb\,m^{-2}}$
インダクタンス	H	ヘンリー	$\mathrm{kg\,m^2\,s^{-2}\,A^{-2} = V\,s\,A^{-1}}$

表 I.2　因子を表す記号と名称

因子	記号	名称	因子	記号	名前
10^1	da	デカ	10^{-1}	d	デシ
10^2	h	ヘクト	10^{-2}	c	センチ
10^3	k	キロ	10^{-3}	m	ミリ
10^6	M	メガ	10^{-6}	μ	マイクロ
10^9	G	ギガ	10^{-9}	p	ピコ
10^{12}	T	テラ	10^{-12}	n	ナノ
10^{15}	P	ペタ	10^{-15}	f	フェムト
10^{18}	E	エクサ	10^{-18}	a	アト

最後に，本書に関連する物理定数を表 I.3 にまとめておく。数値は CODATA（Committee on Data for Science and Technology，科学技術データ委員会）による 2018CODATA 推奨値を掲載している。

表 I.3　物理定数の数値と単位

物理定数	記号	数値と単位
真空中の光速	c	$299792458\,\mathrm{m\,s^{-1}}$　(定義値)
電気素量	e	$1.602176634 \times 10^{-19}\,\mathrm{C}$　(定義値)
真空の誘電率 (電気定数)	ε_0	$8.8541878128(13) \times 10^{-12}\,\mathrm{F\,m^{-1}}$
真空の透磁率 (磁気定数)	μ_0	$1.25663706212(19) \times 10^{-6}\,\mathrm{H\,m^{-1}}$
プランク定数	h	$6.62607015 \times 10^{-34}\,\mathrm{J\,s}$　(定義値)
電子の静止質量	m_e	$9.1093837015(28) \times 10^{-31}\,\mathrm{kg}$
陽子の静止質量	m_p	$1.67262192369(51) \times 10^{-27}\,\mathrm{kg}$
ボーア磁子	μ_B	$9.2740100783(28) \times 10^{-24}\,\mathrm{J\,T^{-1}}$
ボルツマン定数	k	$1.380649 \times 10^{-23}\,\mathrm{J\,K^{-1}}$　(定義値)
アボガドロ定数	N_A	$6.02214076 \times 10^{23}\,\mathrm{mol^{-1}}$　(定義値)

付録 II　等電位面の接平面について

1.4 節の等電位面の小節において，電場ベクトルが等電位面に垂直であることを示した。その際に重要なのが，「式 (1.157) で与えられる平面が，等電位面の接平面である」という事実であった。

その説明の際に，「$a\Delta x + b\Delta y + c\Delta z = \nabla\phi(x_0, y_0, z_0)\cdot\Delta\boldsymbol{r}$ が $|\Delta\boldsymbol{r}|$ が小さい極限では 0 になる」ということを用いたが，よく考えると，これは (a, b, c) が何であっても（すなわち $(a, b, c) = \nabla\phi(\boldsymbol{r}_0)$ でなくても）成り立つ。「式 (1.157) が等電位面の接平面である」こと自体は間違っていないものの，この説明はいささか不十分である。

このあいまいさは，等電位面という「曲面」に対する「接平面」の定義が十分になされないままに議論したことに由来する。「曲面の接平面」は，実は「曲面上の曲線の接線」から定義される（曲線の接線の定義は，以下で示すように比較的容易である）。以下では，それを説明しよう。

式 (1.155) において，$\boldsymbol{r} = \boldsymbol{r}_0 + \Delta\boldsymbol{r}$ とおくことにより，位置 $\boldsymbol{r}_0$ を通る等電位面は

$$\phi(\boldsymbol{r}) - \phi(\boldsymbol{r}_0) = 0 \tag{II.1}$$

を満たす $\boldsymbol{r}$ として定義される。

このとき，曲線 $\boldsymbol{r} = \boldsymbol{l}(t) = (l_x(t), l_y(t), l_z(t))$ で常に等電位面上にあるものを考えよう (ただし $t = -\infty \sim \infty$)。もちろん，このような曲線は一意には定まらず，いろいろなものが考えられるが，いずれの曲線でも t によらず

$$\phi(\boldsymbol{l}(t)) - \phi(\boldsymbol{r}_0) = 0 \tag{II.2}$$

が成り立つ。ここで $\boldsymbol{l}(t_0) = \boldsymbol{r}_0$ としよう。すると，曲線 $\boldsymbol{r} = \boldsymbol{l}(t)$ は時間 t とともに等電位面上を動き，$t = t_0$ でちょうど $\boldsymbol{r}_0$ を通ることになる（図 II.1)。

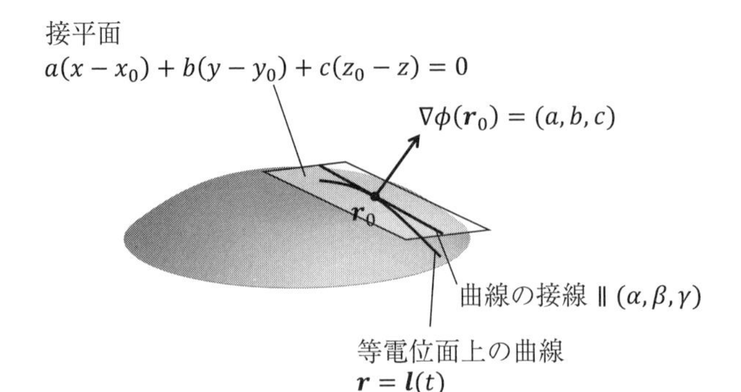

図 II.1　等電位面と接平面

ここで，式 (II.2) を t で微分する。結果を先に書くと，

$$\frac{\partial \phi}{\partial x}\frac{dl_x}{dt}+\frac{\partial \phi}{\partial y}\frac{dl_y}{dt}+\frac{\partial \phi}{\partial z}\frac{dl_z}{dt}=0 \tag{II.3}$$

である。この左辺を導くには，Δt を微小量として式 (1.80) を用いて

$$\begin{aligned}\boldsymbol{l}(t+\Delta t) &= (l_x(t+\Delta t), l_y(t+\Delta t), l_z(t+\Delta t))\\ &= \left(l_x(t)+\frac{dl_x}{dt}\Delta t, l_y(t)+\frac{dl_y}{dt}\Delta t, l_z(t)+\frac{dl_z}{dt}\Delta t\right)\end{aligned} \tag{II.4}$$

であり，これを

$$\frac{d\phi\,(\boldsymbol{l}(t))}{dt}=\lim_{\Delta t\to 0}\frac{\phi\,(\boldsymbol{l}(t+\Delta t))-\phi\,(\boldsymbol{l}(t))}{\Delta t} \tag{II.5}$$

の右辺に代入して，さらに式 (1.133) を用いることによって導くことができる。

式 (II.3) に，$t=t_0$, $r=\boldsymbol{l}(t_0)=\boldsymbol{r}_0$ を代入する。本文中の定義，$\nabla\phi(\boldsymbol{r}_0)=(a,b,c)$ を用いて，さらに

$$\left(\left.\frac{dl_x}{dt}\right|_{t=0}, \left.\frac{dl_y}{dt}\right|_{t=0}, \left.\frac{dl_z}{dt}\right|_{t=0}\right)=(\alpha,\beta,\gamma) \tag{II.6}$$

とおくと，式 (II.3) は

$$a\alpha+b\beta+c\gamma=0 \tag{II.7}$$

と書くことができる。

ところで

$$\begin{aligned}x&=\alpha(t-t_0)+x_0\\ y&=\beta(t-t_0)+y_0\\ z&=\gamma(t-t_0)+z_0\end{aligned} \tag{II.8}$$

は $\boldsymbol{r}_0=(x_0,y_0,z_0)$ を通る，曲線 $\boldsymbol{r}=\boldsymbol{l}(t)$ の接線である。なぜなら，図 II.2 に示すように，曲線 $\boldsymbol{r}=\boldsymbol{l}(t)$ 上の 2 点，$\boldsymbol{l}(t_0)=\boldsymbol{r}_0$ と $\boldsymbol{l}(t_0+\Delta t)$ を通る直線は

$$\boldsymbol{r}=\frac{\boldsymbol{l}(t_0+\Delta t)-\boldsymbol{l}(t_0)}{\Delta t}(t-t_0)+\boldsymbol{l}(t_0) \tag{II.9}$$

で与えられ（これは t の1次式であり，$t=t_0$ で $\boldsymbol{l}(t_0)=\boldsymbol{r}_0$ を通り，$t=t_0+\Delta t$ で $\boldsymbol{l}(t_0+\Delta t)$ を通ることに留意せよ），この式の $\Delta t\to 0$ をとると

$$\boldsymbol{r}=\left.\frac{d\boldsymbol{l}(t)}{dt}\right|_{t=t_0}(t-t_0)+\boldsymbol{l}(t_0) \tag{II.10}$$

となって，式 (II.8) に一致するからである。

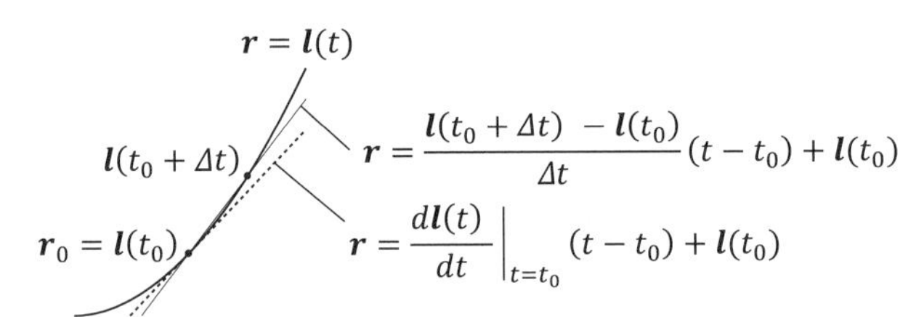

図 II.2　曲線（太線）とその上の2点を通る直線（細線），および1点で接する接線（点線）

ここで，式 (II.8) を式 (1.157) の左辺に代入すると，式 (II.7) より

$$a\alpha(t-t_0)+b\beta(t-t_0)+c\gamma(t-t_0)=(a\alpha+b\beta+c\gamma)(t-t_0)=0 \tag{II.11}$$

が t によらず成り立つこと，すなわち式 (II.8) で表される直線は式 (1.157) で表される平面上にあることがわかる。さらに重要なのは，このことは曲線 $\boldsymbol{r}=\boldsymbol{l}(t)$ がどんな曲線であっても，等電位面上にありさえすれば成り立つことである。すなわち「$\boldsymbol{r}_0$ を通る等電位面上にある曲線の接線は，常に式 (1.157) で表される平面上にある」ことになる。

そこで，「$\boldsymbol{r}_0$ における曲面の接平面」を「$\boldsymbol{r}_0$ を通る曲面上の曲線の接線がすべて含まれる平面」と定義すれば，上記の議論により，式 (1.157) で表される平面が，「等電位面の接平面」の定義を満たしていることがわかった。

付録 III　ストークスの定理についての補足

ここでは，3.2節の式 (3.85)

$$\sum_{4\text{辺}}\boldsymbol{B}(\boldsymbol{r}_\mu)\cdot\Delta\boldsymbol{r}_\mu=\nabla\times\boldsymbol{B}(\boldsymbol{r}_i)\cdot\boldsymbol{n}_i\Delta S_i$$

を証明しよう。やり方は，式 (3.73) と同じ計算を一般の向きの長方形で行うものであり，難しくはないが少し長くなる。

まず，図Ⅲ.1(a) のように，始点を $\boldsymbol{r} = (x, y, z)$ とする 2 つの微小ベクトル $\Delta r_1 \boldsymbol{n}_1$ と $\Delta r_2 \boldsymbol{n}_2$ で張られる長方形を考えよう。ここで，$\boldsymbol{n}_1$ と $\boldsymbol{n}_2$ は互いに直交し，それぞれ規格化されているとする。したがって微小ベクトルの長さはそれぞれ Δr_1, Δr_2 である。また，$\boldsymbol{n}_1$, $\boldsymbol{n}_2$ はそれぞれ

$$\boldsymbol{n}_1 = (n_{1x}, n_{1y}, n_{1z}) \tag{Ⅲ.1}$$

$$\boldsymbol{n}_2 = (n_{2x}, n_{2y}, n_{2z}) \tag{Ⅲ.2}$$

と成分表示されるとする。この 2 つのベクトルの外積（$\boldsymbol{n}_3$ とおく）を成分表示すると

$$\begin{aligned} \boldsymbol{n}_3 &= (n_{3x}, n_{3y}, n_{3z}) \\ &= (n_{1y}n_{2z} - n_{1z}n_{2y}, n_{1z}n_{2x} - n_{1x}n_{2z}, n_{1x}n_{2y} - n_{1y}n_{2x}) \end{aligned} \tag{Ⅲ.3}$$

となる。

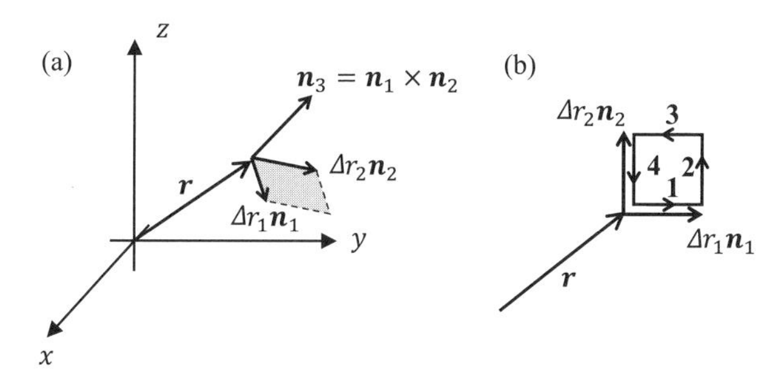

図Ⅲ.1　空間上の一般の微小長方形

ここで，ベクトル場

$$\boldsymbol{B}(\boldsymbol{r}) = (B_x(x, y, z), B_y(x, y, z), B_z(x, y, z)) \tag{Ⅲ.4}$$

を長方形の 4 辺上で図Ⅲ.1(b) のような矢印の経路 1-2-3-4 で線積分する。このときベクトル場の独立変数としての位置については，経路 1 と経路 4 については $\boldsymbol{r}$ を用い，経路 2 については $\boldsymbol{r} + \Delta r_1 \boldsymbol{n}_1$ を，経路 3 については $\boldsymbol{r} + \Delta r_2 \boldsymbol{n}_2$ を，それぞれ用いると，

$$\begin{aligned} \sum_{4\,辺} \boldsymbol{B}(\boldsymbol{r}_\mu) \cdot \Delta \boldsymbol{r}_\mu &= \{\boldsymbol{B}(\boldsymbol{r} + \Delta r_1 \boldsymbol{n}_1) - \boldsymbol{B}(\boldsymbol{r})\} \cdot \Delta r_2 \boldsymbol{n}_2 \\ &\quad - \{\boldsymbol{B}(\boldsymbol{r} + \Delta r_2 \boldsymbol{n}_2) - \boldsymbol{B}(\boldsymbol{r})\} \cdot \Delta r_1 \boldsymbol{n}_1 \end{aligned} \tag{Ⅲ.5}$$

となる。ここでは2-4-3-1の順に和をとった。

式(Ⅲ.5)の右辺について，例として第1項の内積のうちx成分の積だけを取り出すと

$$
\begin{aligned}
&\{B_x(x+n_{1x}\Delta r_1, y+n_{1y}\Delta r_1, z+n_{1z}\Delta r_1)-B_x(x,y,z)\}\Delta r_2 n_{2x}\\
&=\left(\frac{\partial B_x}{\partial x}n_{1x}\Delta r_1+\frac{\partial B_x}{\partial y}n_{1y}\Delta r_1+\frac{\partial B_x}{\partial z}n_{1z}\Delta r_1\right)\Delta r_2 n_{2x}\\
&=\left(\frac{\partial B_x}{\partial x}n_{1x}+\frac{\partial B_x}{\partial y}n_{1y}+\frac{\partial B_x}{\partial z}n_{1z}\right)n_{2x}\Delta r_1\Delta r_2
\end{aligned}
\tag{Ⅲ.6}
$$

となる。ここで，最初の等号には式(1.133)を用いた。ただし，スカラー場ではなくベクトル場のx成分についての計算なので，∇の表記は用いることができないことに留意しよう。

同様の計算をすべての成分で，かつ式(Ⅲ.5)右辺の第2項まで行う。$\Delta r_1\Delta r_2$の係数はすべての項に共通に出てくるので，あらかじめ割っておくと，

$$
\begin{aligned}
&\sum_{4\text{辺}}\boldsymbol{B}(\boldsymbol{r}_\mu)\cdot\Delta\boldsymbol{r}_\mu/\Delta r_1\Delta r_2\\
&=\left(\frac{\partial B_x}{\partial x}n_{1x}+\frac{\partial B_x}{\partial y}n_{1y}+\frac{\partial B_x}{\partial z}n_{1z}\right)n_{2x}\\
&\quad+\left(\frac{\partial B_y}{\partial x}n_{1x}+\frac{\partial B_y}{\partial y}n_{1y}+\frac{\partial B_y}{\partial z}n_{1z}\right)n_{2y}\\
&\quad+\left(\frac{\partial B_z}{\partial x}n_{1x}+\frac{\partial B_z}{\partial y}n_{1y}+\frac{\partial B_z}{\partial z}n_{1z}\right)n_{2z}\\
&\quad-\left(\frac{\partial B_x}{\partial x}n_{2x}+\frac{\partial B_x}{\partial y}n_{2y}+\frac{\partial B_x}{\partial z}n_{2z}\right)n_{1x}\\
&\quad-\left(\frac{\partial B_y}{\partial x}n_{2x}+\frac{\partial B_y}{\partial y}n_{2y}+\frac{\partial B_y}{\partial z}n_{2z}\right)n_{1y}\\
&\quad-\left(\frac{\partial B_z}{\partial x}n_{2x}+\frac{\partial B_z}{\partial y}n_{2y}+\frac{\partial B_z}{\partial z}n_{2z}\right)n_{1z}
\end{aligned}
\tag{Ⅲ.7}
$$

と書くことができる。

この18個の項（9つの項から9つの項を引いたもの）のうち，Bの添え字の変数と偏微分の変数が同じになる3組の計6項はキャンセルするから，結果として12個の項（6つの項から6つの項を引いたもの）が残り，それらをまとめると

$$
\begin{aligned}
&= \frac{\partial B_x}{\partial y}(n_{1y}n_{2x} - n_{1x}n_{2y}) + \frac{\partial B_x}{\partial z}(n_{1z}n_{2x} - n_{1x}n_{2z}) \\
&\quad + \frac{\partial B_y}{\partial x}(n_{1x}n_{2y} - n_{1y}n_{2x}) + \frac{\partial B_y}{\partial z}(n_{1z}n_{2y} - n_{1y}n_{2z}) \\
&\quad + \frac{\partial B_z}{\partial x}(n_{1x}n_{2z} - n_{1z}n_{2x}) + \frac{\partial B_z}{\partial y}(n_{1y}n_{2z} - n_{1z}n_{2y}) \qquad (\text{III}.8)
\end{aligned}
$$

となる。

ここで，式(III.3)を用いると，括弧内はすべて n_{3x}, n_{3y}, n_{3z} のいずれかとなり，

$$
\begin{aligned}
&= \left(\frac{\partial B_z}{\partial y} - \frac{\partial B_y}{\partial z}\right) n_{3x} + \left(\frac{\partial B_x}{\partial z} - \frac{\partial B_z}{\partial x}\right) n_{3y} + \left(\frac{\partial B_y}{\partial x} - \frac{\partial B_x}{\partial y}\right) n_{3z} \\
&= \nabla \times \boldsymbol{B}(\boldsymbol{r}) \cdot \boldsymbol{n}_3 \qquad (\text{III}.9)
\end{aligned}
$$

となることがわかる。

$\Delta r_1 \Delta r_2$ は微小長方形の面積 ΔS，$\boldsymbol{n}_3$ は微小長方形の法線ベクトル $\boldsymbol{n}$ だから

$$
\sum_{4\text{辺}} \boldsymbol{B}(\boldsymbol{r}_\mu) \cdot \Delta \boldsymbol{r}_\mu = \nabla \times \boldsymbol{B}(\boldsymbol{r}) \cdot \boldsymbol{n} \Delta S \qquad (\text{III}.10)
$$

が得られた。

付録IV　ベクトル解析の公式

ベクトルの内積，外積に関する公式を以下にまとめる。

(1) ベクトルどうしの内積

$\boldsymbol{A} \cdot \boldsymbol{B} = \boldsymbol{B} \cdot \boldsymbol{A}$

(2) ベクトルどうしの外積

$\boldsymbol{A} \times \boldsymbol{B} = -\boldsymbol{B} \times \boldsymbol{A}$

(3) ベクトルどうしの外積と別のベクトルとの内積

$\boldsymbol{A} \cdot (\boldsymbol{B} \times \boldsymbol{C}) = \boldsymbol{B} \cdot (\boldsymbol{C} \times \boldsymbol{A}) = \boldsymbol{C} \cdot (\boldsymbol{A} \times \boldsymbol{B})$

(4) ベクトルどうしの外積と別のベクトルとの外積

$\boldsymbol{A} \times (\boldsymbol{B} \times \boldsymbol{C}) = (\boldsymbol{A} \cdot \boldsymbol{C})\boldsymbol{B} - (\boldsymbol{A} \cdot \boldsymbol{B})\boldsymbol{C}$

$\phi(\boldsymbol{r})$ と $\psi(\boldsymbol{r})$ をスカラー場，$\boldsymbol{A}(\boldsymbol{r})$ と $\boldsymbol{B}(\boldsymbol{r})$ をベクトル場として，これらの積に ∇ を演算する公式を以下にまとめる。

(5) スカラー場どうしの積の gradient

$$\nabla(\phi(\boldsymbol{r})\psi(\boldsymbol{r})) = \psi(\boldsymbol{r})\nabla\phi(\boldsymbol{r}) + \phi(\boldsymbol{r})\nabla\psi(\boldsymbol{r})$$

(6) スカラー場とベクトル場の積の divergence

$$\nabla\cdot(\phi(\boldsymbol{r})\boldsymbol{A}(\boldsymbol{r})) = \boldsymbol{A}(\boldsymbol{r})\cdot\nabla\phi(\boldsymbol{r}) + \phi(\boldsymbol{r})(\nabla\cdot\boldsymbol{A}(\boldsymbol{r}))$$

(7) スカラー場とベクトル場の積の rotation

$$\nabla\times(\phi(\boldsymbol{r})\boldsymbol{A}(\boldsymbol{r})) = -\boldsymbol{A}(\boldsymbol{r})\times(\nabla\phi(\boldsymbol{r})) + \phi(\boldsymbol{r})(\nabla\times\boldsymbol{A}(\boldsymbol{r}))$$

(8) ベクトル場どうしの内積の gradient

$$\begin{aligned}\nabla(\boldsymbol{A}(\boldsymbol{r})\cdot\boldsymbol{B}(\boldsymbol{r})) &= (\boldsymbol{B}(\boldsymbol{r})\cdot\nabla)\boldsymbol{A}(\boldsymbol{r}) + (\boldsymbol{A}(\boldsymbol{r})\cdot\nabla)\boldsymbol{B}(\boldsymbol{r})\\ &\quad + \boldsymbol{B}(\boldsymbol{r})\times(\nabla\times\boldsymbol{A}(\boldsymbol{r})) + \boldsymbol{A}(\boldsymbol{r})\times(\nabla\times\boldsymbol{B}(\boldsymbol{r}))\end{aligned}$$

(9) ベクトル場どうしの外積の divergence

$$\nabla\cdot(\boldsymbol{A}(\boldsymbol{r})\times\boldsymbol{B}(\boldsymbol{r})) = \boldsymbol{B}(\boldsymbol{r})\cdot(\nabla\times\boldsymbol{A}(\boldsymbol{r})) - \boldsymbol{A}(\boldsymbol{r})\cdot(\nabla\times\boldsymbol{B}(\boldsymbol{r}))$$

(10) ベクトル場どうしの外積の rotation

$$\begin{aligned}\nabla\times(\boldsymbol{A}(\boldsymbol{r})\times\boldsymbol{B}(\boldsymbol{r})) &= (\boldsymbol{B}(\boldsymbol{r})\cdot\nabla)\boldsymbol{A}(\boldsymbol{r}) - (\boldsymbol{A}(\boldsymbol{r})\cdot\nabla)\boldsymbol{B}(\boldsymbol{r})\\ &\quad - \boldsymbol{B}(\boldsymbol{r})(\nabla\cdot\boldsymbol{A}(\boldsymbol{r})) + \boldsymbol{A}(\boldsymbol{r})(\nabla\cdot\boldsymbol{B}(\boldsymbol{r}))\end{aligned}$$

スカラー場あるいはベクトル場に ∇ を 2 回演算する公式を以下にまとめる。

(11) スカラー場の gradient の divergence

$$\nabla\cdot(\nabla\phi(\boldsymbol{r})) = \nabla^2\phi(\boldsymbol{r})$$

(12) スカラー場の gradient の rotation

$$\nabla\times(\nabla\phi(\boldsymbol{r})) = \boldsymbol{0}$$

(13) ベクトル場の rotation の divergence

$$\nabla\cdot(\nabla\times\boldsymbol{A}(\boldsymbol{r})) = 0$$

(14) ベクトル場の rotation の rotation

$$\nabla\times(\nabla\times\boldsymbol{A}(\boldsymbol{r})) = -\nabla^2\boldsymbol{A}(\boldsymbol{r}) + \nabla(\nabla\cdot\boldsymbol{A}(\boldsymbol{r}))$$

章末問題の略解

問題 1.1

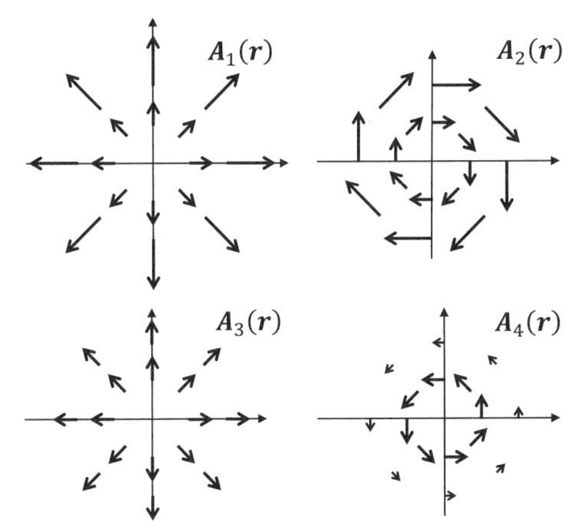

問題 1.2　**面積分**：$\boldsymbol{A}'_1(x,y,z)$ と $\boldsymbol{A}'_3(x,y,z)$ はそれぞれ，球面上でベクトルの絶対値が一定で，かつ法線ベクトルと平行なベクトルとなるから，例題 1.11 と同様に，面積分は（ベクトルの絶対値）×（閉曲面の表面積）となり，$\boldsymbol{A}'_1(x,y,z)$ については $a \times 4\pi a^2 = 4\pi a^3$，$\boldsymbol{A}'_3(x,y,z)$ については $1 \times 4\pi a^2 = 4\pi a^2$ となる。$\boldsymbol{A}'_2(x,y,z)$ と $\boldsymbol{A}'_4(x,y,z)$ については，球面上のベクトルが法線ベクトル $\boldsymbol{n} \parallel (x,y,z)$ と常に直交するから，式 (1.56) より面積分は 0 になる。

線積分：$\boldsymbol{A}'_2(x,y,z)$ と $\boldsymbol{A}'_4(x,y,z)$ はそれぞれ，円周上で絶対値が一定で，かつ円周の接線方向のベクトルとなるから，例題 1.16 と同様に，線積分は（ベクトルの絶対値）×（経路の長さ）となる。ただし，$\boldsymbol{A}'_2(x,y,z)$ はベクトルと経路が反対向き，$\boldsymbol{A}'_4(x,y,z)$ はベクトルと経路が同じ向きなので，$\boldsymbol{A}'_2(x,y,z)$ については $-a \times 2\pi a = -2\pi a^2$，$\boldsymbol{A}'_4(x,y,z)$ については $1/a \times 2\pi a = 2\pi$ となる。$\boldsymbol{A}'_1(x,y,z)$ と $\boldsymbol{A}'_3(x,y,z)$ については，円周上のベクトルが円周上の微小変位ベクトル（円の接線方向）と常に直交するから，式 (1.113) より線積分は 0 になる。

問題 1.3 (1) 式 (1.19) に q を掛けて $y=0,\ z=d/2$ を代入したものと，$-q$ を掛けて $y=0,\ z=-d/2$ を代入したものを足し合わせると，x 成分だけが残り，

$$\frac{p}{4\pi\varepsilon_0}\frac{2q\times 3\times d/2\times x}{(x^2+(d/2)^2)^{5/2}}\simeq\frac{3p^2}{4\pi\varepsilon_0 x^4}$$

したがって，

$$\boldsymbol{F}=\left(\frac{3p^2}{4\pi\varepsilon_0 x^4},0,0\right)$$

(2) 式 (1.19) に q を掛けて $x=y=0$, z に $z+d/2$ を代入したものと，$-q$ を掛けて $x=y=0$, z に $z-d/2$ を代入したものを足し合わせると，z 成分だけ残り

$$\frac{pq}{2\pi\varepsilon_0}\left\{\frac{1}{(z+d/2)^3}-\frac{1}{(z-d/2)^3}\right\}\simeq-\frac{3p^2}{2\pi\varepsilon_0 z^4}$$

したがって，

$$\boldsymbol{F}=\left(0,0,-\frac{3p^2}{2\pi\varepsilon_0 z^4}\right)$$

問題 1.4 (1) 略

(2) $\boldsymbol{a}$ の 2 乗を含む項までをとると

$$\begin{aligned}\frac{1}{|\boldsymbol{r}-\boldsymbol{a}|^3}&=|\boldsymbol{r}|^{-3}\left(1-\frac{2\boldsymbol{r}\cdot\boldsymbol{a}}{|\boldsymbol{r}|^2}+\frac{|\boldsymbol{a}|^2}{|\boldsymbol{r}|^2}\right)^{-3/2}\\&\simeq|\boldsymbol{r}|^{-3}\left(1+\frac{3\boldsymbol{r}\cdot\boldsymbol{a}}{|\boldsymbol{r}|^2}-\frac{3}{2}\frac{|\boldsymbol{a}|^2}{|\boldsymbol{r}|^2}+\frac{15}{2}\frac{(\boldsymbol{r}\cdot\boldsymbol{a})^2}{|\boldsymbol{r}|^4}\right)\end{aligned}$$

同様に

$$\frac{1}{|\boldsymbol{r}+\boldsymbol{a}|^3}\simeq|\boldsymbol{r}|^{-3}\left(1-\frac{3\boldsymbol{r}\cdot\boldsymbol{a}}{|\boldsymbol{r}|^2}-\frac{3|\boldsymbol{a}|^2}{2|\boldsymbol{r}|^2}+\frac{15(\boldsymbol{r}\cdot\boldsymbol{a})^2}{2|\boldsymbol{r}|^4}\right)$$

なので，

$$\begin{aligned}\boldsymbol{E}(\boldsymbol{r})&=\frac{-q}{4\pi\varepsilon_0}\left(\frac{\boldsymbol{r}-\boldsymbol{a}}{|\boldsymbol{r}-\boldsymbol{a}|^3}+\frac{\boldsymbol{r}+\boldsymbol{a}}{|\boldsymbol{r}+\boldsymbol{a}|^3}\right)+\frac{2q}{4\pi\varepsilon_0}\frac{\boldsymbol{r}}{|\boldsymbol{r}|^3}\\&=\frac{q}{2\pi\varepsilon_0}\left(\frac{3(\boldsymbol{r}\cdot\boldsymbol{a})\boldsymbol{a}}{|\boldsymbol{r}|^5}+\frac{3|\boldsymbol{a}|^2\boldsymbol{r}}{2|\boldsymbol{r}|^5}-\frac{15(\boldsymbol{r}\cdot\boldsymbol{a})^2\boldsymbol{r}}{2|\boldsymbol{r}|^7}\right)\end{aligned}$$

(3) $\boldsymbol{r} = (0, 0, \pm b)$ なら $\boldsymbol{r} \parallel \boldsymbol{a}$ なので，z 成分だけ残り

$$E_z = \pm \frac{q}{2\pi\varepsilon_0}\left(\frac{3ba^2}{b^5} + \frac{3a^2b}{2b^5} - \frac{15b^3a^2}{2b^7}\right) = \mp \frac{3q}{2\pi\varepsilon_0}\frac{a^2}{b^4} \quad \text{（複号同順）}$$

$\boldsymbol{r} = (\pm b, 0, 0)$ なら $\boldsymbol{r} \perp \boldsymbol{a}$ なので，x 成分だけが残り

$$E_x = \pm \frac{q}{2\pi\varepsilon_0} \times \frac{3a^2b}{2b^5} = \pm \frac{3q}{4\pi\varepsilon_0}\frac{a^2}{b^4} \quad \text{（複号同順）}$$

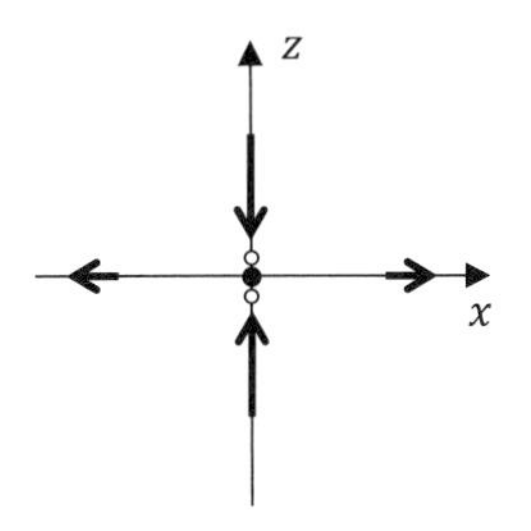

問題 1.5 (1) 下図（左）のように直線を分割してそれぞれのつくる電場の和をとると

$$\begin{aligned}\boldsymbol{E}(\boldsymbol{r}) &= \sum_i \frac{1}{4\pi\varepsilon_0}\frac{\lambda \Delta z'}{\{x^2 + y^2 + (z - z_i')^2\}^{3/2}}(x, y, z - z_i') \\ &= \frac{\lambda}{4\pi\varepsilon_0}\int_{-\infty}^{\infty}\frac{(x, y, z - z')}{\{x^2 + y^2 + (z - z')^2\}^{3/2}}dz'\end{aligned}$$

この積分のうち z 成分は，被積分関数が z を境に奇関数となるので 0 になる。$u = \sqrt{x^2 + y^2}$，$u \cot\theta = z - z'$ とおくと

$$E_x = \frac{\lambda}{4\pi\varepsilon_0}\int_0^{\pi}\frac{x}{\frac{u^3}{\sin^3\theta}}\frac{u}{\sin^2\theta}d\theta = \frac{\lambda x}{2\pi\varepsilon_0(x^2 + y^2)}$$

などより

$$\boldsymbol{E}(\boldsymbol{r}) = \frac{\lambda}{2\pi\varepsilon_0(x^2 + y^2)}(x, y, 0), \qquad |\boldsymbol{E}(\boldsymbol{r})| = \frac{\lambda}{2\pi\varepsilon_0 u}$$

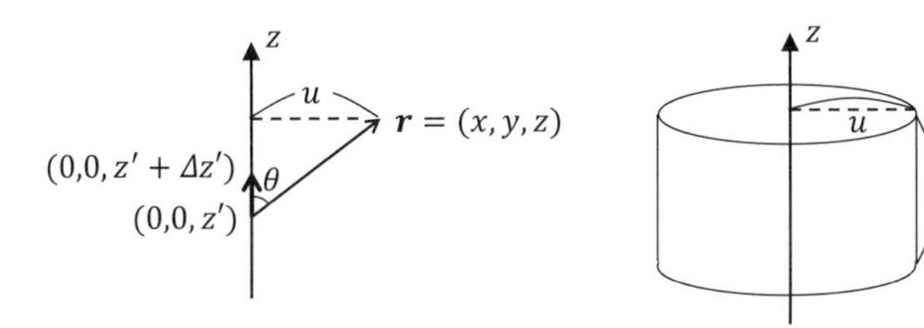

(2) 上図（右）のように z 軸まわりの半径 u，長さ L の円柱の表面で積分形のガウスの法則を考える。対称性より，電場は円柱側面と常に垂直なので

$$\frac{\lambda L}{\varepsilon_0} = E \times 2\pi u L, \qquad E = \frac{\lambda}{2\pi\varepsilon_0 u}$$

(3) 円筒座標系を用いると，式 (1.192) において，(2) の結果より $\boldsymbol{E}(\boldsymbol{r}) = -\nabla\phi(\boldsymbol{r})$ は $\boldsymbol{e}_r$ 成分しかもたないので (r を u に変更して)

$$\begin{aligned}\phi(x,y,z) &= -\int E(u)du = -\int \frac{\lambda}{2\pi\varepsilon_0 u}du \\ &= -\frac{\lambda}{2\pi\varepsilon_0}\log u = -\frac{\lambda}{4\pi\varepsilon_0}\log(x^2+y^2)\end{aligned}$$

問題 1.6　(1) 略

(2)

$$C(r,\theta,\varphi,z) = \frac{r^2\sin\theta}{(r^2+z^2-2rz\cos\theta)^{1/2}} = \frac{r}{z}\frac{\partial}{\partial\theta}\left(r^2+z^2-2rz\cos\theta\right)^{1/2}$$

だから

$$\begin{aligned}\int_0^\pi C(r,\theta,\varphi,z)\,d\theta &= \frac{r}{z}\left[\left(r^2+z^2-2rz\cos\theta\right)^{1/2}\right]_0^\pi \\ &= \frac{r}{z}\left(|r+z|-|r-z|\right) = \begin{cases}\frac{2r^2}{z} & (r \leq z) \\ 2r & (r > z)\end{cases}\end{aligned}$$

(3) (2) で得られた結果を $D(r)$ とおく。$z \geq a$ のとき，$D(r)$ は $0 \leq r \leq a$ でつねに $2r^2/z$ だから，

$$\int_0^a D(r)dr = \int_0^a \frac{2r^2}{z}dr = \frac{2a^3}{3z}$$

$z < a$ のときは

$$\int_0^a D(r)dr = \int_0^z \frac{2r^2}{z}dr + \int_z^a 2rdr = a^2 - \frac{z^2}{3}$$

(4) φ の積分は 2π を与えるから，$z \geq a$ で

$$E_z = 2\pi \times \frac{\rho_0}{4\pi\varepsilon_0} \times \left(-\frac{\partial}{\partial z}\left(\frac{2a^3}{3z}\right)\right) = \frac{\rho_0}{3\varepsilon_0}\frac{a^3}{z^2}$$

$z < a$ では

$$E_z = 2\pi \times \frac{\rho_0}{4\pi\varepsilon_0} \times \left(-\frac{\partial}{\partial z}\left(a^2 - \frac{z^2}{3}\right)\right) = \frac{\rho_0}{3\varepsilon_0} z$$

問題 1.7 微分形のガウスの法則に式 (1.183) を用いると

$$\nabla \cdot \boldsymbol{E}(\boldsymbol{r}) = \frac{1}{r^2}\frac{\partial}{\partial r}(r^2 E_r) = \begin{cases} \frac{\rho_0}{\varepsilon_0} & (r < a) \\ 0 & (r \geq a) \end{cases}$$

となり，$r < a$ では

$$E_r = \frac{\rho_0 r}{3\varepsilon_0}$$

となる（積分定数は 0 とした）。また $r \geq a$ では

$$E_r = \frac{C}{r^2}$$

となるが，$r < a$ の結果より，$r = a$ で $E_r = \frac{\rho_0 a}{3\varepsilon_0}$ なので，

$$E_r = \frac{\rho_0 a^3}{3\varepsilon_0 r^2}$$

また，静電ポテンシャルは式 (1.185) より，単なる r 積分に負符号をつけたものなので，$r < a$ では

$$\phi(r) = -\frac{\rho_0 r^2}{6\varepsilon_0}$$

（積分定数を 0 とした。）また $r \geq a$ では

$$\phi(r) = \frac{\rho_0 a^3}{3\varepsilon_0 r} - \frac{\rho_0 a^2}{2\varepsilon_0}$$

である。右辺第 2 項は，$r < a$ の結果と $r = a$ で一致するための積分定数である。グラフは以下の通りである。

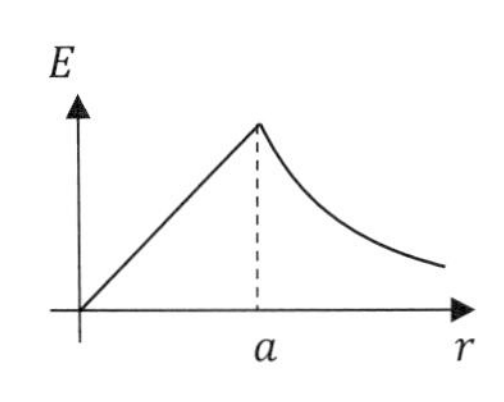

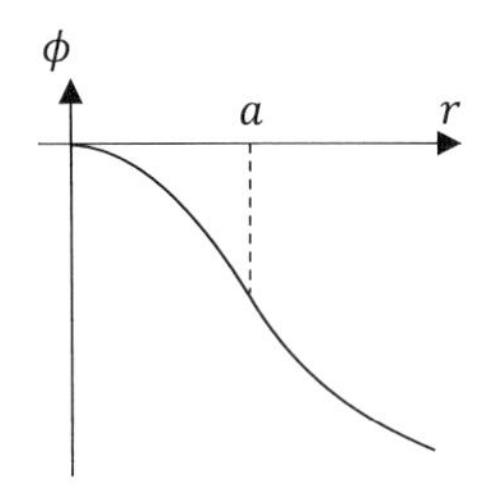

問題 2.1　内側の円柱に $-Q$，外側の円柱に Q の電荷が蓄えられているとする。z 軸を中心とする半径 r $(a < r < b)$，長さ L の円柱の側面で積分形のガウスの法則を考える。対称性より，電場は常に円柱の側面に垂直なので，

$$E \times 2\pi r L = -\frac{Q}{\varepsilon_0}, \qquad E = -\frac{Q}{2\pi\varepsilon_0 L r}$$

電極間の電位差 V は

$$V = \int_a^b \frac{Q}{2\pi\varepsilon_0 L r} dr = \frac{Q}{2\pi\varepsilon_0 L} \log\frac{b}{a}$$

よって

$$C = \frac{2\pi\varepsilon_0 L}{\log\frac{b}{a}}$$

また，

$$\frac{1}{2}\varepsilon_0 E^2 = \frac{Q^2}{8\pi^2\varepsilon_0 L^2 r^2}$$

であり，これを電極の間の空間で体積積分するには，円柱の底面方向を例題 1.9 のように分割し，z 軸方向はそのまま積分すればよい。すなわち

$$\begin{aligned} U &= \int_a^b dr \int_0^{2\pi} d\varphi \int_0^L dz \frac{Q^2}{8\pi^2\varepsilon_0 L^2 r^2} r \\ &= \frac{Q^2}{8\pi^2\varepsilon_0 L^2} \times \log\frac{b}{a} \times 2\pi \times L = \frac{Q^2}{4\pi\varepsilon_0 L} \log\frac{b}{a} \end{aligned}$$

これは

$$\frac{1}{2}CV^2 = \frac{Q^2}{2C} = \frac{1}{2}QV$$

に等しい。

問題 2.2　x 軸に垂直な互いに平行な導線 1, 2 が，導線 1 は円柱の中心が原点を通り電荷 $-Q$ を蓄え，導線 2 は円柱の中心が $(d, 0, 0)$ を通り電荷 Q を蓄えているとする。$d \gg a$ なので，円柱の側面上に電荷は均一に配置すると仮定すると，それぞれの導線がつくる電場は導線の中心のまわりに対称となる。導線 1, 2 が x 軸上につくる電場を E_1, E_2 とすると，問題 2.1 のように積分形のガウスの法則を用いることにより，向きは x 軸方向で

$$E_1 = -\frac{Q}{2\pi\varepsilon_0 L x}, \qquad E_2 = -\frac{Q}{2\pi\varepsilon_0 L (d-x)}$$

となるので，

$$V = -\int_a^{d-a} (E_1 + E_2)\, dx = \frac{Q}{\pi\varepsilon_0 L}\log\frac{d-a}{a} \simeq \frac{Q}{\pi\varepsilon_0 L}\log\frac{d}{a}$$

よって

$$C = \frac{\pi\varepsilon_0 L}{\log\frac{d}{a}}$$

問題 2.3 (1) 球面上のうち，$(0,0,a)$ と $(0,0,-a)$ で比が一定になることを用いると

$$\frac{b-a}{a-c} = \frac{b+a}{a+c}, \qquad \therefore \quad c = \frac{a^2}{b}$$

また，$\boldsymbol{r}_s = (a\sin\theta\cos\varphi, a\sin\theta\sin\varphi, a\cos\theta)$ とおいて

$$|\boldsymbol{r}_s - \boldsymbol{r}_b|^2 = a^2 + b^2 - 2ab\cos\theta$$

$$|\boldsymbol{r}_s - \boldsymbol{r}_c|^2 = \left(\frac{a}{b}\right)^2 (a^2 + b^2 - 2ab\cos\theta)$$

$$\therefore \quad |\boldsymbol{r}_s - \boldsymbol{r}_c| = \frac{a}{b}|\boldsymbol{r}_s - \boldsymbol{r}_b|$$

(2) $|\boldsymbol{r}_s - \boldsymbol{r}_b| = A$ とおいて，

$$\phi(\boldsymbol{r}_s) = \frac{1}{4\pi\varepsilon_0}\frac{q}{A} - \frac{1}{4\pi\varepsilon_0}\frac{aq/b}{aA/b} = 0$$

(3) $\boldsymbol{r}_c = c\boldsymbol{r}_b/b = a^2\boldsymbol{r}_b/b^2$ を用いて

$$\boldsymbol{E}(\boldsymbol{r}_s) = \frac{1}{4\pi\varepsilon_0}\frac{q}{A^3}(\boldsymbol{r}_s - \boldsymbol{r}_b) - \frac{1}{4\pi\varepsilon_0}\frac{aq/b}{(aA/b)^3}(\boldsymbol{r}_s - \boldsymbol{r}_c) = -\frac{q}{4\pi\varepsilon_0 A^3}\left\{\left(\frac{b}{a}\right)^2 - 1\right\}\boldsymbol{r}_s$$

となって，球の表面の電場はその位置ベクトルに平行となる。すなわち球の表面に垂直になる。金属球表面の電荷密度は $|\boldsymbol{r}_s| = a$ を用いて

$$\sigma(\boldsymbol{r}_s) = \varepsilon_0|\boldsymbol{E}(\boldsymbol{r}_s)| = -\frac{q(b^2 - a^2)}{4\pi a(a^2 + b^2 - 2ab\cos\theta)^{3/2}}$$

問題 2.4

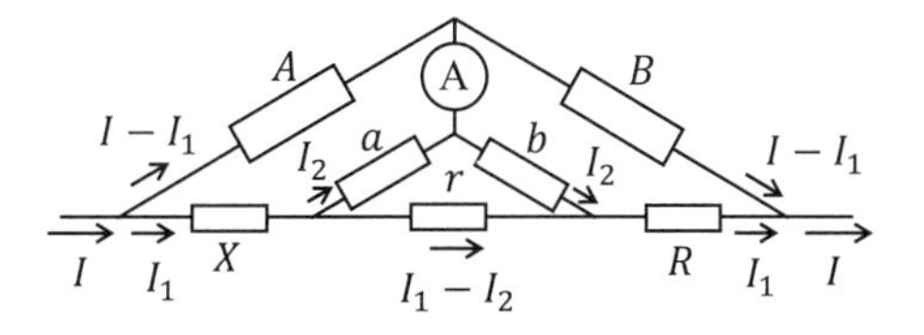

図のように I_1, I_2 をとると，キルヒホッフの第 1 法則を満たしている。左側の四角形（台形），右側の四角形（台形），中央の小さな三角形でそれぞれキルヒホッフの第 2 法則を考えると

$$A(I-I_1) = XI_1 + aI_2, \quad B(I-I_1) = RI_1 + bI_2, \quad (a+b)I_2 = r(I_1 - I_2)$$

となる。1 番目の式に B を掛けたものから 2 番目の式に A を掛けたものを引くと

$$0 = (XB - RA)I_1 + (aB - bA)I_2$$

となるが，これに $b = aB/A$ を代入すると右辺第 2 項は 0 になる。したがって

$$X = \frac{RA}{B}$$

となる。この結果は，r の抵抗に電流が流れているにも関わらず，r の値に依存しないという特徴がある。

問題 2.5

$$j = \frac{I}{2\pi Lr}$$

なので P は $p = \rho j^2$ (ρ は電気抵抗率) を電極の間の空間で体積積分すればよい。体積積分は例題 1.9 を参考にして

$$\begin{aligned} P &= \int_a^b dr \int_0^{2\pi} d\varphi \int_0^L dz \frac{\rho I^2}{4\pi^2 L^2 r^2} r \\ &= \frac{\rho I^2}{2\pi L} \log \frac{b}{a} = IV = I^2 R = \frac{V^2}{R} \end{aligned}$$

問題 2.6 球 1 は中心が原点にあって球 2 は中心が $(d, 0, 0)$ にあり，球 2 から球 1 に電流 I が流れているとする。$d \gg a$ なので，球面上から等方的に電流が流れると仮定すると，例題 2.8 と同様に電荷保存則を用いることによって，$(x, 0, 0)$ における電流密度は，球 1 に流れ込む電流によるものを j_1 として

$$I = -j_1 \times 4\pi x^2, \qquad j_1 = -\frac{I}{4\pi x^2}$$

となり，同様に球 2 から流れ出る電流によるものを j_2 として

$$j_2 = -\frac{I}{4\pi(d-x)^2}$$

となるから，

$$V = -\int_a^{d-a} \frac{j_1 + j_2}{\sigma} dx = \frac{I}{2\pi\sigma}\left(\frac{1}{a} - \frac{1}{d-a}\right) \simeq \frac{I}{2\pi\sigma a}$$

であり，$R = 1/2\pi\sigma a$ である。

問題 3.1　xy 平面上にあり，原点を中心とした半径 a の 1 つの円形電流（電流 I）が位置 $(0,0,z)$ につくる磁束密度は z 方向であり，その成分は

$$\frac{\mu_0 I}{2}\frac{a^2}{(a^2+z^2)^{3/2}}$$

である。単位長さあたりのコイルの巻き数が n の場合，Δz の幅の円柱に流れる電流は $nI\Delta z$ だから，$z' = -L/2$ から $z' = L/2$ の間のコイルが $(0,0,z)$ の位置につくる磁束密度は

$$B_z(z) = \int_{-L/2}^{L/2} \frac{n\mu_0 I}{2}\frac{a^2}{\{a^2+(z-z')^2\}^{3/2}}dz'$$

となる。例題 3.2 と同様な変数変換 $a\cot\theta = z - z'$ を行うと，

$$\begin{aligned} B_z(z) &= \int_{\cot^{-1}\frac{z+L/2}{a}}^{\cot^{-1}\frac{z-L/2}{a}} \frac{n\mu_0 I}{2}\sin\theta d\theta \\ &= \frac{n\mu_0 I}{2}\left\{\frac{z+\frac{L}{2}}{\sqrt{a^2+\left(z+\frac{L}{2}\right)^2}} - \frac{z-\frac{L}{2}}{\sqrt{a^2+\left(z-\frac{L}{2}\right)^2}}\right\} \end{aligned}$$

となる。これは $L\to\infty$ の極限で $n\mu_0 I$ となる。

問題 3.2　図のように，たとえば A の位置の電流は A′ と C′ の電流に力を及ぼし，B′ と D′ の電流には力を及ぼさない。A′ への力は電流が平行なので引力，C′ への力は電流が反平行なので斥力である。A から見た距離は A′ の方が近いので，引力の方が大きい。これはあらゆる場所の電流にとっても同じなので，結果として引力が働く。

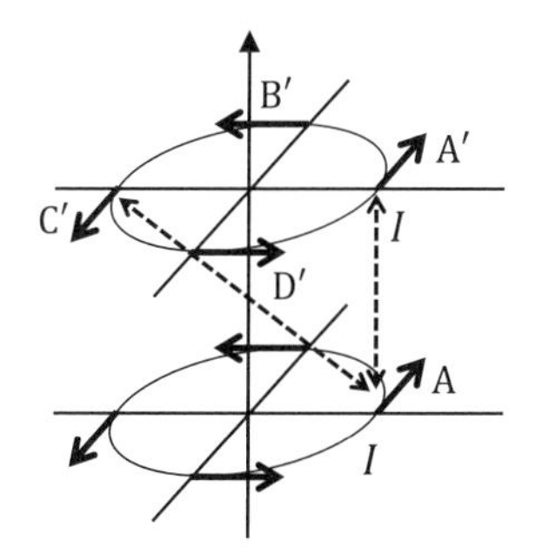

問題 3.3

$$B_z = \frac{\partial A_y}{\partial x} - \frac{\partial A_x}{\partial y} = \frac{B}{2}\frac{\partial x}{\partial x} - \frac{B}{2}\frac{\partial(-y)}{\partial y} = B$$

$$B_z = \frac{\partial A_y}{\partial x} - \frac{\partial A_x}{\partial y} = B\frac{\partial x}{\partial x} = B$$

$$B_z = \frac{\partial A_y}{\partial x} - \frac{\partial A_x}{\partial y} = -B\frac{\partial(-y)}{\partial y} = B$$

問題 3.4

$$B_x = \frac{\partial A_z}{\partial y} - \frac{\partial A_y}{\partial z} = \frac{\mu_0 I}{4\pi}\frac{\partial}{\partial y}\log\frac{x^2+y^2}{r_0^2} = \frac{\mu_0 I y}{2\pi(x^2+y^2)}$$

$$B_y = \frac{\partial A_x}{\partial z} - \frac{\partial A_z}{\partial x} = -\frac{\mu_0 I}{4\pi}\frac{\partial}{\partial x}\log\frac{x^2+y^2}{r_0^2} = -\frac{\mu_0 I x}{2\pi(x^2+y^2)}$$

問題 3.5 式 (3.95) に $\boldsymbol{B}(\boldsymbol{r}) = (0, 0, B\delta(x)\delta(y))$ を代入すると

$$\boldsymbol{A}(\boldsymbol{r}) = \frac{1}{4\pi}\int_{\mathrm{V}} \frac{(-B(y-y')\delta(x')\delta(y'), B(x-x')\delta(x')\delta(y'), 0)}{|\boldsymbol{r}-\boldsymbol{r}'|^3}dV'$$

$$= \frac{1}{4\pi}\int_{-\infty}^{\infty} \frac{(-By, Bx, 0)}{(x^2+y^2+(z-z')^2)^{3/2}}dz' = \frac{1}{2\pi(x^2+y^2)}(-By, Bx, 0)$$

最後の積分は $z'-z = \sqrt{x^2+y^2}\cot\theta$ と置換すると計算が容易になる。

問題 3.6 左辺の x 成分を計算すると以下になる。

$$\frac{\partial}{\partial y}(E_x B_y - E_y B_x) - \frac{\partial}{\partial z}(E_z B_x - E_x B_z)$$

$$= E_x\frac{\partial B_y}{\partial y} + E_x\frac{\partial B_z}{\partial z} - B_x\frac{\partial E_y}{\partial y} - B_x\frac{\partial E_z}{\partial z}$$

$$- E_y\frac{\partial B_x}{\partial y} - E_z\frac{\partial B_x}{\partial z} + B_y\frac{\partial E_x}{\partial y} + B_z\frac{\partial E_x}{\partial z}$$

一方，右辺の x 成分は 4 項目から 1 項目に向けて並べると

$$E_x\left(\frac{\partial B_x}{\partial x} + \frac{\partial B_y}{\partial y} + \frac{\partial B_z}{\partial z}\right) - B_x\left(\frac{\partial E_x}{\partial x} + \frac{\partial E_y}{\partial y} + \frac{\partial E_z}{\partial z}\right)$$

$$-\left(E_x\frac{\partial}{\partial x} + E_y\frac{\partial}{\partial y} + E_z\frac{\partial}{\partial z}\right)B_x + \left(B_x\frac{\partial}{\partial x} + B_y\frac{\partial}{\partial y} + B_z\frac{\partial}{\partial z}\right)E_x$$

であり，これを整理すると左辺に一致する。y 成分，z 成分についても同様。

問題 3.7 問題 3.6 の公式（巻末付録Ⅳの公式 (10)）を適用すると，

$$\nabla\times\left(\boldsymbol{B}(\boldsymbol{r}')\times\frac{(\boldsymbol{r}-\boldsymbol{r}')}{4\pi|\boldsymbol{r}-\boldsymbol{r}'|^3}\right)$$

$$= \left(\frac{\boldsymbol{r}-\boldsymbol{r}'}{4\pi|\boldsymbol{r}-\boldsymbol{r}'|^3}\cdot\nabla\right)\boldsymbol{B}(\boldsymbol{r}') - (\boldsymbol{B}(\boldsymbol{r}')\cdot\nabla)\frac{\boldsymbol{r}-\boldsymbol{r}'}{4\pi|\boldsymbol{r}-\boldsymbol{r}'|^3}$$

$$-\frac{\boldsymbol{r}-\boldsymbol{r}'}{4\pi|\boldsymbol{r}-\boldsymbol{r}'|^3}(\nabla\cdot\boldsymbol{B}(\boldsymbol{r}'))+\boldsymbol{B}(\boldsymbol{r}')\left(\nabla\cdot\frac{\boldsymbol{r}-\boldsymbol{r}'}{4\pi|\boldsymbol{r}-\boldsymbol{r}'|^3}\right)$$

∇ は $\boldsymbol{r}$ についての微分演算子であることに注意すると，右辺の第1項と第3項が消える。第2項は $(\boldsymbol{r}-\boldsymbol{r}')/(4\pi|\boldsymbol{r}-\boldsymbol{r}'|^3)$ を $\boldsymbol{r}'$ について微分したものと $\boldsymbol{r}$ で微分した結果に負符号をつけたものが同じになることを利用して ∇ を ∇' に書き換える。

$$\int_{\mathrm{V}}(\boldsymbol{B}(\boldsymbol{r}')\cdot\nabla)\frac{\boldsymbol{r}-\boldsymbol{r}'}{4\pi|\boldsymbol{r}-\boldsymbol{r}'|^3}dV'=-\int_{\mathrm{V}}(\boldsymbol{B}(\boldsymbol{r}')\cdot\nabla')\frac{\boldsymbol{r}-\boldsymbol{r}'}{4\pi|\boldsymbol{r}-\boldsymbol{r}'|^3}dV'$$

この式の x 成分は巻末付録IVの公式 (6) とガウスの定理によって以下のようになる。

$$\begin{aligned}
&-\int_{\mathrm{V}}(\boldsymbol{B}(\boldsymbol{r}')\cdot\nabla')\frac{x-x'}{4\pi|\boldsymbol{r}-\boldsymbol{r}'|^3}dV'\\
&=-\int_{\mathrm{V}}\nabla'\cdot\frac{\boldsymbol{B}(\boldsymbol{r}')(x-x')}{4\pi|\boldsymbol{r}-\boldsymbol{r}'|^3}dV'+\int_{\mathrm{V}}\frac{x-x'}{4\pi|\boldsymbol{r}-\boldsymbol{r}'|^3}(\nabla'\cdot\boldsymbol{B}(\boldsymbol{r}'))\,dV'\\
&=-\int_{\mathrm{S}}\frac{\boldsymbol{B}(\boldsymbol{r}')(x-x')}{4\pi|\boldsymbol{r}-\boldsymbol{r}'|^3}\cdot d\boldsymbol{S}'+\int_{\mathrm{V}}\frac{x-x'}{4\pi|\boldsymbol{r}-\boldsymbol{r}'|^3}(\nabla'\cdot\boldsymbol{B}(\boldsymbol{r}'))\,dV'=0
\end{aligned}$$

Vが全空間なのでSは無限遠であり，この式の第1項の無限遠での積分はゼロであり，$\nabla'\cdot\boldsymbol{B}(\boldsymbol{r}')=0$ から第2項もゼロである。y 成分，z 成分についても同様であり，最初の式の右辺の第2項も消えることが示される。

問題 3.8 磁束密度から受けるローレンツ力と電場から受けるクーロン力はいずれも x 軸方向である。両者がつり合う条件は $qvB+qE=0$ であるから，求める条件は以下になる。

$$v=-\frac{E}{B}$$

問題 4.1 $2\pi\times50\,\mathrm{Hz}\times0.1\,\mathrm{T}\times1\,\mathrm{m}^2\times10^3=3\times10^4\,\mathrm{V}$
磁束密度やコイルのサイズを大きくすると高い電圧が得られる。

問題 4.2 $4\pi\times10^{-7}\,\mathrm{N\,A^{-2}}\times\pi(0.01\,\mathrm{m})^2\times10^6/(0.1\,\mathrm{m})=4\times10^{-3}\,\mathrm{H}$
$\mu_0=4\pi\times10^{-7}\,\mathrm{N\,A^{-2}}$ としているが，これは厳密な値ではない（巻末付録I）。

問題 4.3 $4\pi\times10^{-7}\,\mathrm{N\,A^{-2}}\times0.5\,\mathrm{m}\times(\log4000-2)=4\times10^{-6}\,\mathrm{H}$
コイルに比べると自己インダクタンスは小さい。

問題 4.4 円筒座標を用いると $\boldsymbol{r}=(R\cos\theta,R\sin\theta,a/2)$，$\boldsymbol{r}'=(R\cos\theta',R\sin\theta',-a/2)$，$d\boldsymbol{r}=(-R\sin\theta d\theta,R\cos\theta d\theta,0)$，$d\boldsymbol{r}'=(-R\sin\theta'd\theta',R\cos\theta'd\theta',0)$ となるので式 (4.43) より

$$\begin{aligned}
M&=\frac{\mu_0}{4\pi}\int_0^{2\pi}\int_0^{2\pi}\frac{(-R\sin\theta,R\cos\theta,0)\cdot(-R\sin\theta',R\cos\theta',0)}{\sqrt{(R\cos\theta-R\cos\theta')^2+(R\sin\theta-R\sin\theta')^2+a^2}}d\theta d\theta'\\
&=\frac{\mu_0R^2}{4\pi}\int_0^{2\pi}\int_0^{2\pi}\frac{\cos(\theta-\theta')}{\sqrt{2R^2+a^2-2R^2\cos(\theta-\theta')}}d(\theta-\theta')d\theta'
\end{aligned}$$

$$= \mu_0 R^2 \int_0^{\pi} \frac{\cos\theta''}{\sqrt{2R^2 + a^2 - 2R^2\cos\theta''}} d\theta''$$

となる。$\theta'' = \theta - \theta'$ と変数変換を行って $\cos\theta''$ が $\theta'' = \pi$ について対称であることを利用して積分区間を変更するとともに，θ' についての積分を処理している。さらに，$t = \cos(\theta''/2)$，$k^2 = 1 - a^2/(4R^2 + a^2)$ とおくと，$\cos\theta'' = 2t^2 - 1$ なので

$$M = \frac{\mu_0 R^2}{\sqrt{4R^2 + a^2}} \int_0^1 \frac{2t^2 - 1}{\sqrt{1 - k^2 t^2}} \frac{2}{\sqrt{1 - t^2}} dt$$
$$= \frac{2\mu_0 R^2}{\sqrt{4R^2 + a^2}} \left(\frac{2 - k^2}{k^2} K(k^2) - \frac{2}{k^2} E(k^2) \right)$$

となる。R にくらべて a は十分に小さいので k^2 は 1 に近いことと，$1 - k^2 \ll 1$ で第 1 種完全楕円積分が $K(k^2) \simeq \log(4/\sqrt{1 - k^2})$ となること，第 2 種完全楕円積分が $E(k^2) \simeq 1$ となることを用い，さらに $k^2 \simeq 1, 1 - k^2 \simeq a^2/4R^2$ と近似すると以下になる。

$$M = \frac{2\mu_0 R^2}{\sqrt{4R^2 + a^2}} \left(\frac{2 - k^2}{k^2} K(k^2) - \frac{2}{k^2} E(k^2) \right) \simeq \mu_0 R \left(\log\frac{8R}{a} - 2 \right)$$

問題 4.5 問題 4.4 の途中で得られた式

$$M = \mu_0 R^2 \int_0^{\pi} \frac{\cos\theta''}{\sqrt{2R^2 + a^2 - 2R^2\cos\theta''}} d\theta''$$

において $1/\sqrt{2R^2 + a^2 - 2R^2\cos\theta''} \simeq 1/a \times (1 - R^2(1 - \cos\theta'')/a^2)$ と近似すると，

$$M = \frac{\mu_0 R^2}{a} \int_0^{\pi} \left(\left(1 - \frac{R^2}{a^2} \right) \cos\theta'' + \frac{R^2}{a^2} \cos^2\theta'' \right) d\theta'' = \frac{\pi\mu_0 R^4}{2a^3}$$

問題 4.6 コイルの中心を通る経路についてアンペールの法則を適用すると，磁束密度は

$$B(t) = \frac{\mu_0 N I(t)}{2\pi R}$$

となり，ファラデーの電磁誘導の法則より誘導起電力は以下で与えられる。

$$V(t) = -NS\frac{dB(t)}{dt} = -\frac{\mu_0 N^2 S}{2\pi R}\frac{dI(t)}{dt}$$

よって，自己インダクタンスは $L = \mu_0 N^2 S/(2\pi R)$ となる。

問題 4.7 磁束密度を $B(t)$ とすると，入力側コイルについて $V_1(t) = -N_1 S dB(t)/dt$ が成り立ち，出力側コイルについて $V_2(t) = -N_2 S dB(t)/dt$ が成り立つ。$V_1(t)/V_2(t) = N_1/N_2$ なので出力電圧は $100\,\mathrm{V}\times 10^3/10^4 = 10\,\mathrm{V}$ となる。

問題 4.8 磁束密度の各成分は問題 3.2 と同様にして以下のようになる。

$$(B_x, B_y, B_z) = \left(\frac{\mu_0 I(t) y}{2\pi(x^2+y^2)}, -\frac{\mu_0 I(t) x}{2\pi(x^2+y^2)}, 0\right)$$

電場ベクトルの各成分はベクトルポテンシャルを時間微分して負符号をつける。

$$(E_x, E_y, E_z) = \left(0, 0, -\frac{\mu_0}{4\pi}\frac{dI(t)}{dt}\log\frac{x^2+y^2}{r_0^2}\right)$$

これらはファラデーの電磁誘導の法則を満たしている。

問題 4.9 z 軸からの距離を r とすると，アンペールの法則より $B(r) = \mu_0 I(t)/(2\pi r)$ となる。これを $a < r < b$ の区間で積分すると単位長さあたりの磁束が以下のように得られる。

$$\Phi(t) = \int_a^b \frac{\mu_0 I(t)}{2\pi r} dr = \frac{\mu_0 I(t)}{2\pi}\log\frac{b}{a}$$

ファラデーの電磁誘導の法則は以下のようになり，右辺の係数が自己インダクタンスになる。

$$V(t) = -\frac{d\Phi(t)}{dt} = -\left(\frac{\mu_0}{2\pi}\log\frac{b}{a}\right)\frac{dI(t)}{dt}$$

問題 5.1 連続の方程式に $I(z,t) = I_0\cos(kz-\omega t)$ を代入すると

$$\frac{\partial\rho(z,t)}{\partial t} = -\frac{\partial I(z,t)}{\partial z} = I_0 k\sin(kz-\omega t)$$

となり，さらに両辺を t について積分すると $\rho(z,t) = I_0 k/\omega\cos(kz-\omega t)$ となる。円筒の内部では電場は円筒の半径方向の成分をもつのでガウスの法則より

$$2\pi r E_r(r,\theta,z,t) = \frac{I_0 k}{\varepsilon_0\omega}\cos(kz-\omega t)$$

となり，$E_r(r,\theta,z,t) = I_0 k/(2\pi r\varepsilon_0\omega)\cos(kz-\omega t)$ が得られる。変位電流密度は $\varepsilon_0(\partial E_r(r,\theta,z,t)/\partial t) = I_0 k/(2\pi r)\sin(kz-\omega t)$ となる。

問題 5.2 円筒間において，(0, 0, z) を中心とする半径 r の円にそって磁束密度を線積分すると，磁束密度の接線方向の成分 $B_\theta(r,\theta,z,t)$ は一定なので，$B_\theta(r,\theta,z,t)$ に円周の長さ $2\pi r$ をかけた量となる。アンペール-マクスウェルの法則より，この量は

円と絡む電流および変位電流に等しいが，(0, 0, z) を通る変位電流は線積分の経路に絡まないので電流のみ考慮して，

$$B_\theta(r, \theta, z, t) = \frac{\mu_0 I_0}{2\pi r}\cos(kz - \omega t)$$

が得られる。この磁束密度について，図 5.9(b) に点線で示された積分経路にそって線積分を行う。z 軸に平行な直線は磁束密度と垂直であり積分に寄与しない。$B_\theta(r, \theta, z, t)$ は $z = 0$ と $z = \pi/k$ では位相が逆であり，積分経路のうち $z = 0$ の円弧と $z = \pi/k$ の円弧の積分値を加えると $\mu_0 I_0 \cos(\omega t)/2$ となる。一方，この経路で囲まれた面を貫く変位電流は

$$\int_0^{\pi/k} \frac{I_0 k}{4}\sin(kz - \omega t)dz = \frac{I_0\cos(\omega t)}{2}$$

となり，これに μ_0 を掛けると磁束密度を線積分した量に等しい。

問題 5.3　式 (5.9) のアンペール-マクスウェルの法則の両辺を計算する。左辺の磁束密度の rotation でゼロでない成分は r 方向であり，

$$-\frac{\partial B_\theta(r, \theta, z, t)}{\partial z} = \frac{\mu_0 I_0 k}{2\pi r}\sin(kz - \omega t)$$

となる。一方，円筒間に電流密度はないので，右辺の電場の r 方向の成分について時間微分の項を計算すると

$$\varepsilon_0\mu_0\frac{\partial E_r(r, \theta, z, t)}{\partial t} = \frac{\mu_0 I_0 k}{2\pi r}\sin(kz - \omega t)$$

となり，確かに成立する。

式 (4.12) のファラデーの電磁誘導の法則の両辺を計算する。左辺の電場の rotation でゼロでない成分は θ 方向であり，

$$\frac{\partial E_r(r, \theta, z, t)}{\partial z} = -\frac{I_0 k^2}{2\pi r\varepsilon_0\omega}\sin(kz - \omega t)$$

となる。一方，右辺の磁束密度の θ 方向の成分は以下のようになる。

$$-\frac{\partial B_\theta(r, \theta, z, t)}{\partial t} = -\frac{\mu_0 I_0 \omega}{2\pi r}\sin(kz - \omega t)$$

$\omega = k/\sqrt{\varepsilon_0\mu_0}$ であれば両者が等しくなる。これが光速で伝播する波に相当することが次章でわかる。

問題 5.4　式 (5.22) の右辺をゼロとした微分方程式を解けばよい。初期条件より，$I(t) = -Q_0/(RC)e^{-t/RC}$ および $Q(t) = Q_0 e^{-t/RC}$ となる。抵抗で消費されるエネルギーは

$$\int_0^\infty RI(t)^2 dt = \int_0^\infty Q_0^2/(RC^2)e^{-2t/RC}dt = Q_0^2/(2C)$$

となり，初期状態でコンデンサーに蓄えられた静電エネルギー $Q_0^2/(2C)$ に等しい。

問題 5.5 複素インピーダンスを用いると見通しよく計算できる。回路の電流を $I(t)$ とすると抵抗の両端の電位差は $V_R(t) = RI(t)$，コンデンサー両端の電位差は $V_C(t) = I(t)/(i\omega C)$，回路全体では $V(t) = (R + 1/(i\omega C))I(t)$ となる。これらの振幅の比は $|V_R(t)| : |V_C(t)| : |V(t)| = R : 1/(\omega C) : \sqrt{R^2 + 1/(\omega C)^2}$ となる。ω が小さいときにコンデンサー両端の電位差は大きくなる。

問題 5.6 回路の電流を $I(t)$ とすると抵抗の両端の電位差は $V_R(t) = RI(t)$，コイル両端の電位差は $V_L(t) = i\omega LI(t)$，回路全体では $V(t) = (R + i\omega L)I(t)$ となる。これらの振幅の比は $|V_R(t)| : |V_L(t)| : |V(t)| = R : \omega L : \sqrt{R^2 + (\omega L)^2}$ となる。ω が大きいときにコイル両端の電位差は大きくなる。

問題 5.7 $1/(2\pi\sqrt{LC}) = 1/(2\pi\sqrt{200 \times 10^{-12} \times 500 \times 10^{-6}}) \simeq 5 \times 10^5\,\mathrm{Hz}$

問題 5.8 回路の電流を $I(t)$ とすると抵抗の両端の電位差は $V_R(t) = RI(t)$，コイル両端の電位差は $V_L(t) = i\omega LI(t)$，コンデンサー両端の電位差は $V_C(t) = I(t)/(i\omega C)$，回路全体では $V(t) = (R + i\omega L + 1/(i\omega C))I(t)$ となる。これらの振幅の比は $|V_R(t)| : |V_L(t)| : |V_C(t)| : |V(t)| = R : \omega L : 1/(\omega C) : \sqrt{R^2 + (\omega L - 1/(\omega C))^2}$ となる。$\sqrt{R^2 + (\omega L - 1/(\omega C))^2}$ を最小にするのは $\omega = 1/\sqrt{LC}$ である。

問題 6.1

$$\begin{aligned}
&\frac{\partial^2 E_y(x,t)}{\partial x^2} - \frac{1}{c^2}\frac{\partial^2 E_y(x,t)}{\partial t^2} \\
&= \alpha\left(\frac{\partial^2 f(x-ct)}{\partial x^2} - \frac{1}{c^2}\frac{\partial^2 f(x-ct)}{\partial t^2}\right) + \beta\left(\frac{\partial^2 f(x+ct)}{\partial x^2} - \frac{1}{c^2}\frac{\partial^2 f(x+ct)}{\partial t^2}\right) \\
&= \alpha\left(f''(x-ct) - \frac{1}{c^2}(-c)^2 f''(x-ct)\right) + \beta\left(f''(x+ct) - \frac{1}{c^2}c^2 f''(x+ct)\right) = 0
\end{aligned}$$

問題 6.2 式 (6.11) の左辺と右辺に式 (6.25) と式 (6.26) を代入すると以下になる。

$$\nabla \times \boldsymbol{E}_0 \cos(\boldsymbol{k}\cdot\boldsymbol{r} - \omega t) = -\boldsymbol{k} \times \boldsymbol{E}_0 \sin(\boldsymbol{k}\cdot\boldsymbol{r} - \omega t)$$

$$-\frac{\partial}{\partial t}\boldsymbol{B}_0 \cos(\boldsymbol{k}\cdot\boldsymbol{r} - \omega t) = -\omega\boldsymbol{B}_0 \sin(\boldsymbol{k}\cdot\boldsymbol{r} - \omega t)$$

公式 $\boldsymbol{A}\times(\boldsymbol{B}\times\boldsymbol{C}) = (\boldsymbol{A}\cdot\boldsymbol{C})\boldsymbol{B} - (\boldsymbol{A}\cdot\boldsymbol{B})\boldsymbol{C}$ を用いると $\boldsymbol{k}\times\boldsymbol{E}_0 = c^2/\omega\boldsymbol{k}\times(\boldsymbol{B}_0\times\boldsymbol{k}) = c^2/\omega(\boldsymbol{k}\cdot\boldsymbol{k})\boldsymbol{B}_0 - c^2/\omega(\boldsymbol{k}\cdot\boldsymbol{B}_0)\boldsymbol{k} = c^2k^2/\omega\boldsymbol{B}_0 = \omega\boldsymbol{B}_0$ となるので，両辺は一致する。

問題 6.3 電場の y 成分は z の関数であり y についての偏微分は 0，磁束密度の x 成分は z の関数であり x についての偏微分は 0 である。したがって，電場と磁束密度の divergence はともに 0 となり，式 (6.9) と式 (6.10) が満たされる。$\nabla \times \boldsymbol{E}(\boldsymbol{r},t) = (-cB_0\partial\sin(kz-\omega t)/\partial z, 0, 0) = (-kcB_0\cos(kz-\omega t), 0, 0)$ となり，$kc = \omega$ なので $-\partial\boldsymbol{B}(\boldsymbol{r},t)/\partial t$ に等しく，式 (6.11) が満たされる。$\nabla \times \boldsymbol{B}(\boldsymbol{r},t) = (0, B_0\partial\sin(kz-\omega t)/\partial z, 0) = (0, kB_0\cos(kz-\omega t), 0)$ となるので $\varepsilon_0\mu_0\partial\boldsymbol{E}(\boldsymbol{r},t)/\partial t$ に等しく，式 (6.12) が満たされる。

問題6.4 例題6.3の電場と磁束密度（偏光面が zx 面の直線偏光）と章末問題6.3の電場と磁束密度（$\pi/2$ だけ位相が遅れた偏光面が yz 面の直線偏光）を加えたものは右回り円偏光，前者から後者を引いたものが左回り円偏光になる。それぞれの成分がマクスウェル方程式を満たすので，その線形結合で与えられる状態もマクスウェル方程式を満たす。

問題6.5 電場 $\boldsymbol{E}(\boldsymbol{r},t)=(cB_0\cos(kz-\omega t), cB_0\sin(kz-\omega t), 0)$ と磁束密度 $\boldsymbol{B}(\boldsymbol{r},t)=(-cB_0\sin(kz-\omega t), B_0\cos(kz-\omega t), 0)$ の外積を計算すると $\boldsymbol{E}(\boldsymbol{r},t)\times\boldsymbol{B}(\boldsymbol{r},t)=(0,0,cB_0^2)$ となるので，直線偏光の場合の $\boldsymbol{S}(\boldsymbol{r},t)=(0,0,cB_0^2\cos^2(kz-\omega t)/\mu_0)$ と異なって z に依存しない。

問題6.6 分極は上向きであり，各層の上側に正，下側に負の分極電荷が生じる。誘電体1の下側の面では分極電荷の面密度は $-(\varepsilon_0-{\varepsilon_0}^2/\varepsilon_1)E$，誘電体2の上側の面では分極電荷の面密度は $(\varepsilon_0-{\varepsilon_0}^2/\varepsilon_2)E$ となるので境界での分極電荷の面密度は両者を加えて $({\varepsilon_0}^2/\varepsilon_1-{\varepsilon_0}^2/\varepsilon_2)E$ となる。

問題6.7 磁化は x 軸の正の向きであり，各層に yz 面に平行な磁化電流が生じる。磁性体1の下側の面では磁化電流の y 成分が $(\mu_1/\mu_0-1)B/\mu_0$，磁性体2の上側の面では磁化電流の y 成分が $-(\mu_2/\mu_0-1)B/\mu_0$ となるので境界での磁化電流の y 成分は両者を加えて $(\mu_1/\mu_0-\mu_2/\mu_0)B/\mu_0$ となる。

問題6.8 式(6.72)より $\nabla\cdot\boldsymbol{D}(\boldsymbol{r},t)=\varepsilon\nabla\cdot\boldsymbol{E}(\boldsymbol{r},t)=0$ となり，式(6.73)の両辺に μ を掛けると $\nabla\times\boldsymbol{B}(\boldsymbol{r},t)=\varepsilon\mu\partial\boldsymbol{E}(\boldsymbol{r},t)/\partial t$ となる。式(6.70)の両辺に rotation を演算して，左辺に前者の式，右辺に後者の式を用いると，$\nabla^2\boldsymbol{E}(\boldsymbol{r},t)=\varepsilon\mu\partial^2\boldsymbol{E}(\boldsymbol{r},t)/\partial t^2$ となり，式(6.74)が得られる。$\nabla\times\boldsymbol{B}(\boldsymbol{r},t)=\varepsilon\mu\partial\boldsymbol{E}(\boldsymbol{r},t)/\partial t$ の両辺に rotation を演算すると，左辺に式(6.69)，右辺に式(6.70)を用いて $\nabla^2\boldsymbol{B}(\boldsymbol{r},t)=\varepsilon\mu\partial^2\boldsymbol{B}(\boldsymbol{r},t)/\partial t^2$ となり，式(6.75)が得られる。

問題6.9 $z=0$ での電場の表面に平行な成分は真空側で $(1-r)E_0\cos\theta\cos(kx\sin\theta-\omega t)$，絶縁体側で $tE_0\cos\varphi\cos(\sqrt{\varepsilon_r}kx\sin\varphi-\omega t)$ である。任意の x において両者が等しいためには，まず $\sin\theta=\sqrt{\varepsilon_r}\sin\varphi$ が必要であり，これはスネルの法則に対応して $\varphi=\arcsin(\sin\theta/\sqrt{\varepsilon_r})$ となる。さらに，$(1-r)\cos\theta=t\cos\varphi=t\sqrt{1-\sin^2\theta/\varepsilon_r}$ という電場の接続条件の式が得られる。電束密度の表面に垂直な成分は真空側と絶縁体側でそれぞれ $-\varepsilon_0(1+r)E_0\sin\theta\cos(kx\sin\theta-\omega t)$，$-\varepsilon_0\varepsilon_r tE_0\sin\varphi\cos(\sqrt{\varepsilon_r}kx\sin\varphi-\omega t)$ であるから，その接続条件から $(1+r)\sin\theta=t\varepsilon_r\sin\varphi=t\sqrt{\varepsilon_r}\sin\theta$ という式が得られる。この両辺を $\sqrt{\varepsilon_r}\sin\theta$ で割った式を電場の接続条件の式に代入すると $(1-r)\cos\theta=(1+r)\sqrt{\varepsilon_r-\sin^2\theta}/\varepsilon_r$ となり，整理すると $(1-r)\varepsilon_r=(1+r)\sqrt{\varepsilon_r+(\varepsilon_r-1)\tan^2\theta}$ となる。r について解くと，$r=(\varepsilon_r-\sqrt{\varepsilon_r+(\varepsilon_r-1)\tan^2\theta})/(\varepsilon_r+\sqrt{\varepsilon_r+(\varepsilon_r-1)\tan^2\theta})$ となる。さらに $t=(1+r)/\sqrt{\varepsilon_r}=2\sqrt{\varepsilon_r}/(\varepsilon_r+\sqrt{\varepsilon_r+(\varepsilon_r-1)\tan^2\theta})$ が得られる。$r=0$ となるブリュースター角は $\theta=\arctan\sqrt{\varepsilon_r}$ である。

索　引

は　行

ま　行

や　行

ら　行

わ　行

著者略歴

勝藤拓郎（かつふじ たくろう）

1991年　東京大学理学部物理学科卒業
1995年　東京大学大学院理学系研究科中退
現　在　早稲田大学先進理工学部物理学科教授

溝川貴司（みぞかわ たかし）

1990年　東京大学理学部物理学科卒業
1993年　東京大学大学院理学系研究科中退
2009年　第13回久保亮五記念賞受賞
現　在　早稲田大学先進理工学部応用物理学科教授

2020年10月26日　初　版　発　行

徹底解説　電磁気学

著　者　勝藤拓郎
　　　　溝川貴司
発行者　山本　格

発行所　株式会社　培風館
東京都千代田区九段南4-3-12・郵便番号102-8260
電 話(03)3262-5256(代表)・振 替 00140-7-44725

三美印刷・製本

PRINTED IN JAPAN

ISBN 978-4-563-02531-1　C3042